适宜我国农业特点的良好农业规范认证质量控制与评价技术

唐茂芝 著

中国农业大学出版社
·北京·

内容简介

本书系统梳理了全球良好农业规范标准体系，包括美国、欧盟以及日本等良好农业规范标准体系，同时论述了中国良好农业规范发展以及标准框架，对我国良好农业规范与主要国家或组织的良好农业规范标准及认证实施进行了对比研究分析，剖析了良好农业规范在我国的推广情况和制约因素，并针对我国良好农业规范发展特点、农超对接模式下良好农业规范实施的优势以及我国良好农业规范认证面临的问题等方面提出了新常态下我国良好农业规范认证的发展建议。

图书在版编目(CIP)数据

适宜我国农业特点的良好农业规范认证质量控制与评价技术/唐茂芝著.
—北京：中国农业大学出版社，2017.6
ISBN 978-7-5655-1848-5

Ⅰ.①适…　Ⅱ.①唐…　Ⅲ.①农业-规范-认证-中国　Ⅳ.①S-65

中国版本图书馆 CIP 数据核字(2017)第 144589 号

书　名　适宜我国农业特点的良好农业规范认证质量控制与评价技术
作　者　唐茂芝　著

策划编辑	王笃利	**责任编辑**	王笃利
封面设计	郑　川	**责任校对**	
出版发行	中国农业大学出版社		
社　址	北京市海淀区圆明园西路 2 号	**邮政编码**	100193
电　话	发行部 010-62818525,8625		读者服务部 010-62732336
	编辑部 010-62732617,2618		出　版　部 010-62733440
网　址	http://www.cau.edu.cn/caup	**E-mail**	cbsszs@cau.edu.cn
经　销	新华书店		
印　刷	北京虎彩文化传播有限公司		
版　次	2018 年 1 月第 1 版　2018 年 1 月第 1 次印刷		
规　格	787×980　16 开本　17.25 印张　320 千字		
定　价	52.00 元		

前　　言

良好农业规范(Good Agricaltural Practices,GAP)通过对初级农产品种植、养殖过程实施科学、系统、标准化的管理,是从源头上保障食品和农产品安全的有效手段和工具。

在初级农产品生产领域,良好农业规范已经成为全球范围普遍接受的质量控制手段。

良好农业规范(GAP)虽然在从源头上保证食品安全有极大的优越性,但是我国特殊的生产格局使其推广艰难,尤其是小农经济的广泛存在阻碍良好农业规范推广。缺乏追溯体系,缺乏农用化学品的正确使用和控制技术,缺乏合格供应商评价方法、评价规范与评价体系等因素限制,致使良好农业规范在我国发展缓慢。

本书基于"十二五"国家科技支撑计划"适宜我国农业生产条件的良好农业规范质量保证关键技术研究与示范(2012BAK26B03)"课题和质检公益性行业科研专项项目"小农经济状况下建立良好农业规范认证体系关键评价技术研究(200810083)"研究成果编撰。

本书共分七章论述。第一章论述了良好农业规范的产生与发展,从良好农业规范产生的背景、良好农业规范在国际上的应用和发展、我国良好农业生产规范标准的实施与成效以及我国实施良好农业规范(ChinaGAP)的意义与需求分析等方面展开论述。第二章论述了全球良好农业规范(GLOBALG. A. P.)标准体系,包括美国、日本等良好农业规范标准体系,同时论述了中国良好农业规范(ChinaGAP)发展以及标准框架,还对我国良好农业规范与主要国家或组织良好农业规范标准及认证实施开展对比研究分析。第三章论述了良好农业规范认证监管评价关键技术,提出了用于作物种植 GAP 认证实施过程评价投入品、产地环境、产品追溯体系的风险评估的机制和评价技术。分析了畜禽产品良好农业规范标准符合性的评价关键控制点,开发了畜禽产品良好农业规范认证现场检查一致性评价技术。第四章对目前农药品种结构、剂型结构、生产企业的生产能力及水平、农药销售模式、农药运输贮藏、农药使用、农药器械等进行了详尽的总结,提出了农药从管理、生产到使用各环节中所存在的问题,论述了农用化学投入品使用现状,介绍了项目构建"中国良好农业规范生产中化学投入品风险评估咨询系统",结合现有的有害生物防控技术,在危害分析与关键控制点理论(Hazard Analysis Critical Control

Point，HACCP）理论指导下建立了良好农业规范生产中化学投入品危害关键点控制技术体系。第五章介绍了我国良好农业规范可追溯体系建立，论述了国内外农产品追溯体系现状，国内外农产品追溯方面的相关法律法规，国内外农产品追溯方面的相关标准，我国农产品追溯体系现状，我国良好农业规范信息化追溯平台。第六章介绍了良好农业规范认证信用体系监督与评估。首次开展了农户信用行为的影响因素研究，提出了良好农业规范认证申请者行为评估体系，对于降低认证风险程度，提高良好农业规范认证有效性具有重要作用。第七章对我国良好农业规范发展特点、农超对接模式下良好农业规范实施的优势、我国良好农业规范认证面临的问题等方面提出了新常态下我国良好农业规范认证的机遇与发展建议。

本书的编写和出版得到了中国国家认证认可监督管理委员会（国家认监委）领导、课题组认证认可技术研究所、中国质量认证中心、中国人民大学、北京信息科技大学、青岛农业大学、北京市农林科学院以及认证认可专家的大力支持，在此一并表示感谢！

由于适宜我国农业特点的良好农业规范认证质量控制与评价技术涉及面广，加之编者时间仓促，本书不足之处，恳请各位专家和读者指正。

著　者

2017 年 9 月

目　　录

第一章　良好农业规范的产生与发展

第一节　良好农业规范(GAP)产生的背景

一、现代农业存在的问题

近年来,各类农产品安全事件使人们清楚地认识到食品安全是食品链中各类组织共同的责任,食品安全的管理也应是覆盖食品链各过程的系统工程,与食品链中的各类组织,包括饲料生产者,初级种植、养殖农产品生产者,以及食品生产制造者、运输和仓储经营者,零售分包商、餐饮服务与经营者及其他有关的组织和相关服务提供者等有着密切的关系。在这些环节中一个很重要的领域就是食品链前端初级种植、养殖农业生产经营者的管理和食品安全的控制。缺少了这一过程的管理标准,缺少良好农业规范的实施,食品安全全过程的控制难以实现。

同时,由于农业生产经营不当,以及大量化学物质和能源投入对环境的严重破坏,导致土壤板结、土壤肥力下降等问题,建立可持续发展的农业生产方式也受到了广泛的认可和支持。

二、GAP为促进现代农业发展,提高农业综合生产能力提供了新的保障方式

良好农业规范是针对农业生产(包括作物种植和动物养殖)的管理控制模式,通过对种植、养殖、采收、清洗、包装、贮藏和运输等农事活动进行全过程系统化控制,实现农产品质量安全以及环境保护和可持续发展等目标。良好农业规范逐步受到政府、食品加工业、食品零售业、种植和养殖业以及消费者的关注,也愈来愈多地得到各国官方管理机构和民间组织的重视,并以政府和行业规范的形式得到建立和发展。利用GAP标准的推广应用来加强农产品的质量安全管理,保障农业的可持续发展已经成为现代农业管理发展的一个很重要的方向。

三、GAP 的应用在国际上得到共识

1998 年，美国食品和药品监督管理局（FDA）和美国农业部（USDA）联合发布了《关于降低新鲜水果与蔬菜微生物危害的企业指南》。在该指南中，首次提出良好农业规范概念。欧洲零售商（EUREP，Euro-Retailer Produce Working Group）于 1997 年发起成立了 EUREPGAP 委员会，组织零售商、农产品供应商和生产者制定了一个包括对食品可追溯性、安全、环境保护、员工福利和动物福利等要求的符合性标准，并成为后来的 EUREPGAP 标准。2001 年 EUREP 秘书处首次将 EUREPGAP 标准对外公开发布，2005 年正式发布实施了第二版。2007 年 9 月 EUREPGAP 更名为 GLOBALG. A. P.，并发布第三版标准。该规范的制定，极大地促进了良好农业规范的发展。目前，美国、英国、德国、法国、加拿大、澳大利亚、瑞士、爱尔兰、新西兰、智利、日本、新加坡、泰国等数十个国家和地区均相继制定了 GAP 法规或标准，GAP 已成为各国作为在保证农产品产量的同时，从源头抓起，全程控制农产品质量安全的有效方法，并日臻成为国际通行的农产品质量管理体系。

联合国粮农组织（FAO）2003 年 3 月在意大利罗马召开的农业委员会第十七届会议上，提出了良好农业规范应遵循的四项原则和基本内容要求，指导各国和相关组织良好农业规范的制定和实施。目前，应用最为广泛的是 GLOBALG. A. P. 。

第二节　良好农业规范(GAP)在国际上的应用和发展

1997 年，欧洲零售商农产品工作组（EUREP）在零售商的倡导下提出了“良好农业规范”的概念，简称为 EUREPGAP。2001 年，EUREP 秘书处首次将 EUREPGAP 标准对外公开发布。为了更好地促进自身的发展，2007 年 9 月于泰国曼谷举行的第八届 EUREPGAP 年会上，EUREPGAP 秘书处将 EUREPGAP 更名为 GLOBALG. A. P. 。

GLOBALG. A. P. 标准针对初级农产品生产的种植业和养殖业，以 HACCP、良好卫生规范和可持续发展农业为基础，关注食品安全、员工福利、动物福利和环境保护，鼓励减少农用化学品和药品的使用，避免在农产品生产过程中受到外来物质的严重污染和危害。标准建立之初，其认证范围主要涉及大田作物、水果和蔬菜种植、牛羊、奶牛、生猪、家禽、畜禽公路运输等农业产业。经过十几年的发展，其认证范围已经扩展至植物繁殖材料、茶叶、咖啡、花卉、水产品及企业社会责任等

领域。

根据联合国粮农组织的定义,良好农业规范是应用现有的知识来处理农场生产和生产后过程的环境、经济和社会可持续性,从而获得安全而健康的食物和非食用农产品。其基本原则包含四个方面,分别是:食品安全、员工福利、动物福利和环境保护。

良好农业规范概念自提出以来,逐步受到各国政府、食品加工业、食品零售业、种植和养殖业以及消费者的关注和重视,并通过官方和行业规范的形式在世界范围内得以建立和发展。欧盟、美国、加拿大、澳大利亚、瑞士、爱尔兰、新西兰、智利、日本、新加坡、泰国、中国、肯尼亚、赞比亚等相继制定了 GAP 标准。在初级农产品生产领域,GAP 已经成为全球范围普遍接受的质量控制手段。其中,发展较为迅速的是由欧洲零售商发起并建立的全球良好农业规范(GLOBALG. A. P.)认证制度。而中国良好农业规范(ChinaGAP)认证制度自建立以来,也逐渐获得了国内各级政府、农业生产者、零售商和消费者的信赖,有了一定程度的发展。

GLOBALG. A. P. 在控制食品安全危害的同时,兼顾农业可持续发展的要求以及区域文化和法律法规的要求。通过标准中的控制点和符合性标准,对所实施的良好农业规范提供系统的、持续的客观验证。目前,这一认证已逐步成为参与国际贸易活动的必备资格。随着欧洲对于食品安全问题关注程度的增加,欧盟对进口农产品的要求越来越严格,没有通过 GLOBALG. A. P. 认证的供货商将在欧洲市场上占有越来越小的市场份额,甚至有可能被逐渐淘汰出局。而部分没有建立自有良好农业规范认证制度的国家(如印度尼西亚),也要求进入其国内的所有初级农产品必须通过 GLOBALG. A. P. 认证。

在推广过程中,GLOBALG. A. P. 建立并实施了会员制度。起初,GLOBALG. A. P. 的会员只是欧洲的零售商,后来扩展至全球范围,包括一些发展中国家,其会员种类也扩展至食品服务商、农业生产者、供应商及认证机构。几乎所有在中国境内从事零售业务的跨国零售商均加入了 GLOBALG. A. P. 成为其会员。GLOBALG. A. P. 每年在全球范围内举办的峰会、论坛等活动,也主要由这些零售商赞助。GLOBALG. A. P. 所建立的会员制度在其全球范围推广过程中起到了举足轻重的作用。

为有效控制认证质量及有效性,GLOBALG. A. P. 建立并实施了认证一致性项目(Certification Integrity Project,CIPRO)。其主要内容为:通过对认证机构的办公室评审和获证组织的现场复核,确定认证机构在认证实施过程中,是否严格按照实施规则和标准的要求进行了认证。评估的结果最终会提交给认证一致性项目委员会(ISC),由 ISC 对认证机构的操作进行最终的判定并确定是否需要采取制裁措施。制裁措施包含:第一次警告、第二次警告、黄牌、红牌和撤销许可协议等。CIPRO 工作的基本目标是对全球范围内的 137 家认证机构,每 3 年至少实施一次评估。据介绍,GLOBALG. A. P. 每年会拿出其收入的 50%作为其来年 CIPRO 全球评估的预算。而 CIPRO 的有效实施也让越来越多的零售商和消费者更加信赖 GLOBALG. A. P. 。

一、欧盟

为了能够给消费者提供安全的同时又满足农业可续发展的农产品,1997 年由欧洲零售商行业协会发起,并组织零售商、农产品供应商和生产者制定了有关农业生产的标准。

在过去的十多年的时间里,全球范围内越来越多的农业生产商和零售商认可了 EUREPGAP 标准,EUREPGAP 得到了全球的重视。作为对农产品安全生产的一种商业保证,EUREPGAP 自 1997 年产生以来发展迅速。

GLOBALG. A. P. 的前身是 EUREPGAP,鉴于 EUREPGAP 已经被世界许多国家接受,并得到积极的支持和参与,2007 年 9 月在曼谷举行的第八届 EUREPGAP 年会上,EUREPGAP 委员会将 EUREPGAP 更名为 GLOBALG. A. P. 。GLOBALG. A. P. 所建立的良好农业规范框架,采用 HACCP 方法,从生产者到零售商的供应链中的各个环节,都确定了良好农业规范的控制点和符合性规范。

目前,在 90 多个国家和地区,有 130 多个认证机构实施 GLOBALG. A. P. ,获证企业约 9 400 家。GLOBALG. A. P. 在全球成立了 26 个 GLOBALG. A. P. 国家技术工作组,在全球推广和实施 GLOBALG. A. P. 认证。

GLOBALG. A. P. 标准及认证制度较为完善,在控制食品安全危害的同时,兼顾了可持续发展的要求,以及区域文化和法律法规的要求,并以非官方的、通过合格评定的方式来推广和实施。

GLOBALG. A. P. 已经制定了综合农场保证标准(IFA),包括作物、畜禽、水产三个部分,每个部分分别包括了相应的模块,每个具体的模块文件包括相应的认证通则、控制点和符合性标准、检查表,通则规定了执行标准的总原则,检查表规定了认证机构对企业外部检查的依据。根据食品安全、动物福利、员工福利、可持续发展农业要求,标准中的条款分为三个级别:主要、次要和推荐条款。

GLOBALG. A. P. 标准的建立和在全球范围内的推广,使得许多国家纷纷以此为基础,并根据本国的国情建立了自己的 GAP 认证体系,这不但对食品安全、改善环境与促进农业可持续发展、提高员工福利、改善动物福利有重大的促进作用,还将世界农产品贸易推进到一个更高的平台上。

二、美国

1998 年，美国食品药品监督管理局（FDA）和美国农业部（USDA）联合发布了《关于降低新鲜水果与蔬菜微生物危害的企业指南》，首次提出了良好农业规范的概念。

美国良好农业规范标准的实施，主要是针对于未加工、最简单加工出售给消费者的，或者是加工企业的大多数果蔬的种植、采收、清洗、摆放、包装和运输过程中常见的微生物危害控制，关注的是新鲜果蔬的生产和包装。其适用范围不仅仅包括农场，还包括从农场到餐桌的整个食品供应链条。

美国 GAP 之所以以微生物的控制为重点，这一方面与本国的饮食习惯密切相关；另一方面是因为美国联邦政府或州政府对农药等生产控制要素均有明确的规定，由不同部门进行管理，无须通过 GAP 加以控制。在十年的应用过程中，包括八项基本原则和八项基本内容的美国良好农业规范在控制新鲜果蔬微生物方面发挥了重要作用。

美国 GAP 以第三方认证为具体衡量模式，虽然非强制使用，但 FDA 和 USDA 积极建议新鲜果蔬生产者采用，美国农业部指定其下属的食品安全检验署（FSIS）作为独立的第三方认证机构开展认证工作。目前 GAP 已成为美国保障新鲜果蔬质量和安全方面的重要手段，有望成为继 HACCP 法规之后的另一个强制性技术法规。其中主要针对的是控制食品安全危害中的微生物污染造成的危害，并未涉及具体农药残留造成的危害识别和控制。

三、澳大利亚

由于在田间食品安全生产技术方面存在许多的不确定性和模糊概念，2000 年 5 月，由澳大利亚农林水产部（AFFA）领导的工作小组对园艺食品安全项目进行审核时，为使项目“为获得同等性建立的示范模型而进行的案例研究”得到更一致的意见，提出了编制澳大利亚良好农业规范标准的要求，并确定以指南的形式出现。随后，澳大利亚农林水产部编制了《农场新鲜农产品食品安全指南》，提供了独立和稳定的关于田间新鲜农产品和食品安全性的标准。该指南的主要目的是确保新鲜蔬菜生产过程中的食品安全检查和实施食品安全方案的一致性。其可操作性较强，主要是通过判断树形式，对蔬菜生产过程中农作物种植和就地包装，以及速冻加工中的重金属、肥料、水和土壤中农药进行危害识别和评价，建立针对食品安全危害的控制措施。

该指南主要包括五个部分：第一部分是澳大利亚 GAP 指南介绍；第二部分是

澳大利亚 GAP 指南的使用范围；第三部分是与农产品相关的食品安全危害，对于每类食品安全危害（生物的、化学的、物理的）都要对其潜在的危害和污染源进行识别，尤其是微生物污染；第四部分是操作步骤及输入，加工流程图中包括了农作物种植、田地包装及遮蔽包装的主要工序，也包括每个工序危害可能发生的范围，以及通过工序的输入而引入的食品安全危害；第五部分是评估污染风险，该部分提供了新鲜食品污染会因输入（土壤、肥料、土壤添加剂）种类的不同而不同，包含是否存在显著风险的判断指南，以及相应的关键限值，而这些限值一般基于研究、专家建议或法律法规的要求。

四、加拿大

加拿大良好农业规范标准的形成是在加拿大农田商业管理委员会的资助下，由加拿大农业联盟会同国内畜禽协会、农产品官员等共同协作，采用 HACCP 方法，建立的农田食品安全规程。目前，加拿大食品检验局的食品植物产地分局发布了即食蔬菜的初加工操作规范。该规范主要采用危害分析法，对蔬菜种植土壤的使用管理、天然肥料的使用管理、农业用水的管理、农业化学物质管理、员工卫生管理、收获管理和运输及贮藏管理等过程进行识别和控制，以降低食品安全的危害，确保蔬菜食品安全。

该规范在利用危害分析方法时综合考虑了种植前的因素（种子、生产地点、粪肥和堆肥、记录等）、生产过程中的因素（农用化学药品、农业用水、废物管理、设备、记录等）、收获过程中的因素（强调工人卫生和雇员培训、清洁设备和储存设施、运输记录等）、收获后的因素（分类、分级和包装，蔬菜的储存、虫害的防治、身份和可追溯性、危机管理等）。

五、日本

日本良好农业规范标准的制定和实施情况较为复杂。最为重要的是日本 GAP 协会制定的 JGAP，仅涉及谷物和果蔬两类产品，并通过了 GLOBALG. A. P. 的同等性认证。两类产品的标准都包括三个部分的内容：日本 GAP 的一般原则、管理要求和符合性标准、日本 GAP 认证检查表。其中管理要求和符合性标准部分分别包含农作物安全、环境保护、生产者的安全和福利、农场经营和销售管理四方面内容。综合考虑各方面的因素，将这些管理要求和符合性标准分为必需的、重要的、努力的三个级别。

除了日本良好农业规范标准协会制定的 JGAP 外，日本的农林水产省也制定并颁布了自己的 GAP，但这种良好农业规范标准只限于在日本国内销售的农产品，没有与 GLOBALG. A. P. 进行同等性认证。其种类包括大米、小麦、大豆、设施野菜（大棚蔬菜）、露地野菜、果树、花卉、茶、菌类 9 种。除此之外，还有一些地方政府制定的，用来加强当地农业水平的认证标准。

日本对参与认证的团体有财政补贴。日本农林水产省还给申请 GAP 的人发相应的补助金，来调动当地农民的积极性，对农业协同组合（简称农协）等团体认证在认证时给予一半的经费补贴。认证团体和农户不以增加收入为目的，多数人将提高农产品的品质和等级为主要目标。

由于单个农户规模较小，日本鼓励团体认证，不鼓励单个农户进行认证，因此财政补贴一般只对团体。因为政府的积极支持，GAP 在日本推广比较普遍。

农林水产省制定了振兴地方补助金制度，谋求药用植物栽培的振兴，农林水产省还派员参加厚生劳动省的例会，以加强两部的工作联络。

六、世界经验对中国的借鉴意义

（一）制定补贴政策

在 GAP 认证的过程中将会发生一定的成本，通过前文的具体分析，这笔费用无论是由农户还是由企业来出，金额都是相对较高的。从国际经验来看，日本《基础 GAP》将法令遵守事项和农业环境规范作为实施 GAP 的必需项目，从而实现了 GAP 和农业环境规范的整合，并通过“交叉达标（cross compliance）”的实施来推广 GAP。补贴内容完善、补贴金额较大，而且专项补贴实施的效果很好。相比之下，我国的补贴还很不完善，良好农业规范认证的全程费用很高昂，从认证学习到具体实施，以及定期检查都需要大量的资金支持。一般除了出口的需要，企业都不愿意多花这份钱，所以在推广的初期，就需要政府予以财政上的支持，对认证费用、人才培训、基地建设等方面进行补贴扶持。政府是权威的象征，只有政府真的在意良好农业规范的发展，下大力气去推广实施 GAP 的认证，生产者才能从本质上去理解 GAP 认证。认真地实施下去，而非仅仅为了获利而认证。从具体推广机制上看，可以考虑将 GAP 的实施与农业补贴挂钩。随着我国农业各类补贴的增加，把 GAP 的实施作为获得补贴的附加条件，通过“交叉达标”等方式可以促进 ChinaGAP 的普及，同时从农业生产的环境保护功能出发还可以为补贴政策找到合理的依据。

（二）加大政府扶持力度

我国的国情和社会制度，决定了政府在重大事情上的关键性作用，在良好农业规范的推广上，同样少不了政府的大力支持，在具体操作过程中美国和日本的政府工作值得我们借鉴。相比之下，我国政府的扶持力度还比较低，政府对于参与认证的企业基本没有实质上的扶持，包括在资金的支持方面，没有对企业直接投资或者财政贴息、税费优惠等优惠政策，也没用帮助企业融资、担保等扶持。在原料和土地的获得方面也没有明确的扶持政策。为了进一步推广良好农业规范，帮助更多的企业参与认证，我国政府就需要承担更多责任，在现有的基础上，在资金投入量、宣传力度、政策支持方面做更多的努力。

（三）统一认证标准

良好农业规范作为一种通用的标准必须具备统一性，才能够得以不断完善和发展，才能和国际相接轨。而日本政府为了积极推进 GAP，在政府推广的同时，日本国内的非营利组织和大型零售商也大力推进和发展各自的 GAP，因此形成了多种 GAP 并存的局面，而这其中只有民间 GAP 中的 JGAP 获得了 GLOBALG. A. P. 国际互认。多种标准共存的局面在一定程度上给生产者带来一定的不便，面对不同的需求方可能会提出不同的 GAP 标准，这使得生产者在 GAP 认证标准的选择上存在一定困境。我国在 GAP 的不断完善过程中，要以此为鉴，保持 GAP 的一致，保持统一，并积极与国际相接轨，避免重复认证所带来的不必要的麻烦。

（四）简化 ChinaGAP

我国人口众多，如何向小农户推广良好农业规范面临挑战。广大农村地区的小农户因其生产规模小、产品质量受周边环境影响严重、文化知识技能水平普遍偏低、现代农业生产管理意识缺乏等因素，目前还比较难以适应 GLOBALG. A. P. 的要求。而 ChinaGAP 对中国当前的小规模分散经营的现状考虑不够，技术研究开发与标准制定脱节，技术标准适应性不强，标准利用效率低，而且资料文本复杂拗口，直接操作性不强。虽然农业生产者基本已无文盲，但接受良好农业规范认证培训时水平仍明显不足，并且缺乏必要的农业技术和管理经验，因此我国 GAP 推行比较缓慢。

结合国际经验与我国农业生产的综合因素，在 ChinaGAP 的普及过程中，应该考虑更改名称、简化内容。目前，我国良好农业规范用语比较晦涩，为了推广普及 ChinaGAP，有必要更改名称，以让更大范围的农业生产者能够快速地接受 GAP；同时作为一个将在全国范围内推广的农业生产管理体系，考虑到我国大多数农业生产的经济与生产现状，在现有的 ChinaGAP 的一级、二级认证之外，可以制定一个简单易行的初级（基础）ChinaGAP。

（五）开展对农户的直接指导

在以上分析的国家中，有很多和我国的农业发展情况是非常接近的，如东盟各国，他们的农业生产也是由受教育水平较低的劳动力以传统的方式开展，这些国家在推广 GAP 标准的过程都将直接在田间地头向农户宣传标准作为自己的重要经验之一。因此，如果要帮助千千万万的中国农户在农业生产中实施良好农业规范，必要的指导工作是必不可少的，因此建议在我国现有的农技推广体系中建立起 ChinaGAP 的推广体系，以此提高农户对 GAP 的了解水平。

（六）引导市场各主体，发挥其在 GAP 推广中的作用

从国际 GAP 的推广经验中，不难看出如超市等零售商主体在 GAP 的推广中起到了重要的作用。在欧盟，由于 GLOBALG. A. P. 是由欧洲零售商协会发起，良好农业规范标准认证产品在超市销售已成为基本条件；在美国、澳大利亚等国家，超市也对标准的推广起到了重要作用。通过超市的推广，越来越多的消费者也开始了解并认可 GAP。因此消费者、生产者、零售商之间关于良好农业规范认证产品之间的信息较为对称，零售商以自己的信誉保证了产品的质量与安全。但在我国，良好农业规范认证产品以出口市场为主要目标，尚未实现生产者和超市的有效对接，消费者对 GAP 的了解程度比较低①。而在产品质量参差不齐的情况下，消费者很难对其进行识别，因此政府应积极引导超市在 GAP 的推广中发挥作用，从而全面提高我国农产品质量安全。具体来说，早期可以鼓励超市采取差异化战略，以 GAP 标准生产的农产品作为本超市与其他零售商拉开差距的商业策略；随着 GAP 的全面的推广，逐步使 GAP 成为零售商的通用标准，以此实现对我国农产品的生产监控。

第三节 我国良好农业规范认证体系建设与发展

一、ChinaGAP 标准的起草与发布

为改善我国目前农产品生产现状，提高农产品安全质量水平，增强消费者信心，促进农产品出口，填补我国在控制食品生产源头的农作物和畜禽生产领域中 GAP 的空白，打破技术性贸易壁垒，2003 年 4 月，国家认证认可监督管理委员会首次提出在我国食品链源头建立“良好农业规范”体系。2004 年，国家认证认可监督管理委员会组织质检、农业、认证认可行业专家启动了 ChinaGAP 标准的编写

① 在上海超市的随机调研中，只有 20%左右的消费者表示知道 GAP。

和制定工作。经过广泛调研和深入研究，确定引入推行良好农业规范，在欧盟良好农业规范（EUREPGAP）的基础上建立中国良好农业规范（ChinaGAP）合格评价体系。

2005年12月31日发布首批《良好农业规范》GB/T 20014.1～20014.11—2005共11项系列国家标准，2006年5月1日起正式实施。涵盖大田作物、水果、蔬菜、牛羊、奶牛、猪、家禽等种植业、养殖业主要产品。

2006年1月24日，国家认监委发布《良好农业规范认证实施规则（试行）》（国家认监委2006年第4号公告），用于规范认证机构开展作物、水果、蔬菜、肉牛、肉羊、奶牛、猪和家禽生产的良好规范认证活动，这标志着我国良好农业规范国家认证制度正式建立。

2007年7月GLOBALG. A. P. 标准改版，2007年8月我国考虑GLOBALG. A. P. 标准改版情况和国际互认的需要，根据GAP试点工作的有关情况，为了配合茶叶、水产良好农业规范认证工作开展，对我国《良好农业规范认证实施规则（试行）》(CNCA-N-004:2006)进行了修订，发布了《良好农业规范认证实施规则》(CNCA-N-004:2007)。

为进一步完善我国的良好农业规范标准体系，受国家标准委委托，在首批标准发布的基础上，国家认监委又组织有关方面专家起草完成了茶叶、水产等13项良好农业规范国家标准，第二批标准于2008年2月1日发布，并于2008年4月1日起实施。目前新的国家标准的修订工作正在进行。

我国的ChinaGAP标准的建立考虑到了我国的农业生产特点，同时创新和丰富了国际GAP标准。将认证分为两个级别的认证：一级认证与GLOBALG. A. P. 的要求一致；二级认证考虑了我国实际农业生产要求。标准体系的创新，既保证了ChinaGAP在我国的适用性，也为消除国际贸易壁垒奠定了基础。到目前为止，经过制定与修订，2008版GB/T 20014系列标准包括24项GAP国家标准。

中国良好农业规范标准的制定，既考虑了同国际接轨的需要，也考虑了我国的现实状况。将认证分为两个级别：一级认证与全球良好农业规范的要求一致，并通过协议形成互认；二级认证则考虑到我国小农经济的现实基础，比一级认证标准要更容易实施。

二、我国良好农业规范标准的实施成效

（一）我国良好农业规范发展现状

ChinaGAP发证数量及地域分布。根据中国食品农产品信息系统查询的数据，截至2016年12月，有效数量738张，有效企业数707个。共批准机构33家，

认可机构数量27家。获证企业主要分布在江苏省、海南省、浙江省。

(二)ChinaGAP推广应用

总体来说，到目前为止，我国进行良好农业规范认证的认证申请者的总量比较少，通过良好农业规范一级认证和二级认证的认证申请者相对更少。具体来说，ChinaGAP推广范围有限的原因包括：农业生产经营者组织结构松散，难以实施内部质量管理体系；农户缺乏必要的知识理解书面化的GAP操作；农户不习惯对日常农事进行记录，这导致无法建立有效的追溯体系；农业生产经营者组织与农户利益不一致，导致GAP标准推广范围较小。

大众对ChinaGAP的了解程度、支付意愿低。通过大量的实证调研显示，一方面，中国民众对于GAP的了解程度低，对于大部分中国人来说，良好农业规范还是非常陌生的新鲜事物。只有非常少量的消费者表示对良好农业规范比较熟悉，很多消费者甚至表示没有听说过良好农业规范。另一方面，民众对ChinaGAP的支付意愿也比较低，这主要是因为民众虽然对良好农业规范等食品安全体系态度积极，但因为宣传不到位、民众了解程度较低，对参与该规范的农产品的支付意愿也比较低。

从政府层面来看，我国推行良好农业规范标准的实施，政府做了大量的工作。国家先后将良好农业规范认证列入《国家食品药品安全"十一五"规划》《全国农业和农村"十一五"规划》《农产品出口"十一五"规划》《"十一五"质量监督检验检疫专项规划》《标准化"十一五"发展规划》，并于2007年正式写入中央一号文件。首先，由政府出面组织制定了良好农业规范标准及实施细则，并不断对标准进行修订和完善。其次，加强了同相关国际组织的交流。再次，政府重视认证培训工作。国家认监委会同标准委组织部分专家编写了《良好农业规范实施指南》等统一的教材，并组织了检查员队伍的培训。政府对认证工作给予财政支持。

三、国际交流与合作

为推进我国GAP的发展，加强与国际相关组织交流，促进农产品出口，国家认监委与EUREPGAP签署了《认监委与EUREPGAP/FoodPLUS技术合作备忘录》和《ChinaGAP认证体系与EUREPGAP认证体系基准性比较问题谅解备忘录》，目前正在按照GLOBALG. A. P.基准性比较程序开展ChinaGAP认证体系与GLOBALG. A. P.认证体系基准性比较工作。根据备忘录的规定，ChinaGAP与GLOBALG. A. P.经过基准性比较及互认的相关工作后，ChinaGAP认证结果将得到国际组织和国际零售商的承认。经过基准比较，良好农业规范一级认证等同于GLOBALG. A. P.认证。通过ChinaGAP一级认证的产品(果蔬和茶叶)可以加贴 GLOBALG. A. P. 标志，出口到欧洲，避免二次认证。我国 GAP 认证结果的国际互认，对促进我国农产品扩大出口具有积极作用。

国际互认的直观效益表现在：推广国际认证制度，提升国内认证机构国际知名度。

以中国质量认证中心为例，自获得一评双标认证资质以来，接受 GLOBALG. A. P. 组织的办公室评审和现场审核后，均取得了良好的成绩，大大改善和提升了国内机构在国际组织中的认可度和知名度，提升了中国农产品国际品牌知名度，增加了经济效益。通过一评双标认证的农产品有机会进入欧洲高端零售市场。这一方面会提升中国农产品的零售价格，增加获证组织经济效益；另一方面中国初级农产品在国际高端市场的持续安全消费，有助于提升中国农产品国际品牌知名度和认可度，塑造知名企业；有效降低企业认证成本，增加证书的利用率。ChinaGAP 与 GLOBALG. A. P. 互认之前，国内农业企业申请 GLOBALG. A. P. 认证，一般均由国外检查员实施认证检查，高昂的国际差旅费用大幅度提升了认证成本。互认之后，企业可用 50%甚至更低的成本同时获得 ChinaGAP 和 GLOBALG. A. P. 证书，大大降低了认证成本，也提升了认证证书在国内、国际市场中的利用率。

同时，国际互认现存在的问题表现在：①标准更新与国际互认脱节。随着 GLOBALG. A. P. 第四版标准的发布实施，原 ChinaGAP2008 版标准与 GLOBALG. A. P. 第三版标准的互认结果也于 2012 年 2 月终止。而新发布的 ChinaGAP2013 版标准与 GLOBALG. A. P. 第四版标准的基准比较至今尚无结论，也就导致相关获证组织无法继续保持原有的一评双标认证状态，转而选择直接依据 GLOBALG. A. P. 标准进行认证。②认证合规性受到质疑。互认终止后，为保证产品出口和销售不受影响，相关企业只能直接依据 GLOBALG. A. P. 通则和标准实施认证，但这明显违反了《中华人民共和国认证认可条例》(第十八条：认证机构应当按照认证基本规范、认证规则从事认证活动。认证基本规范、认证规则由国务院认证认可监督管理部门制定；涉及国务院有关部门职责的，国务院认证认可监督管理部门应当会同国务院有关部门制定）的相关规定。③认证标志使用受到限制。根据 GLOBALG. A. P. 标准和实施规则的要求，在获证产品的零售包装上不得使用认证标志。GLOBALG. A. P. 秘书处对此的解释是：GLOBALG. A. P. 认证所针对的是商业交易过程(Business to Business)，并不包含最终的零售过程(Business to Customer)。此规定对出口企业影响不大，但对于部分内销企业却存在较大影响。因为国内目前几乎所有的产品认证均建立了认证标识制度，消费者对产品质量的判别也习惯性地指向是否存在相应的认证标志。一评双标企业受困于此，持续实施一评双标认证的积极性自然大打折扣。

四、我国实施良好农业规范(ChinaGAP)的意义与需求分析

(一)从源头上保障食品和农产品安全的重要途径

良好农业规范认证的对象是大田作物、果蔬、牛羊、奶牛、猪、家禽、茶叶、水产的农业生产经营者或者是由独立的农业生产经营者组成的联合组织,是对食品链源头实施管理的有效形式,标准要求对初级农产品种植、养殖过程实施科学、系统、标准化的管理。如对于果蔬作物类产品,标准从农场的场所管理、员工培训、可追溯性体系的建立、种子管理、土壤管理、肥料的使用管理、灌溉施肥要求、有害生物综合管理、植保产品管理等方面提出了具体的要求。组织如果按标准建立体系,运行标准规定的要求,对于农业种植的各个过程都可以得到有效的控制:化肥、农药在使用前需要进行合理的选择;使用过程需要对品种、地点、日期、人员、使用量、机械设备、安全间隔期等严格记录,并确保遵守安全间隔期的要求;施用的机器需要经过校准,保证施用量的准确;剩余药液的处理按规定实施;产品需要按期进行农残分析检测,能够满足国家法定标准限量及客户和产品消费地相关要求;化肥、农药需单独存放、专人管理;使用过的植保产品容器及弃用的植保产品也需要严格管理。所有这些工作的实施对于初级农产品生产组织提供安全产品给予了良好的保障。

(二)发展现代农业,推进社会主义新农村建设的重要措施之一

当前,我国农业和农村经济正处在全面推进结构战略性调整的新的发展阶段。加快农业和农村经济结构调整,加大实施科技兴农的力度,发展农业产业化经营,需要采用多种现代科学管理方式。GAP认证是国家认监委在充分考虑我国食品安全现状和中国农业发展水平,借鉴国际开展食品农产品认证的经验,建立的一种国家推行的认证制度。目前GAP已成为国际通行的农业管理方式,借鉴这一先进管理方式对我国现代农业发展必将起到重要的推动作用。

(三)提高生产基地生产全程管理水平,提高企业经济效益

GAP是一套系统实施农业管理的规范文件。实施GAP认证与标准化,可以促进企业实施层次明确的管理要求,建立科学有效的病虫害综合防治计划和兽医健康计划,实现农兽药的合理使用和有效控制,有效降低农产品和食品原料农兽药残留超标风险,建立可靠的产品质量可追溯体系,使种养殖技术得到提升,环境保护意识得到加强,污水排放减少,产品质量安全得到极大提高等。通过认证也有助于得到客户的认可,促进产品的销售,也将给企业带来更大的经济效益。

(四)应对国际贸易壁垒,促进国际贸易,提高产品竞争力

GAP 认证已成为进入欧洲零售市场及国际市场的通行证,我国也正在积极推动 ChinaGAP 与 GLOBALG. A. P. 的互认工作。建立体系,实施认证才能有效地消除贸易壁垒,得到国际采购商的认可。

2014 年,沃尔玛集团总部提出自 2015 年开始,所有进入其零售终端的农产品需要通过 GAP、BRC、FSSC2200 等全球食品安全倡议(GFSI)承认的食品认证。

2014 年正大集团总部做出决定,要求其旗下所有初级农产品生产企业全部推行良好农业规范管理和认证。其产品种类涉及蛋鸡、肉鸡、生猪、水稻、茶叶及水产等。

(五)推动农业的可持续发展

当前,我国农业生产存在土地资源质量下降、环境污染严重等问题,给我国农业的可持续发展造成了严重的阻碍。GAP 系列标准的大量条款都关注了农业的可持续发展,是支持农业可持续发展的强有力措施。

(六)提高企业及产品品牌形象的重要手段

按 ChinaGAP 标准建立良好农业规范体系,实施认证,取得认证证书,对企业和产品都是很好的宣传手段。现阶段,GAP 在我国正处于推广应用期,率先按与国际接轨的良好农业规范标准实施农业管理,将会极大地提升企业及产品品牌形象。

2014 年伊利集团要求其下属的所有奶牛养殖场全部推行良好农业规范管理和认证;2014 年乐购集团邀请中国质量认证中心为其大中华区质量经理开展实施良好农业规范认证标准培训;2014 年华润集团邀请中国质量认证中心为其下属养殖场实施良好农业规范认证开展培训。这充分说明了良好农业规范认证越来越受到我国食品生产、加工、零售企业的重视。

五、ChinaGAP 与 GLOBALG. A. P. 的发展比较

通过对认证机构数量、发证总数及有效证书数量的统计数据分析,结合对部分获证企业的调查问卷结果,ChinaGAP 和 GLOBALG. A. P. 的发展呈现如下差异。

(一)证书数量增长率差异

GLOBALG. A. P. 以每年 1 万张证书的速度递增,而 ChinaGAP 认证自 2006 年建立以来,即使按照每年平均递增的方式进行计算,增长率也仅为每年 80 张证书,增长速度和数量均远低于 GLOBALG. A. P. 。事实上,目前保持有效的 625 张证书也主要得益于开展认证初期质检系统的推广作用。

(二)认证公信力差异

ChinaGAP 证书增长速度和数量均远低于 GLOBALG. A. P. ,究其原因,最根本的就是缺乏市场驱动力和客户认可度。根据中国质量认证中心(CQC)认证客户所提交的调查表,在客户认可度方面,有 50%以上的获证企业提出国外客户对 GAP 认证的认可程度远远高于国内客户,很多国内零售商和消费者甚至不知道何为良好农业规范。

(三)认证市场驱动力差异

市场推广方面,GLOBALG. A. P. 的发起方为欧洲零售商组织,后期美国最大的零售商沃尔玛也加入成为其董事会成员,这些零售商在一定程度中可以左右全球的高端农产品采购市场,因此 GLOBALG. A. P. 有其原始的发展动力。另外,GLOBALG. A. P. 发展的最终目的是保证进入其零售商市场的初级农产品食品安全,对收益没有要求。因此,其可以拿出年度全部收益用于发展 GLOBALG. A. P. 认证的全球市场,具体措施包含:在全球范围内培训农场咨询人员,参加各种食品展会(如柏林果蔬展、亚洲果蔬展等),在全球范围内举办年会以及开展一致性项目以保持认证有效性等。而 ChinaGAP 在市场推广方面,所采取的措施包含:开展良好农业规范论坛、吸纳零售商成为良好农业规范工作组成员以及国内部分省份质检系统的推广等。所采取措施的深度、广度及有效性均与 GLOBALG. A. P. 存在较大差距。

六、中国良好农业规范面临的问题

(一)中国良好农业规范认证面临的问题

尽管中国良好农业规范系列标准在制定过程中考虑到了中国小农经济的国情,但在实施和推广中国良好农业规范认证过程中,仍然存在着诸多亟待解决的问题。

(1)中国人口众多,小农户如何建立良好农业规范面临挑战。中国有 2.4 亿户小农户,耕地保有量为 18.3 亿亩(1 亩≈667 m^2),人均耕地仅有 1.4 亩,仅占世界平均的 1/5,排在世界的第 67 位。耕地总量有限而农业人口众多造成了中国户均耕地规模小,实施良好农业规范认证难的问题。普遍来看,众多的小农户受教育水平较低,而良好农业规范标准不够通俗易懂,直接操作性不强。虽然农业生产者中基本已无文盲,但接受良好农业规范认证培训时知识水平仍明显不足,并且缺乏必要的农业技术和管理经验。目前来看,面对中国小农经济的基本国情,如何在小农户中建立 GAP 体系,核心解决办法是将小农户组织起来,或以公司加农户的方式，或以农民合作组织的方式，便于规范管理农业生产，也能降低实施 GAP 认证的成本。

(2)中国幅员辽阔，农业耕作方式、品种等地区差异很大，GAP 标准在全国范围内的适用性问题较难解决。目前来看，在起草中国良好农业规范标准时，已经考虑到了各地差异，标准制定得较为宽泛，缺乏不同使用情况的指导性实施细则的出台。对于全国各认证机构和认证检查员的培训力度也有待加强。

(3)如何确保农用化学品的正确使用。我国的农户数量众多，不论是由政府还是由农业生产组织对于每个农户使用农用化学品的情况进行监督，监督成本均很高。如何确保农用化学品的正确使用，保障农产品的质量安全，是能否成功实施和推广良好农业规范的关键性因素。

(4)目前我国广大农村地区农业基础设施投入明显不足，仅依靠人工劳动力进行农业生产，人为因素过多难以保证整个农业生产过程的规范与一致，生产技术水平难以得到提高满足 GAP 标准要求。

(5)激励与监督机制不健全。由于经 GAP 认证的产品尚未在中国市场上具有广泛的接受度，价格优势尚未体现出来，致使广大农户缺乏动力认真贯彻 GAP 标准，GAP 较长的认证检查时间也致使农户缺乏足够的约束力在整个生产过程中严格依照 GAP 系列标准进行过程管理。

(二)我国良好农业规范实施存在的问题

在以小农经济为主的中国，良好农业规范标准的推行表现出很大的不适应性。

一是发达国家基于土地私有和大规模农场主经营不同，中国的农业是建立在土地公有和分散的小农家庭经营基础之上，地块分散且规模狭小，农户的组织化程度不高，良好农业规范认证需要合作经济组织或公司来组织运行，即主要采用“公司＋农户”、“公司＋合作经济组织＋农户”、“合作经济组织＋农户”等组织形式，单个农户认证几无可能，这种组织形式所带来的问题是：如何在农户和其他组织之间分配利益、分摊成本和分配风险以最大限度地带动农户参与到认证中来。这是一个值得进一步研究的难题。目前认证企业退出率较高，在一定程度上反映了利益协调机制存在较多的问题，从而加大了 GAP 认证的协调成本和监督成本。

二是认证成本较高。良好农业规范在投入物质(农药、水质、种子等)和基础设施有着较为严格的要求，相对欧盟等国具有相对完善的农业基础设施条件而言，中国包括田间道路和水利灌溉设施等在内的基础设施条件较差，投入物质的监测费用和基础设施的投入较大，这就增加了认证主体的认证成本，如何降低推行中认证主体的成本以增加认证的积极性，尤其是发挥政府财政的扶持和引导作用，仍是一个巨大的挑战。

三是中国农民的文化素质不高，尤其是在打工收入远高于务农收入的情况下，文化程度较高的农民大都进城打工，留守的基本上是妇女和老人，他们很难适应目前良好农业规范认证中复杂烦琐的操作程序，尤其是生产过程的操作记录，与农民现有的习惯极不相符，这使得现有认证有效性有待提高。

四是现有良好农业规范认证产品在零售环节还不能加贴标识，无法向消费者有效传递产品信息，生产者和消费者之间存在着严重的信息不对称，影响了在国内产品的价格和销售量。

第四节　基于良好农业规范的我国农业生产条件和特点

若使良好农业规范在中国能够得到较好的发展，发挥出较大的成效，必须使这一"洋制度"同中国特殊的农业生产条件和农业经营制度相适应。对于良好农业规范的实施而言，同欧美等发达国家相比，中国的农业生产条件在发展的阶段性、农业生产经营制度、农村土地制度、农产品流通体制、农业基础设施、消费者选择、政府作用等方面存在着明显的特殊性。

一、中国已经进入发展的"新常态"阶段

改革开放以来，中国经济取得了举世瞩目的成就。但总体来说，中国走的是一条高耗能、高污染的粗放型发展道路，目前资源约束、环境约束都已达到或接近极限，劳动力红利也基本吃尽，几乎没有更多的劳动力可供转移。中央提出中国发展进入"新常态"，这标志着原有高速度、高耗能、高污染发展方式的不可持续乃至终结。

食品安全问题，环境污染问题，资源过度利用问题已引起全社会的高度关注并基本达成共识：改变思维方式，调整生产方式，全面深化体制改革，实现人和自然的和谐，实现经济社会的可持续发展。这样一个"新常态"，为良好农业规范的实施创造了非常有利的环境。

二、传统以家庭经营为主的生产经营体制与新型的集约化经营体制并存

传统的以家庭分散经营为主的生产经营体制和新型的高度组织化、规模化和集约化经营并存。对良好农业规范既有挑战，也提供了机遇。

我国当前的农业土地制度属于土地公有制，农村土地公有制的基本形式是集

体土地所有制。土地的社会主义劳动群众集体所有制,具体采取的是社会主义集体经济组织所有制的形式。

与土地所有制相对应,我国农村集体经济经营体制是以家庭联产承包为主的责任制和统分结合的双层经营体制。家庭联产承包制下,广大农户以家庭为基本单位独立经营小规模农业,实行生产资料个体所有制。土地的承包经营,分割了土地产权,“集体”继续占有土地所有权,农户则享有土地的使用权和收益权,即土地承包经营权。

首先,实施良好农业规范要求有相当数量的优质土地,要求广大农户在这些土地上进行集约化生产种植,并接受科学、系统和标准化的管理。当前我国家庭联产承包制度下的广大农户是典型的小农户,他们承包的土地规模小,经营分散。同时,我国农村土地的质量参差不齐,而集体内要求公平分配,就导致了地块细碎化,导致了农户的小规模经营,造成规模不经济,农业生产边际成本提高,农产品商品率低。土地数量和质量的限制,土地地块分散细碎的现实,使得我国在实现良好农业规范经营的过程中面临诸多困难。

其次,良好农业规范要求农业生产地远离污染源,要求有良好的排水和灌溉设备,施用的肥料有严格的限制,施用量有严格的标准。同时要求农地周围有相应的清洁设备和卫生的存储场所。由于我国土地使用权不稳定,导致了农民不愿对土地进行长期投资,而且分散经营的小农户也无法承担高昂的基础设施投资成本。

最后,良好农业规范在中国的推广,在当前的制度下面临着巨大的交易费用。一方面,小农户经营分散,组织程度低,面对复杂多变的市场,往往处于信息劣势的地位,在市场谈判中处于被动,自身利益难以保证。而且,小农户在生产中还面临小生产与大市场的矛盾,产前、产中和产后脱节,出现“买难,卖难”的问题,导致了单个小农户无法实现规模效应。因此,除了实施良好农业规范认证所必需的费用和基础设施建设的费用之外,小农户还需要面对巨大的交易费用。另一方面,企业进行 GAP 认证,就需要将分散的土地进行整合,将小农户集中起来,与小农户签订农业生产契约,进行集中管理和生产。企业在认证过程中,面临着较高的谈判成本和监督成本。

农村家庭经营制度存在局限性,包括经营规模小、组织化程度低、生产方式粗放、劳动力老龄化和素质低,以及服务体系不健全等,在客观上呼唤以组织化、专业化、集约化为重要特征的农村新型经营体制。许多地方也为此进行了大胆积极的探索。中央为此出台了加强农地规范流转的系列政策,积极扶持合作化组织和农业龙头企业,鼓励高素质的职业化农民经营土地。这为良好农业规范的实施创造了较为有利的条件。

三、农业生产主体多元化和素质差异明显

我国农业生产主体既有大量的传统小农户，也有具备一定规模的大农户，还有扮演越来越重要角色的各种公司企业和合作经济组织。不同生产主体之间存在着联合与合作，但不同生产主体之间在基本素质、资源占有、管理方式、市场势力等方面存在较大差异。组织化程度高的农业生产经营主体具有更好的管理能力、技术优势和市场势力。尽管他们之间在生产上可以有某种程度和某些形式的联合与合作，他们对良好农业规范的参与程度和适应程度也会存在着差异。

（一）我国当前的农业生产主体及其组织形式

1. 小农户

当前，我国的农业生产主体以分散经营的小规模农民为主，农村经济是典型的"小农经济"。所谓小农，"小"主要是指经营规模较小，"农"是指从事农业活动的家庭，小农指的是生产规模小，一般是以家庭为单位组织农业生产的一种社会生产组织。小农经济也称个体农民经济，是指以家庭为基本组织形式，以生产资料个体所有制为基础，完全或主要依靠劳动者自己的劳动，独立经营小规模农业，以满足自身消费需要为主的经济形式。

我国现阶段农村家庭联产承包责任制下的农户家庭经济，仍然具有生产规模较小、市场化经营程度较低的特点，所以它基本仍是一种小农经济——小规模经济。

我国共有2亿多个农村住户，农村人口数为6.5亿多人，其中，80%以上为散户。小农户作为我国农业的基本生产经营单位，这是中国改革开放实行家庭联产承包责任制的结果，同时也是符合我国资源禀赋的。小农户的主要特征有以下几点。

第一，规模小，个体家庭分散经营，生产资料个人所有，独立劳动。中国农村人均耕地面积为0.18 hm^2，平均每户则为0.48 hm^2，土地分散在每个独立的农户手中，农户之间缺少分工协作，具有很强的趋同性。第二，农户经济实力薄弱。由于农业的弱质性、农产品的需求弹性小、粮食商品化率低等原因，农户的经济收入普遍处于较低水平。再者，缺乏有效的融资渠道也制约了农户的发展。第三，受教育程度低。绝大多数农户的教育水平为中、小学水平，高中以上学历的不到农村人口总数的10%。第四，分散农户经营活动局限于农业生产领域，同农业产前、产中、产后服务部门相互分离，处于半自然经济状态，与我国大力倡导并发展的农业市场经济脱节严重。

除此之外，小农经济还具有弱小性、多重性和依附性的特点。小农经营者以家庭为单位，分散经营，易受到地理和气候等因素的影响，易受到社会经济波动的影响。同时，小农经济的本质会随着社会的发展变化而变化，因而小农经济作为一种生产组织形式，可以是自给自足的自然经济，也可以是简单的商品经济，还可以是半商品生产、半自然生产双重性质的经济。由于小农经济的弱小性和多重性，就决定了小农经济具有依附性。它可以依附于各种社会制度，各种经济形态，因此无论在何种社会制度下，小农经济都表现出很强的依附性和生命力。

2. 农业大户

农业大户是指专门从事某种农产品或农业项目的生产，商品率较高、专业化经营和生产，其收入在家庭收入中占有很大的比例。其特征仍然属于小农户性质，但在生产规模、技术采用和谈判能力方面要优于小农户。

3. 基于农民专业合作社的“合作社＋农户”

我国自 2007 年 7 月 1 日起施行的《中华人民共和国农民专业合作社法》将农民专业合作社定义为：“农民专业合作社是在农村家庭承包经营基础上，同类农产品的生产经营者或者同类农业生产经营服务的提供者、利用者，自愿联合、民主管理的互助性经济组织”。作为一个新的农业生产经营主体，专业合作社具有以下几个特点：在组织机制方面，合作社是自愿加入的组织，向能利用其服务并承担社员责任的所有人开放，不允许有任何歧视。理论上只要承认合作组织章程，能利用合作组织提供的服务并能够承担成员义务的人均可加入；在决策机制方面，农民专业合作社基本上都设立了理事会、成员大会作为决策机构。作为一个“民办、民管、民受益”的经济组织，其决策机制体现为全体社员地位平等及对合作社的民主治理和控制。因而，成员“民主管理”是合作社的治理原则和特征；在利益机制方面，社员参与合作的根本目的是为了克服家庭经营的弊端，通过联合和合作的力量创造合作收益，并通过公平的分配使组织成员能够分享合作剩余，增加个人收入。合作社的利益机制，主要涉及两方面：一是合作社与成员的利益关联方式，二是合作社的利益分配机制。现实中，大多数合作社与社员的利益联结方式是提供信息、技术服务和实行盈余分配及保护价收购产品。《农民专业合作社法》明确规定，农民专业合作社应当遵循盈余主要按照成员与本社的交易量（额）比例返还的原则，并强调盈余返还的比例不得低于 60％，但实际上真正按合作章程运行的很少，大多数合作社没有建立按惠顾额返还盈余为主的利益分配机制。农民专业合作经济组织在市场信息搜集、农业标准化生产、专业化生产、农业科技推广和市场讨价还价能力等方面显然要优于小农户。但是，也存在着对农户的有效激励不足和农户的机会主义行为等问题。由于良好农业规范较为复杂的管理程序和更加科学的操作，在农民专业合作经济组织中推行不但具有规模化效益，管理水平也更加适合。

4.基于龙头企业的“公司＋农户”

依法设立的以农产品生产加工和流通为主业的企业，包括按照公司法设立的公司、其他形式的国有、集体和私人企业，以及一些中外合资合作企业和外商独资企业。一般说来，这些企业具有现代化生产加工技术，投资规模较大，实力雄厚、管理先进，他们具有强大的市场优势、信息优势、管理能力和资金优势，谈判能力也比农户高得多。他们通过与农户不同形式松散型、半松散型和紧密型的联合与合作，对农户有着较强的带动作用。但二者的利益分割是个非常棘手的问题，龙头企业在同农户的合作中，由于占有诸多优势，容易违约，将市场风险转嫁给农户，存在着一定程度欺压农户的现象，但农户也存在着机会主义倾向，所以二者的履约机制存在很多问题。

(二)基于 GAP 的生产主体分析

良好农业规范是一项操作性很强的、要求很严格的标准体系。良好农业规范针对不同的作物生产特点，对作物管理、土壤肥力保持、田间操作、植物保护等都有十分严格的要求。对于畜禽的生产方式和特点，对养殖场选择，畜禽品质、饲料和饮水的供应，场内的设施设备，畜禽的健康、药物的合理使用，畜禽的养殖方法，养殖生产过程的记录，产品的追溯都有严格的要求。所有的这些要求，都对 GAP 认证农产品的生产主体——农民，提出了很高的要求。因此，生产主体要有很高的素质，才能在实际操作中真正的执行好 GAP 认证的各项标准要求。

作为我国当前最主要农业生产主体的小农户，在适应良好农业生产规范方面还存在着许多制约。第一，我国农民受到小农思想的影响，对于像 GAP 这样的新的生产管理方式持怀疑态度，因为 GAP 生产需要巨大的成本投入，无法在短期内获益。农民不敢投入资金，在取得显著的成效前，会对新技术和新管理方式持保守态度。第二，农民科学文化素质低，不能适应 GAP 认证的要求。许多农民不能够读懂 GAP 认证复杂和详细的标准要求，不能对 GAP 认证的理念进行深入的理解。即使经过培训的农民，也不能够很好地将其所学到的经营和管理技术运用到农业生产中。如农民没有对生产过程记录的习惯，导致了全过程控制不能够很好地实现。在实际的生产过程中，有些农民往往会忽视标准要求，仅凭借自己的经验进行生产，偷施肥料、偷用农药的情况时有发生，导致了最终产品不符合标准要求。第三，农民缺乏法律意识和市场意识，对 GAP 认证的实施造成了很大的困难。有些农民为了个人利益，不顾合同制约，私自出售农产品，单方面违约造成企业损失。

但专业合作经济组织和农业龙头企业具有较大的规模，雄厚的资金，较好的技术和管理水平，市场销售能力强，在实施良好农业规范方面具有很大的优势，可以单独或带动农户一起实施。

四、农业基础设施相对薄弱

农业基础设施是为农业生产过程提供基础性服务，从事农业生产的全过程中所必需的，对农业生产发展有重大作用的物质条件和社会条件，是农业发展的社会先导资本，是发展现代农业、强化农业基础的前提和基础。

我国在农村建立家庭联产承包责任制之后，农村的中小型基础设施建设主要依靠农民自力更生进行，或者以村集体名义以开发项目的形式展开，政府在基础设施投资上存在不足，我国基础设施的薄弱给我国农业进一步发展，特别是农业产业化和农业现代化带来了极大的阻碍。2003 年之后，国家和政府开始加大了对农业基础设施的投资力度，并且取得了一定的成效。由于农业基础设施条件的改善，使得我国的农业生产条件得以改善，农业生态环境得到初步改善和保护，农业综合生产能力显著提高，农田有效灌溉面积增加，农业抵御旱涝灾害能力增强，农业机械基础设施条件也迅速改观，同时，农村信息基础设施建设进一步加强，信息服务平台与信息网络也初具雏形，农村教育基础设施建设也取得了一定的成果。

虽然我国农业基础设施建设取得了许多成就，但是与国外先进国家的机械化、信息化和数字化的农场相比差距依然很大。尤其是农业基础设施投入结构不合理，国家对农业基础设施投入主要集中于大型水利、林业和生态建设，对农村急需的中小水利设施缺乏足够的资金支持，致使农村许多地区的农田水利设施年久失修，老化严重，阻碍了农业的进一步发展。

良好农业规范的实施，需要有较好的农业基础设施条件。良好农业规范认证对于农场的基础设施有很严格的要求，比如要求生产基地远离居民区，远离污染源，有一定的隔离措施和排水措施。这就需要农场拥有良好的道路交通条件和防护隔离措施。良好农业规范对灌溉用水也有十分严格的要求，规定不符合国家标准的用水禁止用于灌溉，这就要求农场有良好的农田水利灌溉措施，有良好的污水检测和处理设备。此外，出于食品安全、员工福利和动物福利的要求，良好农业规范还要求生产基地周围有相关的农业用具存放和贮藏的仓库，有用于清洁的厕所和洗手池，有保障员工健康的医疗设备。因此，要顺利推广和实施良好的农业规范，就必须进一步加大农业基础设施的投资和建设，特别是对众多小规模农场农田水利、道路交通等小型基础设施项目的支持。

五、农产品流通体制尚不完善

(一)我国农产品流通体制的基本特征

中国目前的农产品流通基本形成了以市场为导向、多渠道、多种经济成分、多种经营方式和多种经营环节的农产品流通格局,但是与国外先进的农产品物流还是有着很大的差距。

首先,当前我国农产品的流通主体有农民、农业经纪人、运销商贩、农业中介组织、农产品加工企业等。而这其中,农民是我国农产品流通的主体,因此我国的农产品流通具有小生产大流通的特点,面临着“小生产”与“大市场”的矛盾。由于我国小农规模小而分散,信息闭塞,在流通中往往处于弱势。农户在农产品流通中的交易对象是偶然的、随机的,能与买方建立稳定的契约关系的农户较少。即使建立契约关系,又由于没有形成相应的利益联结机制,这就造成了大量的违约行为,最终导致了农民利益受损。同时,由于对于农产品市场信息缺乏,广大农户无法预测产品市场价格,面临着巨大的市场风险。因此,作为我国农产品流通主体的农户,在流通中利益得不到保障。

其次,当前我国当前的农产品流通环节过多,导致了农产品流通成本巨大。我国农产品流通的基本模式如图 1-1 所示。农产品流通从最初的农户到最终的消费者一共经历了六个环节,这样一种多级批发零售的流通模式,导致流通环节过多,流通链过长。而且,在流通中,由于每个环节的流通主体都是独立个体,都要追求利益最大化,这就导致了每经过一个环节,农产品价格就会被抬高,因此最终到消费者手中的农产品的价格比收购商收购农产品的价格要高出许多。消费者和农户的利益都受到了侵害。

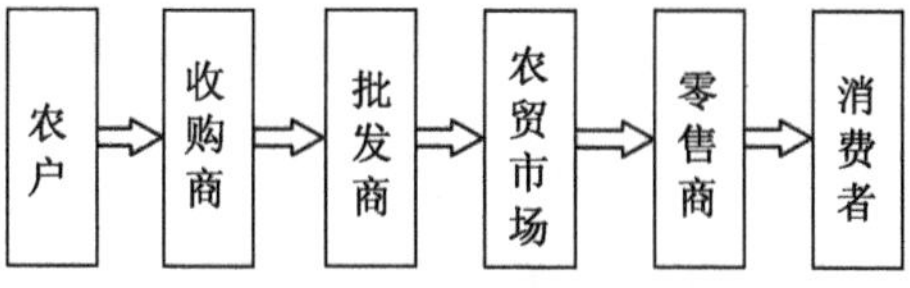

图 1-1 农产品流通环节图

最后,我国农产品物流基础设施落后,物流信息化程度低。我国农产品流通仍然是以原产品和初加工品为主要流通客体,而初级产品在流通过程中易损坏,易腐烂。同时,由于在流通过程中缺乏对农产品的深加工,这就导致了农产品的附加值低,其价格也相对较低。当前,批发市场和农贸市场是我国农产品流通的主要载体，而当前大多数农产品批发市场和农贸市场仍然是简易的露天大棚，没有必要的冷冻存储设备和相应的保鲜基础设施，这就造成了农产品在流通中的变质和损失，不但造成了巨大的浪费，还增加了农产品的物流成本。我国的鲜活农产品在收购、运输、储运等环节的损失比例高达30%左右，而发达国家只有不到10%。此外，我国农产品流通缺乏一个专业和权威的生产流通信息发布平台，这就造成了广大农户，特别是偏远地区的农户与农产品市场的信息不对称，导致了我国农产品流通缺乏效率和稳定性。

由于传统的农产品流通模式存在“流通链长、流通久、消耗大”，中间商加价严重，污染程度高和可追溯差的弊端，我国开始改变传统的农产品流通模式。特别是在超市已经成为大众消费的重要场所的前提下，我国从2008年之后开始试点实行“农超对接”这一新的农产品流通模式。“农超对接”指的是“农户＋零售终端（超市）”的流通模式。这种模式下，超市作为零售终端，与农民合作组织直接开展联系，以“直供”或“直采”的形式对接农产品。

（二）良好农业规范实施对农产品流通体制的要求

良好农业规范的实施，要求农产品本身要具有可追溯性，同时要解决生产者和消费者之间信息不对称的问题。目前中国良好农业规范认证产品由于不能加贴标示，消费者很难识别，因此在一般的批发市场，GAP认证产品没有销售渠道。而大型超市对于销售的农产品有严格的质量标准，有的超市甚至规定进入超市的农产品必须符合GAP认证或者绿色认证等标准，这就决定了经过GAP认证的农产品只有进入超市才有市场。实现“农超对接”，超市可以凭借自身的经济、管理和信息优势参与农业生产加工和流通过程，为农业生产提供服务，有效链接农户和市场，减少流通环节，节约流通成本。同时，超市还能够通过制定严格的农产品质量标准，建立农产品的可追溯体系，有效保障超市农产品的质量。因此，要推动和发展中国的GAP，必须积极推动GAP认证产品进入超市，实行“农超对接”。

六、农产品消费者的需求分化

从总体上来说，中国的消费者对食品农产品的消费已经由吃饱的需求发展到吃好的需求，即由追求量的满足到质的提高。随着消费者收入水平的分化，对农产品质量的需求也出现了分化。尤其是国内频发的食品安全事件，促使一些收入水平高、安全意识强的消费者，愈来愈注重食品安全，购买有机食品、GAP认证食品和绿色无公害食品，从而形成了对GAP等认证产品的巨大市场需求，为中国实施良好农业规范提供了极为有利的条件。

由于中国特殊的人口政策和受传统文化的影响，一些条件适度许可的家庭单独为老人和儿童购买相对安全的食品农产品。他们对良好农业规范认证食品也有着很高的期盼。

有机食品的品质在保障食品安全方面是无可置疑的，但由于成本和价格高企，很难让一般消费者接受。GAP 认证产品相对有机产品而言，既可以保障安全，也能够让消费者消费得起，而且，随着消费者收入水平的提高，对这类产品的需求呈上升趋势。因此，在中国推行良好农业规范具有十分庞大的消费者群。

但是，目前消费者对 GAP 认证产品的认知程度仍然需要提高。因为 GAP 认证产品首先是为了满足公司的出口，在国内市场的销售比例较少。政府对于 GAP 认证也没有相应的宣传和推广，绝大多数国内消费者都不知道 GAP 认证。而且，GAP 认证产品不能贴标，消费者不能够将它与无公害和绿色农产品加以区别，有的 GAP 认证产品只能按照绿色农产品来销售，不能体现 GAP 认证产品的特点，严重影响了消费者对于 GAP 认证产品的消费。

七、政府对良好农业规范的实施具有强大的推动力

由于历史原因，中国政府掌握了庞大的组织资源，具有很强的组织推动力。

中国政府在良好农业规范推广方面已经做了大量的工作。第一，政府最先启动了中国良好农业规范的认证工作，出面组织制定了良好农业规范标准及实施细则，并不断对标准进行修订和完善。第二，加强了同相关国际组织的交流。国家认监委与 EUREPGAP 签署了《认监委与 EUREPGAP/FoodPLUS 技术合作备忘录》和《ChinaGAP 认证体系与 EUREPGAP 认证体系基准性比较问题谅解备忘录》，并且完成了 ChinaGAP 认证体系与 EUREPGAP 认证体系基准性比较工作。第三，政府重视认证培训工作。国家认监委会同标准委组织部分专家编写了《良好农业规范实施指南》等统一的教材，并组织了检查员队伍的培训。

中国良好农业规范的实施主要得益于政府的大力推动，尤其在中国非政府组织不成熟和不完善的情况下，也需要政府的大力推动。但是，实施过程中，政府推动的方式和内容还有许多有待改进和优化之处。比如应对农村基础设施加大投资，大力推进 GAP 认证产品进入超市，加强良好农业规范的宣传力度，提高消费者对良好农业规范的认知水平，为认证企业提供财政补贴等。

第二章　良好农业规范标准体系

为满足农民生产的需要和保证食物链供应的安全，一些政府、非政府组织/民间社会组织和私营部门制定了 GAP 等相关规范，协调供应链相关各方的关系和利益，如零售商、分销商、生产者、消费者、政府等，零售商在维护其自身利益和品牌的同时，消费者也能够从食物链中获得安全的食物。如欧洲零售商组织制定的 EUREPGAP 标准、美国零售商组织（Unilever，Nestle，Danone 和其他）制定的 SQF/1000 标准、可持续农业举措以及 EISA 综合农业统一规范。

近些年，不断出现的食品安全事件使得消费者越来越关注农产品质量安全，加强农产品质量安全保证能力建设势在必行。这主要是由于：①国际良好农业规范发展出现了新的变化。2013 年美国为推动《食品安全现代化法案》的实施，发布了几项法规提案，其中一项是《农产品法规》，规定了农产品生产过程应遵循良好的生产规范，是首次将良好农业规范以强制性政府法规形式发布，这必然对良好农业规范的发展以及各国农产品管理政策产生影响。②全球良好农业规范（GLOBALG. A. P.）对标准和认证管理制度进行了修订，从实现中国良好农业规范与国际对接角度需要跟踪研究良好农业规范发展趋势，借鉴新的理念，以更好完善中国良好农业规范标准体系和认证实施体系，使其更适合我国国情。③随着我国政府改革不断深入，简政放权是转变政府职能的核心，在转变我国农产品出口管理政策研究过程中也要考虑，一方面政策的调整要充分发挥良好农业规范认证受到国际广泛认可的优势，容易获得国外政府、零售商、消费者广泛认可的作用，同时还要进一步深入研究出口备案采信第三方认证方式的可行性和实施模式，以充分发挥认证认可服务贸易，作为质量保障四大基础元素之一的特性。

第一节　全球良好农业规范（GLOBALG. A. P.）标准体系

一、基本情况介绍

1997 年由欧洲零售商协会发起，组织零售商、农产品供应商和生产者制定了针对供应商的产品认证标准——良好农业规范标准。2001 年，EUREP 秘书处首次将欧洲良好农业规范(EUREPGAP)标准对外公开发布。EUREPGAP 标准采用危害分析(HACCP)方法,确定良好农业规范的控制点和符合性规范,对农产品种植、养殖过程中可追溯性,食品安全,环境保护和工人福利等提出综合性要求,增强了消费者对产品的信心。EUREPGAP 通过第三方的检查认证和国际上统一的标准来协调农业生产者、加工者、分销商和零售商的生产、贮藏和管理,从根本上降低农业生产中存在的食品安全风险。作为对农产品安全生产的一种商业保证,其发展非常迅速。鉴于已经被世界各国充分接受、支持与参与,欧洲良好农业规范于 2007 年 9 月在泰国曼谷举办的年会上正式更名为世界良好农业规范(GLOBALG. A. P.)。目前,已有来自 100 多个国家和地区的 93 000 多家农产品生产者通过 GLOBALG. A. P. 认证;并拥有经 GLOBALG. A. P. 批准的 130 家认证机构的 1 400 多名审核员参与其中。

GLOBALG. A. P. 所建立的良好农业规范框架,采用 HACCP 方法,从生产者到零售商的供应链中的各个环节确定了良好农业规范的控制点和符合性规范。GLOBALG. A. P. 的主要功能在于填补现有的食品安全网络的漏洞,增强了消费者对 GLOBALG. A. P. 产品的信心,另外从环境保护上最大限度地减少农产品生产对环境所造成的负面影响。同时考虑到职业健康、安全、员工福利和动物福利。GLOBALG. A. P. 在控制食品安全危害的同时,兼顾了可持续发展的要求,以及区域文化和法律法规的要求。其覆盖产品种类较全、标准体系较为完整、成熟。该标准的实施与国际通行的认证要求融合较好。

GLOBALG. A. P. 标准包括综合农场保证(IFA-包括作物、畜禽、水产)、植物繁殖材料(plant propagation material,ppm)、混合动物饲料生产(compound feed manufacturing,cfm)。此外 GLOBALG. A. P. 专门开发了监管链标准(chain of custody,coc)畜禽运输标准以确保当产品所有权发生变化或产品进行加工处理,能够确保产品在整个生产、加工处理、运输阶段的可追溯,始终确保认证与非认证产品的隔离。GLOBALG. A. P. 标准体系如图 2-1 所示。

在推广方面,GLOBALG. A. P. 采取了分级分类的推行模式,农业现代化程度较高地区,推出了 GLOBALG. A. P. + Add-On 模式,即在满足现有 GLOBALG. A. P. 标准基础上,增加了满足有关动物福利、友好水产养殖方面的附加要求,进一步提升农业生产的可持续性和与环境生态友好和谐共存;此外在农业生产条件欠发达或农业生产管理水平较低的发展中国家或地区,推出了适合当地应用的本地良好农业规范(localg. a. p.),使申请 GLOBALG. A. P. 认证的生产者在无法达到 GLOBALG. A. P. 标准要求时,可以有选择性地从 localg. a. p. 做起,通过不断完善和提升管理水平,最终达到 GLOBALG. A. P. 要求水平,能够使更多的生产者参与

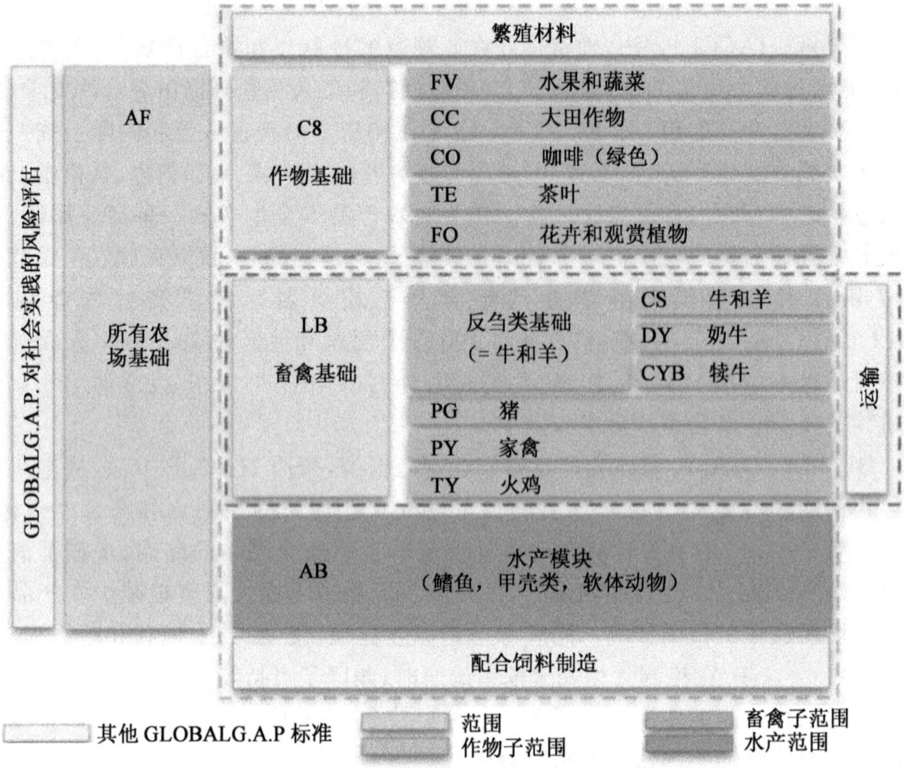

图 2-1　GLOBALG. A. P. 标准体系

到全球良好农业规范实施过程中。

二、美国良好农业规范

(一)良好农业规范在美国的发展

1998 年,美国食品药品监督管理局(FDA)和美国农业部(USDA)联合发布了《关于降低新鲜水果与蔬菜微生物危害的企业指南》,首次提出良好农业规范概念。美国 GAP 阐述了针对未加工或最简单加工(生的)出售给消费者的或加工企业的大多数果蔬的种植、采收、分类、清洗、摆放、包装、运输和销售过程中常见微生物危害控制及其相关的科学依据和降低微生物污染的农业管理规范,其关注的是新鲜果蔬的生产和包装,但不仅仅限于农场,而且还包含从农场到餐桌的整个食品链的所有步骤。

美国GAP的推行是自愿的，但从降低鲜食农产品生产风险角度考虑，美国FDA和USDA强烈建议新鲜水果和蔬菜生产者采用。同时鼓励各个环节上的操作员使用该文件中的基本原则评估他们的操作和评定现场的特殊危害，以便他们能运用和实施合理且成本有效的农业和管理规范，最大限度地减少微生物对食品安全的危害。美国GAP之所以以微生物的控制为重点，这一方面与本国的饮食习惯密切相关，另一方面美国联邦政府或州政府对农药等生产控制要素均有明确的规定，由不同部门进行管理，无须通过GAP加以控制。

(二)美国GAP制定基本原则

《关于降低新鲜水果与蔬菜微生物危害的企业指南》提出了良好农业规范的基本原则，这些原则也被其他国家用来指导本国良好农业规范的建立，指南中提出了良好农业规范建立应遵循的八大基本原则。

原则1：对新鲜农产品的微生物污染，其预防措施优于污染发生后采取的纠偏措施(即防范优于纠偏)。

原则2：种植者、包装者或运输者应在他们各自控制范围内采用良好农业规范。

原则3：新鲜农产品在沿着农场到餐桌食品链中的任何一点，都有可能受到生物污染，主要控制人类活动或动物粪便的生物污染。

原则4：应减少来自水的微生物污染。

原则5：农家肥应认真处理以降低对新鲜农产品的潜在污染。

原则6：在生产、采收、包装和运输中，应控制工人的个人卫生和操作卫生，以降低微生物潜在污染。

原则7：良好农业规范应建立在遵守所有法律法规和标准基础上。

原则8：应明确农产品生产、储运、销售各环节的责任，并配备有资格的人员，实施有效的监控，以确保食品安全计划所有要素的正常运转。

美国GAP以第三方认证为具体衡量模式，虽然非强制使用，但FDA和USDA积极建议新鲜果蔬生产者采用，美国农业部指定其下属的食品安全检验署(FSIS)作为独立的第三方认证机构开展认证工作。目前GAP已成为美国保障新鲜果蔬质量和安全方面的重要手段。

(三)美国GAP最新发展动向

2011年美国总统奥巴马签署了《食品安全现代化法案》(Food Safety Modernization Act，FSMA)。这是70多年来美国对其主要食品安全法律《联邦食品、药品和化妆品》的重大修订，也是美国食品安全监管体系的重大变革。FSMA要求

FDA 在整个食品生产链建立基于风险分析和预防控制为核心的食品安全控制体系，将预防控制体系延伸到鲜食农产品生产阶段。2013 年 1 月，美国食品药品监督管理局在联邦公报上公布了《食品药品现代化法案》五项配套实施法规草案，其中一项法规提案是《鲜食农产品标准》，这不仅是落实 FSMA 建立整个食品链预防控制体系的措施，也是美国对实施多年《关于降低新鲜水果与蔬菜微生物危害的企业指南》等农产品操作规范的认可，这也是世界上首次由政府将良好农业规范标准作为强制性法规发布并强制实施。

FSMA《鲜食农产品标准》适用的产品范围，包括未加工或处于自然状态的大多数果蔬农产品，标准中对此进行了举例说明。标准不适用于农场自用或经过商业加工的农产品。标准适用农场的范围，根据农场过去 3 年年均果蔬营业额度进行划分，年营业额超过 2.5 万美元的农场适用于该标准，否则不适用。同时标准中规定了对于符合豁免条件农场的资格和接受条款变通条件的要求。标准核心部分由以下几方面组成。

(1)人员资质与培训。规定了从业人员的资质及培训要求，明确高风险的岗位人员需要经过专业技术培训，企业要建立和保存培训记录。

(2)员工健康与卫生要求。规定了在岗员工健康状态要求，生产操作员工应按照卫生操作程序或措施避免微生物污染，同时应对农场外来人员建立卫生管理制度。

(3)农业用水要求。规定了农场灌溉系统(水源地、输运水、储水池等)应采取措施保持正常使用及维护，明确了芽菜生长用水、清洗或冷藏用水/冰、手部清洗用水卫生指标要求；不同来源和用途的农业生产用水检测频率要求；加强收获、包装、储存过程中使用水的管理与监视，建立循环用水计划。

(4)动物源土壤改良剂和人类垃圾。规定了动物源性土壤改良剂在农场使用、运输和储存土壤改良剂的要求，提出了动物源性土壤改良剂处理需满足的工艺条件和经处理的改良剂应符合的微生物指标，明确了动物源性土壤改良剂的使用要求及最小使用间隔。同时规定了人类生活垃圾禁止作为土壤改良剂使用。

(5)家养和野生动物要求。本部分对生产活动在户外或部分封闭场所的家养和野生动物管理提出了要求，农场在生产活动区域应展开监测以确认农产品是否遭受动物污染，是否可以收获。

(6)种植、收获、包装和储存的要求。规定了种植、收获、包装和储存过程中应始终采取隔离措施以防止产品遭受污染，明确规定了收获前掉落的农产品不得作为商品销售给消费者。同时对农产品包装材料提出了要求。

(7)设备、工具、建筑和卫生设施。本部分对工器具的材质、卫生、清洁及维护提出要求，规定了用于测量、调节或记录的仪器或控制设备定期进行校准以确保精确性。同时从对厂房和设施的设计与建造、照明系统、供排水系统、废弃物和水的处理系统、产品的传输送系统、厂房内病虫害防治与处理、卫生间和洗手间的设备设施要求、建筑内的污水、垃圾、废弃物和肥料控制与处理、生产使用管道的安装与维护、家养动物的粪便和废弃物的管理等方面进行规定，不仅要满足正常生产需要，还要便于清洁、消毒，确保各子系统的正常使用，防止造成产品的污染。

(8)针对芽菜的标准。本节对生产芽菜的种子来源与质量，对芽菜生产用水或芽菜的检测频率和收取样品，对环境中的李斯特菌或单增李斯特菌检测及依据结果、所采取措施提出了要求。

(9)检测方法。本节提供了检测水质和环境微生物推荐使用、符合的标准和方法。

(10)生产者建立和保存记录的要求。规定了满足标准要求哪些环节需要建立记录，规定了记录保存的要求，保存的形式和时间，以及提供给 FDA 官方检查的具体要求。

FSMA 农产品标准不仅适用于美国本土鲜食农产品生产企业，同样适用于进口国鲜食农产品生产企业。针对不同规模的企业，标准规定了不同的过渡实施期。同时允许标准实施者针对某些特定条款进行变通处理，但前提条件是变通处理措施应达到此标准所要求达到的水平，且不会增加发生掺杂的风险。FSMA 配套农产品法规的出台，将会对直接出口美国农产品的主要贸易国家产生巨大影响，客观上也会引发世界其他地区或主要国家农产品管理政策的调整。因此，应积极跟踪国际变化，开展相关研究。

三、日本良好农业规范

(一)日本良好农业规范发展

日本农林水产省于 2005 年 3 月发布了新五年计划——《粮食农业农村基本计划》，明确规定制定和实施 GAP，并把 GAP 译为适正农业规范。2007 年 4 月，农林水产省发布了《21 世纪新农政 2007》和《2007 年农业技术基本指针》，对 GAP 的推广普及做了更加详细的规定。

在政府积极推广 GAP 的同时，日本国内的非营利组织和大型零售商也极力发展各自主导的 GAP，从而形成了目前多种 GAP 并存的局面。本文把日本 GAP 分为两大类，即以食品安全为主要目的的 GAP 和以环境保护为主要目的的 GAP(图 2-2)。前者包括食品安全 GAP、JGAP、AEONGAP 和生协 GAP，后者为农业环境规范。对于前者，本文进一步划分为行政主导型(食品安全 GAP)，生产者主导型(JGAP)和销售者主导型(AEONGAP 和生协 GAP)三种类型。

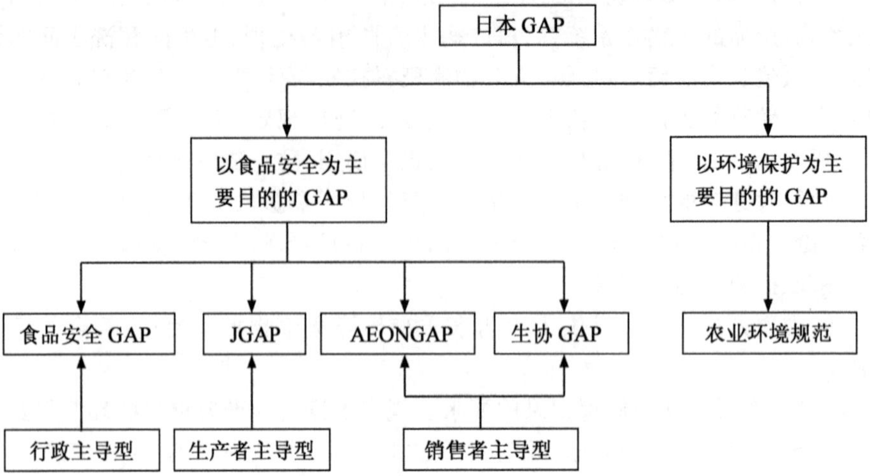

图 2-2 日本良好农业规范框架图

2005 年 1 月，日本 GAP 协会的前身 JGAI 协会的发起人之一农业信息公司 AGIC(下文简称 AGIC)发布了 JGAP 第 1 版，招募希望实施 JGAP 的农业生产者，并于同年 7 月开始指导 JGAP 的实施。这是目前日本唯一实施认证的 GAP。为了获得 GLOBALG. A. P. 的同等性认证，日本 GAP 协会对第 1 版进行改良升级后，于 2006 年 4 月发布了第 2 版，并于 2007 年 8 月实现了和 GLOBALG. A. P. 的同等性认证。

(二)日本良好农业规范核心内容

1. JGAP 主要内容

JGAP 第 1 版由 AGIC 于 2005 年 1 月发布。2006 年 4 月，AGIC 以蔬菜水果(水果、蔬菜、菌类)和大田作物(米、麦、杂粮、豆类、玉米)为对象，发布了《JGAP 控制点和符合性规范》第 2 版。新版 JGAP 由农产品安全、环境保护、生产者安全和福利、农场经营和销售管理四部分构成。第一部分与 GLOBALG. A. P. 基本相同，第二、三部分虽然与 GLOBALG. A. P. 有类似内容，但是针对相同控制点设置的重要程度有所不同，在部分项目上 JGAP 更重视环境保全、生产者安全和福利。第四部分是 JGAP 独有的，它体现了 JGAP 对生产经营者的重视。2007 年 5 月，日本 GAP 协会发布了《JGAP 运营审查认证规则》2 版，对审查认证的流程、审查种类、认证有效期限、审查员资格、审查机构资格等进行了明确规定;之后于同年6月发布2.1版,增加了如何同时获得JGAP认证和GLOBALG.A.P.认证的条款,该条款将在JGAP和GLOBALG.A.P.的同等性认证生效后实施。截至2008年7月,通过JGAP认证的农场有238个,以水果、蔬菜农场为主。这些农场覆盖物了日本47个都道府县中的25个,此外韩国也有一个农场获得JGAP认证。

2.认证标识的使用

GLOBALG.A.P.是欧盟零售商的共通标准,在零售商品上使用GLOBALG.A.P.认证标识只会增加商品成本,不能产生任何附加值,因此GLOBALG.A.P.禁止在任何零售商品上使用其标识。生产者主导型的JGAP尚处于起步阶段,认证标识的使用能够有效地区别其他非认证农产品,从而为生产者和零售商带来附加值,并且有助于JGAP的推广普及,因此日本GAP协会成立之初允许在零售商品上使用JGAP标识。但是在GLOBALG.A.P.会员的要求下,为了实现和GLOBALG.A.P.同等性认证,日本GAP协会于2007年7月发布了终止使用标识的通知。

3.JGAP与GLOBALG.A.P.同等性认证

JGAP蔬菜水果虽然已于2007年8月获得GLOBALG.A.P.同等性认证,但这并不是通常的农场管理标准和审查认证规则两位一体的同等性认证,而是GLOBALG.A.P.委员会为了促进全球GAP的协调发展、缩短同等性认证时间提出的一种新型同等性认证,即AMCL approach(Approved Modified Check List approach)。由于AMCL approach只对农场管理标准进行同等性认证,因此只有在GLOBALG.A.P.认可的认证机构审查下,依据GLOBALG.A.P. General Regulations Fruit and Vegetables Version 2.1-Oct04的审查认证规则,通过《JGAP控制点和符合性规范》蔬菜水果2.1版的农场管理标准审查获得JGAP认证的农业经营者,才可以同时获得完全意义上的GLOBALG.A.P.同等性认证。

四、韩国良好农业规范

2002年9月,为加强卫生、安全的农产品生产,韩国就决定引入GAP项目来提高农产品的品质和产品的国际影响力。2003年2月由韩国国内几大组织(农林部、农村发展委员会、国家农产品质量管理服务机构、国家农业合作联合会、韩国农产品贸易公司等)共同成立一个代表机构,开展GAP推广工作,并确立以下发展计划(表2-1)。

表 2-1 韩国良好农业规范发展历程

阶段	具体工作
初期计划（2003—2005）	鼓励农户参与 GAP 认证，编制相关的培训材料（发布 GAP 手册、设计 GAP 标志、编写生产记录指南）
中期计划（2006—2008）	提升 GAP 认证相关法规的健全，提升 GAP 认证影响
长期计划（2009—2013）	将 GAP 作为国际标准，建立约 30 家相关认证机构，培养专家团队 1 500 名，保证农产品生产安全

2003—2005 年，韩国政府通过最初的项目形式，对农户进行引导，并在法律法规上基于 GAP 认证的要求进行完善。2003 年，发布韩国 GAP 项目标准，覆盖产品种类 67 种；2004 年，350 个农户参与了此项目；2005 年，950 个农户参与此项目。到了 2006 年，韩国政府正式将 GAP 认证体系引入韩国，并开设了 21 家认证机构，针对 96 种产品进行认证，总共约有 3 700 个农户参与。目前，韩国 GAP 涵盖六大类 105 种作物，全部集中在作物果蔬模块范围。

韩国对农产品标准化关注很早，在 1993 年采取了有机农产品标志和质量认证制度，1997 年制定了《亲环境农业培育法》，2001 年对环保型农产品实施义务认证制，把标准化的概念引入环保型农业。

在韩国农业质量认证中，除了 GAP 认证，还有另外两种认证形式：一种是做亲环境农产品认证，另外一种是农产品质量认证。亲环境农产品认证与有机认证类似，所认证产品几乎不用或极少使用化学合成投入物品，也像有机认证一样分为有机产品和有机转换产品；农产品质量认证主要关注于产品质量方面的味道和特征，在产品生长环境、质量管理、运输过程等进行检查。

五、其他国家良好农业规范

澳大利亚和加拿大两国的 GAP 模式同美国相类似，澳大利亚 GAP 是在借鉴了美国《关于降低新鲜水果与蔬菜微生物危害的企业指南》的基础上，由农林水产部制定《农场新鲜农产品食品安全指南》，从而确保新鲜蔬菜生产过程中的食品安全检查和实施食品安全方案的一致性。在加拿大，由农田商业管理委员会提供资助，加拿大农业联盟会同国内畜禽协会及农业和农产品官员共同协作，采用 HACCP 方法，建立农产品安全操作守则。加拿大食品检验局（CFIA）的食用植物产地分局发布初加工的即食蔬菜的操作规范，即《加拿大农产品安全指南——新鲜果蔬类》，该规范主要对蔬菜种植中土壤的使用、天然肥料使用管理、农业用水管理、农业化学物质管理、员工卫生管理、收获管理和运输及贮存管理等过程危害进行识别和控制，以降低即食蔬菜的安全危害，确保食品的安全。

由于发展中国家在农业生产领域(种植、养殖)的生产个体差异大，仅凭抽取最终样品判断产品质量并不精确，再者农业生产者的质量安全意识和管理水平较低，因此同发达国家相比在这一领域推行质量安全管理的难度较大。即使基础较差，发展中国家一方面为了不断规范本国的农业生产，应用可持续发展理念，提高农产品质量和安全水平，另一方面为了与世界发展保持同步，满足农产品国际贸易的新要求，因此发展中国家也在积极推广 GAP。目前，除中国之外，巴西、智利、肯尼亚等许多发展中国家也在借鉴发达国家 GAP 或 GLOBALG. A. P. 的基础上，已经或正在制定本国的 GAP 标准，并力求获得国际上的认可。一旦获得认可(如通过 GLOBALG. A. P. 的基准性比较)，不仅可以证明其出口农产品的生产水平与国际同步，而且可以大大降低生产者在认证方面的负担。

第二节　我国良好农业规范标准体系

一、中国良好农业规范(ChinaGAP)

(一)中国良好农业规范标准框架

2003 年 4 月，国家认监委首次提出在我国食品链源头建立“良好农业规范”体系。从而使预防控制管理理念能够延伸至农产品生产环节，更好地保障源头食品的安全。2004 年，国家认监委组织质检、农业、认证认可行业专家启动了 ChinaGAP 标准的编写和制定工作，并于 2005 年 12 月 31 日发布首批《良好农业规范》GB/T 20014.1～20014.11—2005 共 11 项系列国家标准，这些标准涵盖了大田作物、水果、蔬菜、牛羊、奶牛、猪、家禽等种植业、养殖业主要产品。此后，国家认监委又先后两次组织有关专家进一步丰富完善良好农业规范标准体系。目前为止，我国已先后发布了 27 项良好农业规范标准。表 2-2 为我国现行良好农业规范标准体系。

表 2-2　中国良好农业规范标准体系

序号	标准号	标准名称	版本	是否作为认证依据
1	GB/T 20014.1	良好农业规范　第 1 部分：术语	2005 年	不作为认证依据
2	GB/T 20014.2	良好农业规范　第 2 部分：农场基础控制点与符合性规范	2013 年	认证依据

续表 2-2

序号	标准号	标准名称	版本	是否作为认证依据
3	GB/T 20014.3	良好农业规范　第 3 部分:作物基础控制点与符合性规范	2013 年	认证依据
4	GB/T 20014.4	良好农业规范　第 4 部分:大田作物控制点与符合性规范	2013 年	认证依据
5	GB/T 20014.5	良好农业规范　第 5 部分:水果和蔬菜控制点与符合性规范	2013 年	认证依据
6	GB/T 20014.6	良好农业规范　第 6 部分:畜禽基础控制点与符合性规范	2013 年	认证依据
7	GB/T 20014.7	良好农业规范　第 7 部分:牛羊控制点与符合性规范	2013 年	认证依据
8	GB/T 20014.8	良好农业规范　第 8 部分:奶牛控制点与符合性规范	2013 年	认证依据
9	GB/T 20014.9	良好农业规范　第 9 部分:猪控制点与符合性规范	2013 年	认证依据
10	GB/T 20014.10	良好农业规范　第 10 部分:家禽控制点与符合性规范	2013 年	认证依据
11	GB/T 20014.11	良好农业规范　第 11 部分:畜禽公路运输控制点与符合性规范	2005 年	不作为认证依据
12	GB/T 20014.12	良好农业规范　第 12 部分:茶叶控制点与符合性规范	2013 年	认证依据
13	GB/T 20014.13	良好农业规范　第 13 部分:水产基础控制点与符合性规范	2013 年	认证依据
14	GB/T 20014.14	良好农业规范　第 14 部分:水产池塘养殖基础控制点与符合性规范	2013 年	认证依据
15	GB/T 20014.15	良好农业规范　第 15 部分:水产工厂化养殖基础控制点与符合性规范	2013 年	认证依据
16	GB/T 20014.16	良好农业规范　第 16 部分:水产网箱养殖基础控制点与符合性规范	2013 年	认证依据
17	GB/T 20014.17	良好农业规范　第 17 部分:水产围栏养殖基础控制点与符合性规范	2013 年	认证依据
18	GB/T 20014.18	良好农业规范　第 18 部分:水产滩涂、吊养、底播基础控制点与符合性规范	2013 年	认证依据

续表 2-2

序号	标准号	标准名称	版本	是否作为认证依据
19	GB/T 20014.19	良好农业规范　第 19 部分：罗非鱼池塘养殖基础控制点与符合性规范	2008 年	不作为认证依据
20	GB/T 20014.20	良好农业规范　第 20 部分：鳗鲡池塘养殖基础控制点与符合性规范	2008 年	不作为认证依据
21	GB/T 20014.21	良好农业规范　第 21 部分：对虾池塘养殖基础控制点与符合性规范	2008 年	不作为认证依据
22	GB/T 20014.22	良好农业规范　第 22 部分：鲆鲽工厂化养殖控制点与符合性规范	2008 年	不作为认证依据
23	GB/T 20014.23	良好农业规范　第 23 部分：大黄鱼网箱养殖控制点与符合性规范	2008 年	不作为认证依据
24	GB/T 20014.24	良好农业规范　第 24 部分：中华绒螯蟹围栏养殖控制点与符合性规范	2008 年	不作为认证依据
25	GB/T 20014.25	良好农业规范　第 25 部分：花卉和观赏植物控制点与符合性规范	2010 年	认证依据
26	GB/T 20014.26	良好农业规范　第 26 部分：烟叶控制点与符合性规范	2013 年	认证依据
27	GB/T 20014.27	良好农业规范　第 27 部分：蜜蜂控制点与符合性规范	2013 年	认证依据

良好农业规范系列国家标准分为农场基础标准(GB/T 20014.2—2013 农场基础控制点与符合性规范)、种类基础标准(如 GB/T 20014.3—2013 作物基础控制点与符合性规范)和产品模块标准(如《GB/T 20014.5—2013 水果和蔬菜控制点与符合性规范》)三类。在使用标准时，应将农场基础标准、种类基础标准和(或)产品模块标准结合使用，详见图 2-3。

例如，猪养殖过程建立良好农业规范质量保障体系，应同时满足农场基础标准、畜禽基础标准及其对应的产品模块标准的要求。

(二)中国良好农业规范标准关注要点

中国良好农业规范标准是在引进 EUREPGAP 标准基础上，遵循世界粮农组织所确立的基本原则，建立的适合我国农业生产状况的技术保障体系。主要关注以下几个方面(表 2-3)。

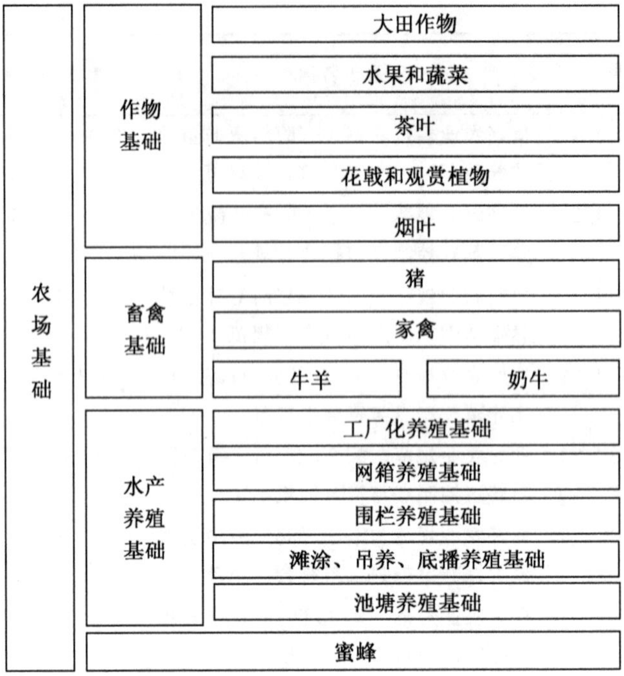

图 2-3　中国良好农业规范使用示例

表 2-3　中国良好农业规范内容框架

序号	关注点	相关要求
1	生产用水与农业用水	对农产品的污染程度取决于水源、灌溉设施、用水时间和方式、农作物特性和生长条件、收割与处理时间以及收割后的操作等，因此，应采用不同方式、针对不同用途选择生产用水，保证水质，降低风险。同时，采用有效的灌溉技术和管理将有效减少浪费，避免过度淋洗和盐渍化
2	肥料使用	正确施用肥料有利于改善土壤的物理和化学特性及功能，增加有机质及有益生物活动，保持土壤肥力和生产率
3	农药使用	应采取综合病虫害防治措施，尽可能减少化学性农药使用，并利用对病害和有害生物具有抗性的作物、轮耕轮作预防病虫害暴发，化学性农药使用应考虑允许使用范围、使用时机、方法，防治对人体或环境造成破坏

续表 2-3

序号	关注点	相关要求
4	作物和饲料生产	作物和饲料生产涉及一年生和多年生作物、不同栽培的品种等,应充分考虑作物和品种对当地条件的适应性,因管理土壤肥力和病虫害防治而进行的轮作
5	畜禽生产	应保证畜禽养殖条件,保证养殖空间、饲料和水的安全,应避免化学和生物污染物,保持畜禽健康,防止其进入食物链
6	工人健康和卫生	应确保农业生产人员掌握必要的卫生操作规范和保持健康
7	卫生设施	与生产有关的废弃物处理或包装设施操作管理不善,会增加污染农产品的风险。要求厕所、洗手设施的位置应适当、配备应齐全、应保持清洁,并应易于使用和方便使用
8	田地卫生	田地内人类活动和其他废弃物的不良管理能显著增加农产品污染的风险,采收应使用清洁的采收贮藏设备、保持装运储存设备卫生、放弃那些无法清洁的容器以尽可能地减少新鲜农产品被微生物污染
9	包装设备卫生	保持包装区域的厂房、设备和其他设施以及地面等处于良好状态,以减少微生物污染农产品的可能。制订包装工人的良好卫生操作程序以维持对包装操作过程的控制
10	运输	运输车辆保持清洁,防止与有毒有害物质如化肥、农场垃圾混用,使用后应及时清洗
11	产品溯源	要求生产者建立有效的溯源系统,相关的种植者、运输者和其他人员应提供资料,建立产品的采收时间、农场、从种植者到接收者的管理者的档案和标识等,追踪从农场到包装者、配送者和零售商等所有环节

二、中国良好农业规范认证制度建立与实施

中国良好农业规范认证制度的建立采取了引入推行良好农业规范认证模式,在《中华人民共和国认证认可条例》、ISO/IEC Guide 65《产品认证机构通用要求》及欧盟良好农业规范(EUREPGAP)的基础上建立中国良好农业规范(China-GAP)认证制度。2006 年初,国家认证认可监督管理委员会出台了《良好农业规范

认证实施规则(试行)》,标志着我国良好农业规范认证制度的建立。

中国良好农业规范认证采取两级认证模式。一级认证在严格控制农产品质量安全的同时,充分考虑了农业生态平衡、环境修复与改善、员工福利、动植物福利的基本要求;二级认证更多的则是关注农产品质量安全控制,对于生态、环境、福利方面的要求并不强制。认证以过程检查为基础,包括现场检查、质量保证体系的检查(适用于农场业主联合组织)和必要时对产品检测和场所管理情况进行风险评估。

自良好农业规范认证制度建立以来,我国实施了大量推广、试点工作,先后列入《国家食品药品安全"十一五"规划》《农产品出口"十一五"发展规划》《标准化"十一五"发展规划》,在国务院 2006 年、2007 年连续两年的全国食品安全专项整治行动中,明确提出要开展和加强 GAP 标准和认证试点实施工作,得到了国内外广泛关注和肯定。

三、中国良好农业规范的国际化进程

中国良好农业规范不光满足于自身的发展,一直以来也在积极寻求着与国际上的合作。国家认监委从 2005 年起就与全球良好农业规范组织进行了协调,分别于 2005 年、2006 年签署了技术合作和基准性比较(互认)备忘录,就标准制定和互认方面开展实质性合作。经过两年多的努力,我国 GAP 与 GLOBALG. A. P. 已就相互一致性、有效性方面完成了法规、标准文件评估、现场见证、同行评审的评价过程,最后成功完成了互认工作。2009 年 2 月 24 日,国家认监委与全球良好农业规范组织签署了《中华人民共和国国家认证认可监督管理委员会和 GLOBALG. A. P. 关于良好农业规范认证体系基准比较的谅解备忘录》,标志着国家认监委批准从事中国良好农业规范认证的认证机构颁发的 GAP 证书,将获得 GLOBALG. A. P. 的认可,获证企业信息将通过 GLOBALG. A. P. 网站向全球主要零售商发布,获证企业将因此获得广阔的国际市场空间,国际市场竞争力将得到显著提升。2009 年 9 月 24 日,国家认监委与智利出口商协会(ASOEX)在北京签署了《关于 ChinaGAP 和 ChileGAP 良好农业规范认证互认的备忘录》,这标志着智利良好农业规范认证(ChileGAP)成为继全球良好农业规范认证(GLOBALG. A. P.)后又一与中国良好农业规范认证(ChinaGAP)实现认证结果互认的良好农业规范体系。在不久的将来,中国国家认监委还会继续推动与主要贸易伙伴间的良好农业规范认证及其他食品农产品认证制度的认证结果互认与合作。

第三节　我国良好农业规范与主要国家或组织良好农业规范标准及认证实施对比研究

一、ChinaGAP 与 GLOBALG. A. P. 比较研究

中国良好农业规范标准体系及认证制度的建立，是在符合 ISO17065《产品认证机构通用要求》(简称"导则 65")基础上，引自欧洲良好农业规范(原 EUREP-GAP，现改称为 GLOBALG. A. P.)标准体系和实施管理模式。但在引进过程中，也并非全套照搬，而是结合中国国情对标准体系、第三方机构管理、人员管理以及认证程序管理进行了调整，如对认证机构管理方面，明确开展良好农业规范认证业务的认证机构应符合《认证认可条例》规定的资质和基本条件，包括硬件设施、机构管理、人员要求等，并应经过国家认监委审批后方可从事授权范围内的相关认证业务。同时，中国良好农业规范认证创造性地建立了两级认证模式，这样更有利于良好农业规范在我国推广。

以下针对 GB/T 20014—2008 版《良好农业规范标准》《良好农业规范认证实施规则》(CNCA-N-004：2007)和 GLOBALG. A. P. V4.0 版本主要差异进行分析，以便进一步借鉴国际良好农业规范发展最新动向，吸取国际良好农业规范研究最新成果。

(一)标准层面比对分析

1.风险评估

风险是动态的，不同企业面临不同风险，如新的设备、新的投入物使用和新的操作程序的变化都可能引入新的风险，因此，需要针对标准要求建立风险评估使用方法，以确保风险评估的准确性和完整性，确保所采取措施是及时的、有效的，确保定期对农场风险进行分析，以持续推动风险措施的改进。

GLOBALG. A. P. V4.0 增加了有关风险评估内容，如 GLOBALG. A. P. V4.0 农产基础部分要求所有申请认证的场所都要进行风险评估，风险评估需考虑任何新的引起食品安全的风险；风险评估应考虑场所的用途史和种植史、需考虑临近种植作物所带来的环境和投入物使用风险。同时，为便于标准使用者开展风险评估，GLOBALG. A. P. V4.0 农产基础部分在附件中增加了"风险评估指南"要求，该指南提出了开展风险评估的步骤，帮助生产者如何识别危害，确定危害特性、引入途径以及伤害对象，针对危害特性建立预防控制措施。

ChinaGAP标准中对风险评估也有相关要求，GB/T 20014.2《农场基础控制点与符合性规范》规定“当场所更换新址（如农场、畜禽场或水产养殖场）或现有场所的风险发生了变化时，应进行风险评估”。一方面，标准只要求当更换新址或现有风险发生变化时才进行风险评估，对于现有场所意味着风险评估的缺失，考虑到风险是动态的，从保障食品安全、保护环境可持续发展以及保护员工和动物福利角度而言，显然应该持续开展风险评估工作，才能使生产面临的风险降低到可接受范围；另一方面标准虽然提出要进行风险评估，但却缺乏开展风险评估的原则和方法，不利于实际操作。因此，不论是现有场所、新建场所、新的种植品种引入都要持续不断开展风险评估。

2. 认证与非认证产品隔离与追溯

认证与非认证产品的隔离、流向的跟踪与记录、物料衡算是解决良好农业规范认证有效性关键要素，也是保证认证真实性所应采取的措施。GLOBALG. A. P. V4.0农产基础部分增加了当注册了平行生产/平行所有权情况下，产品隔离与追溯所应满足的条件和采取的措施，这些措施包括认证与非认证产品应进行隔离，防止混淆，确保在生产的各个阶段能够清晰识别，追溯其来源。同时规定了应建立注册号标示系统使认证产品在储存、运输、销售各个环节能够被正确标示、识别。此外标准还要求生产者应实施物料衡算以确保认证产品的数量得到确认和证实。

ChinaGAP标准中对产品的可追溯性提出了原则性要求，标准中规定“所有农业生产经营者应有书面的召回程序，负责从市场上召回注册的产品”。但这一规定不具体，且对于存在平行生产和平行所有权的注册者缺乏可操作依据。因此，要确保认证正式性，就要在种植、采收、处理、包装、储存各环节建立相关措施，使认证与非认证产品能够得到隔离，并能够清晰显示产品来源，同时，在销售端也应对产品销售流向进行清晰记录，建立详细出入库台账。

3. 食品安全防护计划

非传统食品安全（人为恶意添加、蓄意投毒等）正成为食品安全一项新的挑战，一系列的食品安全事件恰恰说明防范非传统食品安全因素的重要性。GLOBALG. A. P. V4.0增加了食品安全防护的有关要求，要求生产者应建立并有效实施食品防护计划，识别操作各环节食品安全危害，以保证所有投入品来源可靠、使用规范、废弃投入品处理合规，同时投入品使用管理工作记录清晰，针对潜在发生蓄意危害环节建立纠偏行动措施。

2010年我国发布实施了GB/T 27320—2010《食品防护计划及其应用指南

食品生产企业》规定了食品生产企业建立食品防护计划所应采取的方法和符合的要求，这说明我国非传统食品安全危害在我国引起了广泛关注，但在农产品生产环节，对食品防护没有相关要求，恰恰农产品质量安全关系整个食品链的安全，是食品安全需要把守的第一关，更应该引起重视，因此有必要在农产品生产环节建立食品安全防护计划，防止生产过程中投入品的恶意添加、蓄意超量使用等风险。

4. 微生物风险评估

2011 年德国发生肠出血性大肠杆菌（EHEC）“污染”的黄瓜事件，造成数十人死亡，数百人感染，包括瑞典、丹麦、英国和荷兰在内的多个国家均出现感染病例，这一事件范围波及整个欧洲。另据美国 FDA 食源性疾病统计数字，1996—2010 年所发生的 131 起由于食品污染所造成的食源性疾病共造成 14 000 人患病，其中 34 人死亡，而且这些疾病主要是由于食品中微生物危害所造成的。这些都说明由于饮食习惯，生食果蔬引发的微生物危害应时刻引起警醒。

GLOBALG. A. P. V4.0 作物部分建立了《微生物危害风险评估指南》，旨在帮助生产者识别新鲜水果和蔬菜采收环节存在的卫生风险以及避免这些危害所应采取的各项措施。指南中列出了识别微生物污染的五个主要来源，包括灌溉用水和清洗用水、动物污染、粪便和有机肥污染、从业员工手部污染以及包装材料污染。针对微生物危害五个方面来源，分析危害引入途径以及如何建立控制措施。

ChinaGAP 只规定了生产者应每年应对灌溉和（或）施肥用水进行风险评估。风险评估考虑了各种来源的灌溉或施肥用水中潜在的微生物、化学和物理污染。但如何开展生产用水的微生物评估，包括不同类型生产用水检测频率、清洗用水的使用方法和水质要求等没有明确规定。除生产用水和清洗用水外，未经加工处理的动物肥料、野生动物接触污染、从业人员受不清洁以及包装材质的污染都有可能导致微生物污染。因此，ChinaGAP 除关注化学性污染外，随着国内农产品消费习惯的变化和产品出口国际的需要，应在标准中建立有关微生物污染的控制措施和实施指南。

5. 有害生物综合管理

有害生物综合管理（Integrated Pest Management，IPM）注重强调维护农业生态系统前提下的作物健康生长，鼓励采取非化学的有害生物控制机制，综合考虑当前有害生物控制技术和破坏有害生物繁殖的综合措施，尽可能减少植保产品的使用，减少其对人类和环境的影响。目前国际生物防治组织（IOBC）列出了实施 IPM 技术的三个步骤：预防、监测和评价、干预。GLOBALG. A. P. V4.0 作物部分建立了实施 IPM 技术的基本步骤和程序，阐述了实施 IPM 所应关注的条件，如自然条件（气候、地形、作物类型），生物学因素（虫害特性、天敌等）和贸易要求（如进口国的要求）。该指南提供了在生产不同阶段实施 IPM 所应采取的措施和具体方法，有利于生产者根据作物特性、气候条件、种植技术、天敌等多种因素对有害生物进行监控和预防，以减少化学农药的使用。

ChinaGAP 标准在 GB/T 20014.3 中规定生产者可证明至少采取了作物轮作、消除有害生物和土壤管理等行动，包括采用的栽培方法能够降低有害生物侵袭的范围和程度，从而降低干预的使用。但标准条款为二级条款，而恰恰 IPM 的实施能够有效减少化学农药的使用，降低农药残留超标的潜在风险，因此应提升标准条款重要性。另外，标准附录中建立了实施 IPM 所应遵循的原则和基本步骤，缺乏实施 IPM 所应掌握的基础信息，而这是建立 IPM 重要的基础，同时附录中对 IPM 如何实施以及采取何种措施没有详细的介绍，缺乏可操作性。

（二）ChinaGAP 与 GLOBALG.A.P.实施规则层面比对分析

1.法律效力、约束力不同

我国《良好农业规范认证实施规则》是良好农业规范制度设计中基础性的行政规范文件，规定了从事良好农业规范认证各方所应遵循的程序和基本要求，如规定开展良好农业规范认证业务的机构应满足的资质和认可要求，规定了认证审核人员应满足的专业、经历等要求，规定了企业申请良好农业规范认证的程序和要求，因此良好农业规范认证实施规则是认证相关各方应遵守的技术性准则，是认证监管部门重要的执法技术依据。只要在中国境内开展良好农业规范认证业务，必须满足该规则的要求，具有强制性。

GLOBALG.A.P.作为欧洲零售商协会建立的私营标准及自愿性认证制度，其推动主要靠零售商的采信认可，所以发展速度非常迅速。GLOBALG.A.P.《认证通则》是其为加强其认证规范性和有效性建立的约束性文件，代表的是 GLOBALG.A.P.自身利益，是在整个零售商、销售商、加工者、生产者之间协调良好农业规范实施的商业性约束技术文件，GLOBALG.A.P.有权依据该文件的相关规定对影响认证真实性和有效性的机构、生产者进行处罚。

因此，同为规范认证行为、认证程序的技术文件，其在法律效力和约束方式上是存在差异的。

2.申请认证选项有差异

中国 2008 版 GAP 实施规则规定了认证选项包含了两种形式：农业生产者认证和农业生产者组织认证。

GLOBALG. A. P. 认证通则 V4.0 要求认证申请人应根据自身法人实体的组成形式申请认证，包括农业生产者认证和农业生产者组织两种认证形式，农业生产者认证又细化为单一场所和多场所，其差异在于农业生产者多场所可以建立 QMS（质量管理体系）加强自身管理，其所对应的认证机构检查方式是不同的。

3. 注册方式有差异

中国 2008 版 GAP 实施规则规定：认证机构受理认证申请人申请，认证机构应按照规定授予认证申请人注册号，注册号编码规则为 ChinaGAP＋空格＋认证机构名称的字母缩写＋空格＋申请人的流水号码。

GLOBALG. A. P. 认证通则 V4.0 规定：认证机构为申请人在 GLOBALG. A. P. 数据库系统中为申请人申请唯一的注册号，注册号是对申请人身份的标识，与产品认证状态无关。而且申请人同时拥有不同生产基地，可以为每个生产基地申请子注册号。

注册号与产品信息相关，能够通过注册号迅速查找产品生产产地信息，为产品追溯提供了信息载体。

4. 平行生产/平行所有权

平行生产/平行所有权是确保认证产品在生产、加工、储存、运输环节有效隔离的技术性措施，以防止非认证产品的混淆。GLOBALG. A. P. 认证通则 V4.0 规定：同一生产管理单元，不允许存在平行生产；当同一种产品的认证产品和非认证产品在同一处理场所进行包装时，农业生产者必须申请“平行生产和/或平行所有权”。

中国良好农业规范认证实施规则并没有对认证与非认证的混淆和产品的追溯提出具体规定，没有建立对认证与非认证产品采取“平行生产和/或平行所有权”以防止混淆的措施，但要求如果农产品处理采用外包方式，则分包方不得包装、加工或储存非认证的同一种产品。

5. 认证标志使用

GLOBALG. A. P. 认证通则 V4.0 不允许认证标志出现在零售产品上，而中国 2008 版良好农业规范认证实施规则规定，申请人在获得认证机构颁发的认证证书后可以在非零售产品的包装、产品宣传材料、商务活动中使用认证标志（获得认证的茶叶及认证证书中覆盖了农产品处理范围的果蔬可以在零售包装上使用认证标志）。

二、ChinaGAP与FSMA农产品标准比较研究

(一)FSMA农产品标准适用范围

(1)标准对适用农场范围限定,标准适用于:①从事未经加工或处于自然状态的大多数农产品种植、采摘、包装或存储的农场以及混合类企业的农场部分。②国产和进口农产品。③年销售额超过2.5万美元的农场。④提出了涉及范围的限定性条款。

(2)标准对适用的农产品限定,适用的农产品包括:①农产品是指水果和蔬菜。②农产品包括蘑菇、芽菜、药草和坚果。③农产品不包括谷物。

(3)规定不适用标准情况:①个人或农场自用农产品。②不属于未经加工范畴的农产品。③极少生食的某些农产品。④待商业加工的农产品。⑤年销售额不超过2.5万美元的农场。⑥符合豁免条件以及特殊要求。

(二)ChinaGAP与FSMA农产品标准实施模式与法律约束力比对分析

ChinaGAP标准是在引入GLOBALG. A. P.基础上建立的,通过建立第三方认证制度作为推行良好农业规范发展的手段。ChinaGAP标准是推荐性标准,但目前随着良好农业规范越来越受到行业组织和零售商的认可,满足良好农业规范要求已经成为零售商选择供应商一个重要的基础条件。

FSMA农产品标准是美国FDA强制性良好农业规范,其适用范围不仅包括美国本土鲜食农产品生产者,也同样适用于出口到美国的国外鲜食农产品生产者。2014年9月FDA发布了修订版标准,并针对修订部分再次征求公众意见。该标准正式发布后将编入联邦食品法典21CFR part 112。

(三)ChinaGAP标准与FSMA农产品标准标准层面比较分析

1. 标准框架比较

关注内容。美国FSMA配套农产品标准主要关注微生物危害,这主要是由于美国消费饮食方式以及导致食源性疾病的客观流行病学数据证明所决定的。ChinaGAP标准强调协调农业与可持续生产之间关系,不仅将食品安全作为其主要关注内容,同时对农业生态环境、员工福利、动物福利方面提出了要求。

产品范围。FSMA农产品标准明确了具体适用范围,标准提出了哪些产品包含在标准中,哪些产品不适用于此标准。由于ChinaGAP采用第三方认证推广实施,《良好农业规范认证产品目录》确定能够开展ChinaGAP认证的产品范围,基本上涵盖了目前我国主要的农产品种类。

生产范围。FSMA 农产品标准包含了产品的种植、收获、包装、储运过程，不包含美国联邦法典第 113、第 114、第 120 章所定义的生产过程，未改变产品的物理性状和组成特性。ChinaGAP 标准包含了产品的种植、收获、包装、运输、农产品初级处理、储存过程。农产品初级处理主要指收获后的大田作物、果蔬，在农场或离开农场进行的低风险的处理，如包装、存储、化学处理、修整、清洗等工序，不包含农产品加工。

2. 标准框架中生产环节控制的区别

FSMA 农产品标准主要包含：①C 部分人员资质与培训。②D 部分员工健康与卫生要求。③E 部分农业用水要求。④F 部分动物源土壤改良剂和人类垃圾(有机肥)。⑤I 部分家养和野生动物要求。⑥K 部分种植、收获、包装和储存的要求。⑦L 部分设备、工具、建筑和卫生设施的要求。

ChinaGAP 标准主要包含：①基地的管理。②品种和种植材料的选择。③土壤和施肥的管理。④灌溉水的管理。⑤综合虫害管理。⑥农药使用。⑦收获、处理及储存的管理。⑧员工健康和卫生的管理。⑨包装设备卫生管理。⑩运输良好规范。⑪追溯体系的建立。

3. 标准具体条款差异比对分析

(1)关于人员培训、具备岗位职责要求的能力。ChinaGAP 标准与 FSMA 农产品标准都要求对从业人员、生产操作人员进行培训，培训的内容不仅包括食品卫生和安全原理、人员健康与卫生，还包括与从业岗位相关的生产操作规程和相关的基础卫生培训。ChinaGAP 标准对特殊岗位从业人员资质提出要求，如操作和(或)管理兽药、化学品、消毒剂、植保产品、生物杀灭剂和其他危险品的员工，以及操作在环境健康安全和卫生状况风险评估中定义的危险或复杂设备的员工都应持有资格证书和(或)其他详细的资质材料。

(2)关于员工健康与卫生要求。在此方面，ChinaGAP 标准与 FSMA 农产品标准对于从业人员健康与传染性疾病管理、个人清洁与卫生管理和外来人员清洁卫生管理要求基本一致。差异在于 ChinaGAP 标准要求生产者从整体工作环境、健康、安全以及卫生状况开展相应的书面风险评估，并建立相应卫生方针及操作规程，以便生产者、参观者能够熟悉掌握规定并参照执行。

(3)关于生产用水要求。ChinaGAP 标准要求生产者不能使用未经处理的污水和从工业废水中再生的水进行灌溉和(或)施肥。对于不同来源的水，FSMA 农产品标准规定根据来源性质进行不同频次的检测，ChinaGAP 标准则要求基于风险评估结果，当灌溉水存在微生物风险时，应考虑相应检测，并要求检测由具有资质的实验室进行；ChinaGAP 标准对不同生产阶段用水质量提出要求，如灌溉用水、收获产品时用水和冰、处理产品时用水和冰应满足条件，并明确未经处理的污水和从工业废水中再生的水不能用于灌溉，处理过的水应满足的条件。同时标准要求对清洗产品的循环用水进行监测。在本部分，FSMA 农产品标准对生产用水的检测频率、检测指标进行了明确要求，ChinaGAP 标准虽然对检测频率和检测指标进行明确规定，但要求生产者对生产用水进行风险评估，识别包括微生物危害在内的各种危害，并基于风险评估结果确定检测频率和检测项目。

(4)关于有机肥使用(动物源性)。ChinaGAP 标准与 FSMA 农产品标准都对有机肥使用原则和施用要求进行规定，如禁止使用人类生活垃圾作为有机肥来源、对有机肥的使用/运输/储存提出要求。FSMA 农产品标准针对此方面内容更加细化了部分规定，如对有机肥处理所应满足的工艺条件、微生物所应符合的指标、施用间隔期的规定更加具体和量化。这也是 FSMA 农产品标准与 ChinaGAP 标准差异所在，ChinaGAP 标准规定更加原则化，如使用前，应对有机肥料的来源、性质和用途进行风险评估，包括疾病传播、杂草种子含量、堆肥方法、重金属含量、施用的时机、施用的部位。这需要生产者在应用 ChinaGAP 标准时进行自我评估，而 FSMA 农产品标准更加具体，更有针对性，对提出的规定进行了量化，这也使得标准在应用层面更加统一。

(5)关于家养和野生动物要求。FSMA 农产品标准和 ChinaGAP 标准都对种植活动区域的家养和野生动物提出规定，并要求生产者对该区域建立监测。ChinaGAP 标准还要求生产者在生产区域如产品包装和储存区域，针对有害生物设置诱捕点和(或)陷阱点的计划，有效控制有害生物造成的污染。

(6)关于种植、收获、包装和储存的要求。FSMA 农产品标准针对农产品的收获、处理、包装等环节在微生物危害方面提出了原则性的要求，ChinaGAP 标准对此虽无直接对应条款，但标准中却要求生产者基于过程管理方法，对农场工作环境、人员健康、安全以及生产卫生状况的进行风险评估，并建立相应操作规程和程序。因此 ChinaGAP 标准在此部分规定中涵盖了 FSMA 农产品标准，只是ChinaGAP 标准并未具体体现，而是要求生产者在实际使用中应对此建立要求。

(7)关于设备、工具、建筑和卫生设施的要求。FSMA 农产品标准在此部分主要对封闭或部分封闭厂房的设计、建筑的构造与材质、生产涉及的设施与设备，如对建筑与设施、生产使用工器具、供排水系统、污水控制和处理、卫生间与洗手设施、生产使用的管道、垃圾/废弃物/废料处理等方面提出要求。而 ChinaGAP 标准并未对农产品加工厂的硬件提出要求，如厂房建筑设计与材质、供排水系统、生产管道等，这主要也是由于我国与美国现实农业生产国情、消费饮食习惯以及生产危害控制对象不同所造成的。

4. ChinaGAP 标准与 FSMA 农产品标准差异综合分析

综合上述，ChinaGAP 标准与 FSMA 农产品标准的对比分析，在标准使用范围、适用对象、控制环节方面，ChinaGAP 标准与 FSMA 农产品标准基本一致，但是在具体生产环节的控制方面，FSMA 农产品标准更加具体、细化，甚至对部分控制环节的控制要素进行量化，这样有利于规范、统一标准的执行，但无疑也会增加标准应用的严格程度，降低标准使用的灵活度。而 ChinaGAP 标准的要求更加原则，更加强调风险评估作为工具识别、分析、控制风险和降低危害的作用，且 ChinaGAP 标准对风险评估原则、步骤和内容进行了规定，并以资料性附录形式作为标准的一部分，如 GB/T 20014.2《农场基础控制点与符合性规范》附录 1《风险评估指南》、GB/T 20014.3《作物基础控制点与符合性规范》附录 1《微生物危害风险评估指南》。

微生物危害也是 ChinaGAP 标准关注内容之一，在 GB/T 20014.3《作物基础控制点与符合性规范》的附录中给生产者提供了《微生物危害使用指南》，对生产过程的微生物危害控制提供技术指导。《微生物危害使用指南》提出生产过程应重点关注的潜在微生物危害环节：农业用水、粪便及有机肥、员工健康与安全、动物侵入及污染、生产过程使用材料（设备设施、工器具、包装材料等）。这几个方面基本涵盖了 FSMA 农产品标准核心内容，且《微生物危害使用指南》明确了五大重点关注环节微生物危害风险评估步骤、方法和基本的控制内容。

因此，可以充分参照 GB/T 20014.3《作物基础控制点与符合性规范》附录《微生物危害风险评估指南》为基础和工具，结合 FSMA 农产品标准，充分细化、扩展果蔬生产过程微生物危害控制措施，以达到与 FSMA 农产品标准效力等同。

三、ChinaGAP 与日韩良好农业规范比较研究

（一）ChinaGAP 与 JGAP 对比分析

中、日两国都建立了本国良好农业规范认证体系，且都通过了与 GLOBALG.A.P. 基准比较，实现了果蔬类产品认证结果能够被 GLOBALG. A. P. 认可，但两国在认证实施和标准要求上还是存在一定的差异，以下从三方面对两国良好农业规范认证体系进行差异分析。

1. 中、日良好农业规范标准、法规体系比较(表 2-4)

表 2-4 中、日良好农业规范标准法规比较

		ChinaGAP	JGAP
认证标准及实施规则	适用范围	适用于大田、果蔬、牛羊、奶牛、生猪、家禽、茶叶、水产	仅适用于大田作物及水果蔬菜
	标准组合	基础模块＋种类模块＋产品模块	青果物模块、谷物模块
	控制点分级(均为三级)	1 级、2 级、3 级	必须、重要、努力
	认证级别	一级、二级	无级别之分
	认证选项	农业生产经营者、农业生产经营者组织	农场、团体
农残法规/标准		食品中污染物限量、食品中农药的最大残留限量	肯定列表制度
土壤标准		土壤环境质量标准	
水质标准	灌溉用水	农田灌溉水质标准	水环境质量标准
	加工用水	生活饮用水卫生标准:106 项,微生物指标包括耐热大肠菌群、大肠埃希氏菌	日本饮用水标准:共 50 个项目,微生物指标仅涉及大肠埃希氏菌
其他相关法律法规		食品安全法、农产品质量安全法、中华人民共和国水法、中华人民共和国水土保持法、中华人民共和国水污染防治法、中华人民共和国职业病防治法、中华人民共和国种子法、农药安全使用规定、农药管理条例	食品安全基本法、动植物防疫法、水污染控制法、农业农村及食品产业基本法、农产品林产品标准化及准确标识法、新鲜食品的品质标识标准、食品卫生小六法、农药取缔法

2. 认证实施规则层面

中、日 GAP 标准基本思路和整体框架基本一致,主要涉及以下几方面。

(1)认证依据。依据都为各国制定的认证实施规则和控制点与符合性规范技术标准。

(2)认证选项。两个标准均有两个认证选项:选项 1 个体农场和选项 2 团体农场。

(3)控制点的级别。两个标准的控制点均分为 3 个等级,且符合性比率相同。

(4)认证申请人/认证证书持有人的义务。ChinaGAP 与 JGAP 认证实施规则都要求认证证书持有人必须对认证范围内认证产品与良好农业规范相关技术规范以及本规则的符合性负责。

在认证具体实施上有所区别,主要涉及以下几方面。

(1)认证覆盖范围。ChinaGAP 认证覆盖种植类、畜禽类、水产类,JGAP 认证只覆盖种植类。

(2)认证级别。ChinaGAP 认证分为一级认证和二级认证,JGAP 认证不分级。

(3)技术标准的结构。ChinaGAP 在实施认证时,将农场基础标准、种类标准与产品模块标准结合使用;JGAP 实施认证时每类产品只使用一个标准即可,不必将标准进行组合使用。

(4)认证证书有效期。ChinaGAP 为 12 个月,JGAP 则规定认证检查时如满足相关控制点的比例要求,可将证书有效期延至 2 年。

3. 标准层面

由于 JGAP 认证范围仅包括种植类的青果物和谷物,因此双方标准的比较仅在 ChinaGAP 的大田作物和果蔬模块中进行比较。

相同之处主要有以下几方面。

(1)结构框架。标准条款叙述说明由“控制点”和“符合性说明”两部分组成。

(2)种植生产技术要求。此部分是技术标准的核心,ChinaGAP 和 JGAP 两个标准的技术要求关注点基本相同,包括:从种子、繁殖材料、灌溉水、土肥管理、病虫害防治、采收、处理、追溯等方面均有要求。

(3)环境保护方面。两个标准均要求建立废弃物和污染物处理计划,同时对废弃的植保产品包装等垃圾的处理有所规定。

(4)人员安全健康和福利方面。两标准均要求对员工的健康安全情况进行风险评估,同时对急救和防护服等方面有所要求。

(5)动物福利方面。两标准均对野生动物保护方面有所要求。

不同之处主要有以下几方面。

(1)分包方要求。ChinaGAP 指出分包方要达到多使用控制点的要求,JGAP 没有提及对分包方的要求。

(2)召回制度。ChinaGAP 制定了对产品的召回制度及召回演练,JGAP 无相关要求。

4. ChinaGAP 与 JGAP 综合分析

通过对中、日两国 GAP 认证体系比较，可以发现中、日两国良好农业认证体系存在很多一致性，两国都是在参照 GLOBALG. A. P. 基本上，结合本国实际情况建立 GAP 认证体系。两国 GAP 认证体系都是由认证技术规范标准和认证实施规则组成，且认证技术规范标准和认证实施规则在具体技术控制环节的规定有很多相同或类似地方，这对于开展两国 GAP 认证体系基准比较提供了良好的基础。

(二)ChinaGAP 与韩国良好农业规范(KGAP)分析

1. ChinaGAP 与 KGAP 标准、认证实施规则框架比较(表 2-5)

表 2-5　中、韩良好农业规范标准、实施规则比较

		ChinaGAP	KGAP
认证标准及实施规则	适用范围	适用于大田、果蔬、牛羊、奶牛、生猪、家禽、茶叶、水产，涉及产品达 236 种(2008 版实施规则目录)	适用于粮食作物、特殊用途作物、药用作物、蘑菇、蔬菜和果树(共 105 种产品)
	标准组合	基础模块＋种类模块＋产品模块	农产品优化管理标准
	控制点分级(均为三级)	1 级、2 级、3 级	必要标准、推荐标准
	控制点个数	4 个模块总共控制点数目为 288 个，其中一级控制点 99 个，二级控制点 147 个，三级控制点 42 个	总共控制点数目为 50 个，其中必要条款 26 个，推荐条款 24 个
	认证级别	一级、二级	无级别之分
	认证选项	农业生产经营者、农业生产经营者组织	生产者、生产者组织

2. ChinaGAP 与 KGAP 认证实施规则差异分析

根据对认证实施规则的逐条比较，KGAP 实施规则与 ChinaGAP 实施规则相比，缺失内容较多，KGAP 实施规则对认证机构的不通知检查、认证申请人的权利和义务、获证产品的初级处理、获证组织不满足认证标准或实施规则时所面临的制裁措施、出现不符合的详细处理规定、申诉与投诉等内容未进行明确规定。

中、韩良好农业规范实施规则虽然从覆盖范围和认证级别上规定有所不同，但从整体结构框架、认证选项的规定以及都参照国内相关法律法规执行的方式上来看，还是有很多类似的地方。

中国良好农业规范实施规则在不通知检查、申请人的权利和义务、产品处理、认证企业制裁、出现不符合的详细处理规定以及申诉与投诉方面有比较详细的规定和说明，而这些都是韩国良好农业规范实施规则中所没有涉及的。韩国良好农业规范实施规则中，对检查的流程控制及抽样、证书变更、农户培训以及认证产品的连续性管理方面的规定，在中国良好农业规范实施规则中没有详细体现，但在中国良好农业规范标准和CNAS—CC22(产品认证机构通用要求)中有部分体现。而在申请受理时间、初次检查安排以及证书延期时间上，二者都有细微差别。

3. ChinaGAP与KGAP标准差异分析

KGAP标准控制点比ChinaGAP标准控制点少很多。其中，KGAP未涉及的内容包括：农事活动记录的保存与内部检查的要求、农场分包方的要求、顾客抱怨的处理程序、召回产品的可追溯性、关于有机肥料的使用要求、对农药使用安全间隔期的要求、剩余药液的处理要求、使用过的植保产品容器处理要求、关于采收后进行农产品最终包装的一系列相关要求、采收后的清洗要求、产品品质控制要求。ChinaGAP与KGAP相比，未涉及的内容包括：农场自行生产副产品作为肥料的要求、当消费者提出要求时农场应提供产品检测报告、农机仓房环境及卫生条件、剩余农药药液的保存等内容。

ChinaGAP与KGAP标准差异主要表现为以下几点：①对于土壤的风险评估，ChinaGAP要求提供全面的评估报告，KGAP重点提交重金属的检测报告，如果周围污染风险大，则需提交除重金属以外的检测报告。②对于生产场所周围灭火器的要求，ChinaGAP没有做规定。③对于废弃物处理方面，ChinaGAP是作为感官评估，KGAP则进一步提供相关的文件记录。④KGAP不需要提供关于轮作的证明。⑤关于水质报告，KGAP要求提交近4年的，ChinaGAP虽无明确要求但默认为最近1年的。⑥KGAP规定收货时要甄别并去除受到害虫损害的农作物、枯萎或被损伤的农产品。ChinaGAP无相关规定。

4. ChinaGAP与KGAP认证体系分析结论

综合来看，中国良好农业规范认证实施规则相对范围更广、要求更细；韩国良好农业规范对于认证检查、抽样和后续管理的要求体现在实施规则中，而不是像中国一样体现在相关机构认证的文件中。如果综合考虑两国认证相关所有法律法规及要求，中国良好农业规范认证法律法规条款基本上涵盖现行韩国良好农业规范认证相关要求，只是在个别具体工作的实施和具体时间上的规定有所区别。

第四节 我国良好农业规范标准与认证制度完善

一、良好农业规范认证在我国发展的基本现状

中国良好农业规范认证体系来源于国际良好农业规范认证体系，其中包括良好农业规范标准体系、认证实施管理规则、人员管理要求。但我国也并非照搬国际良好农业规范认证体系，而是在借鉴其实施经验的基础上，结合我国农业生产及组织管理特点，开创性地将中国良好农业规范认证分为两个级别，其中一级认证不仅关注食品安全问题，也要求生产组织综合考虑环境生态、人员健康与动物福利。二级认证仅关注食品安全问题，鼓励生产组织采取措施保持农业生产的可持续性。这也是中国良好农业规范区别于其他国家良好农业规范认证的特性。

中国良好农业规范认证采取二级认证模式，是由我国农业生产主体还是小农户和小型专业合作社构成的这一现实情况决定的。2007 年 7 月实施《农民专业合作社法》以来，我国农民专业合作社保持快速发展的势头，其作为现代农业经营组织形式，有利于农业生产方式转变和农业标准化、集约化、管理现代化的发展。2011 年 9 月底，全国农民专业合作社达 48.43 万家，实有入社农户 3 870 万户，约占全国农户总数的 15.5%。虽然农民专业合作社得到了快速的发展，但目前还不是我国农业经营主体，因此，在推动中国良好农业规范发展过程中不仅要考虑到先进经营主体的需求，也要引导小农户规范有序的发展，这也是将中国良好农业规范认证设置为两个级别的主要原因，而这一实施模式也得到了国际上的认可。2013 年全球良好农业规范推出了当地良好农业规范（localg. a. p.），是在未满足 GLOBALG. A. P. 条件下，可考虑先满足 localg. a. p. 相关要求，逐步再向更高一级的 GLOBALG. A. P. 靠拢，与中国良好农业规范分二级认证模式相似。

自 2006 年建立中国良好农业规范认证制度以来，我国开展了实施推广和实践探索，2006 年 1 月国家认监委发布了《良好农业规范认证实施规则（试行）》，并于当年 5 月份实施，标志着我国良好农业规范认证制度初步建立。2007—2008 年国家认监委、国家标准委联合下发通知，要求做好良好农业规范（GAP）试点工作。我国随即在北京、辽宁、吉林、黑龙江、江苏、浙江、安徽、福建、江西、山东、河南、广

东、陕西、海南、四川等 15 个省和直辖市开展了试点工作，先后有 522 家企业通过了良好农业规范认证。试点企业通过实施良好农业规范标准和认证，普遍反映生产管理水平、产品质量安全、企业经济效益得到较大提高。

2014 年，我国共有 15 家机构具备资质从事良好农业规范认证业务。自 2006 年以来，我国累计发放良好农业规范认证证书 3 002 张，据统计 2014 年截止四季度，现行有效证书 580 张。

二、良好农业规范标准实施中存在的问题

(一)标准应更侧重于食品安全

良好农业规范标准是一套系列标准，标准构成由农场基础标准、种类基础标准和产品模块标准三部分组成，在实施过程中也是不能够单独使用的，应结合使用。如苹果种植要满足良好农业规范标准，则应符合 GB/T 20014—2008《农场基础控制点与符合性规范》、GB/T 20014—2008《作物基础控制点与符合性规范》和 GB/T 20014—2008《果蔬控制点与符合性规范》三个标准要求。苹果生产应满足的一级控制点三个标准的控制点数量见表 2-6。

表 2-6　2008 版良好农业规范果蔬产品符合控制点数量

标准名称		版本号	控制点等级			
			1 级	2 级	3 级	总计
良好农业规范与符合性规范	第 2 部分：农场基础控制点	2008	12	22	11	45
良好农业规范与符合性规范	第 3 部分：作物基础控制点	2008	28	77	18	123
良好农业规范点与符合性规范	第 5 部分：水果和蔬菜控制	2008	34	28	9	71
总计			74	127	38	239

从表 2-6 中可以看出，与食品安全相关的一级控制点数量是 74 项，占总数量的 31%；与环境保护、员工健康与安全、动物福利相关的二级控制点数量是 127 项，占总数量的 53%；在二级条款基础上的持续性改善条款是 38 项，占总数量的 16%。由此可以看出，食品安全涉及条款所占比例过低，恰恰在目前国家食品安全高压管理态势下，应该发挥标准约束、规范作用，以配合国家食品安全相关政策的落实。

(二)应关注良好农业规范标准实施中对风险的分析、评估和措施的控制

实施良好农业规范的要点主要体现在:生产用水,肥料使用,农药使用,作物和饲料生产,畜禽生产,收获、加工及储存,员工健康和卫生,卫生设施,田地卫生,包装设备,运输,溯源等12方面。GB/T 20014标准围绕上述方面在相应的条款中提出了风险评估、风险分析和风险控制控制点和/或符合性要求,以满足良好农业规范的要求。具体体现在:农场场址的选择及场址的更新、转基因材料(如作物和试用品)、化肥的储存及对水源的影响、化肥的使用、灌溉和(或)施肥用水、收获物储存、采收和离开农场前的运输过程的卫生控制、采收后农产品处理、员工的卫生、养殖场的垫料回收后再利用、养殖用水、动物福利、员工福利、员工的卫生和健康等方面,涉及条款共29个,包括:标准第二部分2个,第三部分9个,第四部分5个,第五部分11个,第十部分3个,第十一部分1个,第十二部分7个。其中一级控制点12个,二级控制点16个,三级控制点1个。从上述条款可见,标准对于风险分析、评估和风险控制的要求主要是以一级和二级控制点及符合性要求提出的。标准对风险分析、评估和风险控制的控制点和符合性要求不仅限于上述29个条款,应该是一条主线贯穿于整个标准之中,以达到满足良好农业规范实施的12个方面的要求。因此,在GAP现场检查中,检查员应关注生产经营者或生产经营者组织对风险分析、评估和风险控制的实施情况,并在检查报告中对其做出评价。

(三)认证和非认证产品的混淆

认证和非认证产品的混淆,以非认证产品充抵认证产品屡见不鲜,这也导致认证有效性下降和公信力不足的重要原因之一。良好农业规范要求建立追溯体系以确保源自认证的产品在生产的各个阶段能够识别,但标准中对于农户在种植生产阶段、产品收获阶段、农产品初加工阶段和包装产品储存阶段认证与非认证产品生产隔离以及对于认证产品的标示确认没有原则性的规定,导致产品追溯体系的建立缺乏依据和准则,使建立的追溯体系在实际运行过程中容易受到非认证产品的干扰,因此亟需在生产不同环节建立认证与非认证产品隔离规定、认证产品标示规定,并建立认证与非认证产品详细的出入库信息和配送信息,并能够通过物料衡算推导出是否生产过程中有混淆、掺杂等现象发生。

三、良好农业规范认证实施规则运行中存在的问题

(一)良好农业规范认证申请和受理信息应充分

生产者向认证机构提出认证申请信息应充分、客观,提交的信息是认证机构

判断申请人是否具备良好农业规范认证受理条件和具备实施良好农业规范标准能力的重要判断依据。按照《良好农业规范认证实施规则》(CNCA-N-004:2007)的规定,申请GAP认证的组织需向认证机构提供至少如下信息:申请人的名称;组织联系人的姓名;现行有效的地址(包括地址和邮编);证明其法律地位的文件或其他身份证明等(如营业执照等);联络方式(电话传真及电子邮件地址);申请认证的产品名称;当年的生产面积(作物类)/产品的数量(畜禽、水产类);申请的和不准备申请的作物名称(作物类);作物类的收获情况,是一次收获还是多次收获;申请的选项;申请级别;申请认证的标准名称和版本;原认证注册号(如有);对于果蔬产品,需对产品是否处理及处理的相关信息做出声明和说明;茶叶、水产品加工者的注册号;畜禽和水产品的运输者的注册号等信息;产品可能的消费国家/地区的声明;产品符合产品消费国家/地区的相关法律法规要求的声明和产品消费国家/地区适用的法律法规清单(包括申请认证产品适用的最大农药残留量MRL法规)等。

认证机构在获取上述信息后,需对上述信息进行评审,评审的主要目的包括:认证机构可在对申请信息了解的基础上,确定自身有无能力接受此申请,并做出相应的策划;确定申请组织是否了解认证要求,申请组织是否事先获取和理解了其在GAP认证活动中的义务、权利、所应遵守的事项及所需提供的配合,并就可能发生的理解不一致提供事先解决的机会。另外,通过对申请信息的评审,可以为签约后检查准备和检查实施的策划提供重要的信息输入。因此,对申请信息应尽可能地收集完整、全面。

但目前,一些机构在受理申请阶段申请信息的齐全性重视不够,未完整地收集并获取上述材料,甚至在颁发了认证证书后这些申请材料还未收集齐全。正是由于收集的信息不全,一些机构在评审时流于形式,造成了在策划检查方案时确定的检查时间不合理、确定的检查路线不科学、识别的检查要求不充分等。如仅按基地的规模简单确定了检查员时间,未能通过对申请材料的评审来综合考虑检查的风险、基地距公司的距离、检查员的能力等来确定合理的检查员时间等。

(二)生产经营者组织成员的抽样应合理

《良好农业规范认证实施规则》对于生产经营者组织的抽样从初次检查、不通知检查及复评三种不同的检查类型做出了不同的规定:每年应对所有获证的农业生产经营者组织组织实施一次通知的外部检查和一次不通知的外部检查。检查采取对农业生产经营者组织内成员随机抽样方式进行。对于初次检查,其抽样数不能少于农业生产经营者组织成员数量的平方根;对于获证农业生产经营者组织每年进行的不通知检查抽样数量,可以是初次认证抽样数量的50%;对于复评检查的抽样，依据前一次例行检查和不通知检查的结果及良好农业规范相关技术规范是否更新或获证的农业生产经营者组织是否更换认证机构等情况来确定。如果前一次检查没有发现不符合，则复评检查时抽样数量可以减为成员数平方根的50%。如果在不通知检查中出现不符合，则在下一次通知检查时抽样数量按照初次检查要求对待。另外，如果良好农业规范相关技术规范更新或获证的农业生产经营者组织更换认证机构时，抽样数量也应按照初次检查要求对待，即其抽样数不能少于农业生产经营者组织成员数量的平方根。

目前，认证机构在实施对生产经营者组织的抽样时，仅考虑了抽样的数量要求，没有充分考虑抽样的合理性。认证机构在确定对于生产经营者组织的抽样除了满足上述抽样数量的要求外，还应对抽样的合理性进行策划并实施合理有效的抽样。以作物模块的生产经营者组织为例：对于初次检查，在确定抽样计划时，首先应对生产经营者清单及每个生产经营者的地块图及相关资料如组织与每个经营者签署的协议等做细致的研究，了解每个生产经营者的生产概况如生产品种、面积、人员数量及其他情况，从中识别出有特殊性和代表性的生产经营者作为必抽的样本。对于复评检查，还应重点抽查前一次检查和不通知检查发现不符合的生产经营者；对于不通知检查，应重点抽查前一次检查发现不符合的生产经营者。另外，对于每一次抽样的情况包括每次抽查的数量及生产经营者名称应形成记录，以流转单的形式或作为检查报告的附件，以便于抽样的信息在每次检查中能够流转，并在一定的时间段内如一个三年的合同周期内确保所有的生产经营者都被至少抽到一次，即覆盖到所有的生产经营者。

（三）应加强对认证产品的抽样及验证，以降低认证风险

认证机构应当根据认证产品模块的风险程度，制定适宜的产品抽样程序和检验方案，实施相应的抽样检验，以验证认证产品符合消费国家/地区的相关法律法规要求。目前，认证机构在对认证产品抽样及对其进行符合性验证方面普遍重视不够甚至不知如何实施操作。存在比较多的问题是：现场检查从不进行现场抽样；直接采信申请企业的产品检测报告，但不对报告的结果做出验证。对特定的认证产品进行抽样及做必要的验证既是实施规则的要求，也是认证机构降低其认证风险的一种有效手段。认证机构应予以充分的重视。

因此针对认证产品的抽样及验证应该考虑和实施以下几方面的工作。

(1)所选择的实验室应确认其是经过中国合格评定国家认可委员会(CNAS)认可或计量认证的实验室，且其检测能力是否能够覆盖机构实施的GAP认证的业务范围。

(2)制定分包实验室管理及抽样管理程序。

(3)现场检查时,针对特定的认证产品模块的风险程度,制定适宜的产抽样程序和检验方案,实施相应的抽样检验,对抽样的结果做出初步验证和评价。

(4)认证决定时,对最终验证认证产品是否符合消费国家/地区的相关法律法规要求,以决定是否予以颁发认证证书。

(四)专业检查员实施相应模块的检查

目前,机构在委派检查组时有两种情况:一种情况是委派的检查员全部是相应模块专业的检查员;另一种情况是委派的检查组中既有相应模块的专业检查员,也有非相应模块专业的检查员。后一种情况在进行检查分工时由专业检查员检查产品模块标准部分,而专业检查员检查农场基础标准、种类标准部分。因为良好农业规范标准分为农场基础标准、种类标准和产品模块标准三类。在实施认证时,应将农场基础标准、种类标准与产品模块标准结合使用,三类标准不能割裂,农场基础标准部分可能需基于对种类标准和产品模块标准的相应内容做出评价,产品模块标准的内容也可能依据农场基础标准、种类标准的相关信息做出判断。三类标准无法区分哪些是专业内容哪些是非专业内容,对农场基础标准部分的检查也需要具备相应的专业能力。因此,应委派相应专业的检查员实施现场检查。

四、针对问题开展标准与实施规则修订

(一)GB/T 20014—2008 标准展开的修订

2013 年 12 月 31 日,国家标准化管理委员会发布《中华人民共和国标准公告(2013 年第 27 号)》,发布了 18 项良好农业规范国家标准。此次标准修订也是在国际和国内食品安全管理发生宏观变化的背景下进行的。主要修订内容体现在以下几方面。

首先,近些年我国食品安全法相关法律法规进行了修订,要求良好农业规范相关标准的规定与法律法规保持一致,如食品安全主体责任、记录的保持、生乳收购环节要求等。

其次,国际上全球良好农业规范对其标准进行了修订,需要我们借鉴国际先进管理理念和跟踪标准发展动态,同时也做好中国良好农业规范与全球良好农业规范认证互认工作。

最后,随着良好农业规范在我国应用逐步深入,在实施过程中发现一些问题亟待解决,标准中需进行规定和明确,如认证和非认证产品在生产、处理、储存过程中极易混淆,认证的有效性难以确保;标准提出企业要运用风险评估方法识别、确定危害,并制定相应措施,但却缺乏风险评估基本步骤和内容,导致企业标准操作存

在困难等。

因此，我国亟需对2008年发布的良好农业规范标准进行修订，不断提升标准的先进性和适用性。

此次制修订共涉及18项标准，涵盖了1个农场基础标准，作物、畜禽、水产3个种类基础标准和12项产品模块标准，此外还制定了2项标准，进一步丰富了良好农业规范适用范围。本次修订共增加57项条款，删减20项条款，调整131项条款，提升控制点级别条款22项。新增加条款占到变化条款总数的25%，由此可见本轮修订变化幅度较大。此轮修订主要有以下几方面特点。

1. 强调食品安全的重要性，降低标准的实施难度

在本次标准修订所增加的57项条款中，其中增加一级控制点43条，占增加条款的75%；在22项提升控制点级别条款中，其中提升为一级条款的占18项，占提升条款的82%。众所周知，在良好农业规范标准中，一级控制点是与食品安全直接相关的控制点。由此可见，此次标准修订一个重要的特点就是进一步加强食品安全管理，这也是落实《食品安全法》《国务院关于进一步加强食品安全管理工作的通知》等法律法规的重要体现。同时，在不降低标准对食品安全严格程度的基础上，降低了三级条款数量，降低了标准使用难度和可操作性。以苹果种植为例，2008版标准中规定苹果种植所涉及的三级条款为38项，在标准修订过程中通过对三级条款重要性和影响环境保护、人员安全和动物福利的程度做出综合判断，整合、删除了部分条款，经过修订整合的2014版标准中涉及的三级条款为28项。

2. 通过对认证与非认证产品管理以及增加物料衡算要求，增加产品可追溯性

追溯体系是保障食品安全的重要手段，也是发生食品安全事件能够快速、有效召回问题产品的重要途径。本次标准修订在GB/T 20014.2《农场基础控制点与符合性规范》和GB/T 20014.12《茶叶控制点与符合性规范》中增加了平行生产、物料衡算等方面内容，能够有效确保产品在不同生产阶段始终处于独立、隔离状态。物料衡算平行生产管理的有效性、真实性，也是加强认证与非认证产品管理，确保认证有效性与真实性的重要举措。

3. 增加非传统食品安全管理控制

非传统食品安全形式所引发的恶性食品安全事件屡有发生，掺杂、掺假和恶意投毒等食品安全事件造成的影响十分恶劣，引起了国家食品安全管理部门的高度重视，并出台了严厉的处罚措施。但是，农产品初级生产环节往往成为容易被忽略

的环节，农产品初级生产阶段非传统食品安全预防还处于真空地带。为此，本标准在GB/T 20014.2标准中增加了“食品防护”章节，要求农产品生产企业识别非传统食品安全危害因素，建立并有效实施食品防护计划。这一措施弥补了食品安全控制体系的短板，进一步增强了食品安全控制力度。

4.强调微生物危害的预防控制

微生物危害是污染食品安全的潜在重要途径，近年各国加大了对微生物危害的控制，这主要是由于微生物危害在整个食源性疾病病因中所占据的比例逐年提高，据美国疾病预防控制中心1998—2012年流行病统计数据显示，微生物危害所引发的食源性疾病占到所有因素的2/3，这也是美国FDA 2013年初发布《农产品生产标准(征求意见稿)》(可视为“强制性GAP”)的主要原因。

此轮标准修订，在GB/T 20014.3标准的附录中增加了《附录A 微生物危害风险评估指南》，作为具体工具指导企业如何识别微生物危害途径，对微生物造成的危害进行科学评估，并建立预防控制措施。这就为企业依据产品生产特性、人员教育水平等因素建立适应本企业管理体系、实际应用中灵活掌控的微生物危害风险评估程序提供了科学的、便捷的使用工具。同时，也能够将微生物控制从食品链生产阶段延伸到初级农产品生产阶段。

5.强调风险评估重要性，增加了风险评估指南

本次标准的最大变化就是在标准附录中增加了指南性的附录，如GB/T 20014.2《农场基础控制点与符合性规范》增加《附录A 风险评估指南》、GB/T 20014.3《作物基础控制点与符合性规范》增加《附录A 微生物危害风险评估指南》和《附录D 最高残余限量(MRL)风险评估》两部分内容。这些增加的附录为标准使用者建立良好农业规范质量保障体系提供了有效的、简便的工具，提高了标准使用者自主应用标准的能力，同时也提高了标准使用者理解标准的能力。通过此次标准修订，强化了企业生产全过程的管理控制，细化了操作要求，使标准更具可操作性。同时对于提升企业主动性，培育企业食品安全主体责任意识将发挥重要作用。

(二)《良好农业规范认证实施规则》(CNCA-N-004:2007)展开的修订

随着我国良好农业规范认证活动不断深入，一方面农业生产组织形式也在发生不断变化，组织形式更加多元化；另一方面国际良好农业规范认证实施管理制度上发生了新的变化。因此，无论是适应国内良好农业规范认证发展的需要，进一步加强认证有效性管理，还是应对国际变化做好中国良好农业规范认证结果的国际采信，都需要加快良好农业规范认证规则的修订工作，此次修订变化主要集中在以

下方面。

1.结构更加完整、合理

主体框架发生变化，2008 版中“认证机构要求”和“认证人员要求”分别作为附录形式出现，本次修订一个重要变化便是将这两部分内容要求纳入到正文中，对“认证机构要求”和“认证人员要求”章节内容仅是提出原则性的规定，具体细则规定分别由相关主管单位提出，这样更能够便于相关主管部门的管理，在坚持原则性基础上，增加了管理的灵活性。

2.认证依据更加明确

调整了认证技术标准框架，GB/T 20014.19～GB/T 20014.24 不作为认证依据，但可以作为企业应用技术指南继续发挥作用。增加了 GB/T 20014.25《花卉和观赏植物控制点与符合性规范》、GB/T 20014.26《烟叶控制点与符合性规范》和 GB/T 20014.27《蜜蜂控制点与符合性规范》三个技术标准。同时，将实施规则也作为认证依据一并明确。

3.认证选项更加丰富

本次修订在选项一农业生产经营者认证选项中，增加了“实施了质量管理体系的多场所认证”，这也为认证申请人加强质量管理提供了一个新的方式。

4.严格认证申请管理

以往申请人通过认证申请后，会取得由认证机构授予的注册号。此次修订，注册号是认证申请人身份识别的重要手段。为进一步加强对认证机构及获证企业的管理，本次修订的一个重要变化在于改变了注册号码由认证机构授予，而是由国家认监委统一管理，统一编码规则，作为目前国家认监委食品农产品信息系统识别申请企业身份的唯一注册号码，这无疑提高了认证信息的透明度，各方都能通过该注册码查询企业基本信息，申请产品的认证有效期，这对于提升认证监管的有效性将起到积极作用。

5.增加平行生产/平行所有权管理，确保生产全过程有效追溯

增加平行生产/平行所有权和相应管理措施，使在生产种植和处理加工过程中始终确保认证和非认证产品隔离，确保追溯系统能够有效运行，也是验证物料衡算准确性，进而证实认证有效性的具体措施。

6.在不降低检查有效性基础上，检查方法更加科学

删除 2008 版实施规则对质量管理体系有不通知检查的要求，在不通知检查环

节，通过采用科学合理抽样方式代替了全部获证成员都要经过不通知检查。实践证明，所有获证成员全部进行不通知检查不太实际，企业所承担的成本太高，且认证机构无法调配充足的人力资源。因此在不降低获证成员检查数量前提下，科学的抽样方法能够使检查工作既高效、又准确。

7. 增加了农药残留抽样检查

产品的农药残留抽样检查增加了新的要求，规定认证机构应依据产品风险开展农残限量抽样检测，认证机构应制定抽样程序和抽样方法，基于风险评估，规定具体的检测项目，委托获得认可的实验室进行检测。规定农残抽样检测结果不仅要符合进口国的法律法规，同时也要符合我国法律法规相关要求。通过实地抽样检测措施，能够更准确反映良好农业规范标准运行是否有效，同时也使认证产品的销售尤其是出口增加了安全系数。

8. 扩大了认证标志在零售终端产品上标识

为推动良好农业规范的影响力，更便于良好农业规范的宣传，新版实施规则规定，申请人在获得认证机构颁发的认证证书后可以在零售产品的包装、产品宣传材料、商务活动中使用认证标志。进一步扩大了认证标志的使用。

9. 扩大了良好农业规范认证产品范围

随着中国良好农业规范认证应用不断深入，原有的认证产品目录已无法满足农业生产需求，认证机构无法按现有目录实施良好农业规范认证。扩大良好农业规范认证产品目录也是推动良好农业规范认证发展的助推力。新版良好农业规范认证产品目录在原有目录大类的基础上又分成了亚类的目录，如蔬菜类细分为：根菜亚类、白菜亚类、甘蓝亚类、茄果亚类、菜豆亚类、瓜菜亚类、绿叶菜亚类、葱蒜亚类、薯芋业类、水生菜亚类、多年生菜亚类、芽苗菜亚类、食用菌亚类、食用花亚类、保健食用药材亚类 15 类。在原有目录基础上新增加了 300 多个品种，并尽可能地汇总了每个产品的学名和俗名。

五、适宜我国国情的良好农业规范认证标准体系建议

加快良好农业规范标准评估，抓住关键控制环节。目前我国共建立了 27 项良好农业规范标准，现行有效且作为认证技术依据的标准有 18 项。以果蔬种植为例，果蔬种植满足良好农业规范要满足《农场基础控制点与符合性规范》《作物基础控制点与符合性规范》和《果蔬控制点与符合性规范》三个标准，每部分标准中 1、2、3 级控制点数量如表 2-7 所示。

表 2-7　2013 版良好农业规范果蔬产品符合控制点数量

标准名称	版本号	控制点等级			
		1 级	2 级	3 级	总计
良好农业规范　第 2 部分：农场基础控制点与符合性规范	2013	25	21	7	53
良好农业规范　第 3 部分：作物基础控制点与符合性规范	2013	35	77	12	124
良好农业规范　第 5 部分：水果和蔬菜控制点与符合性规范	2013	42	28	9	79
总计		102	126	28	256

如果申请一级认证则一级控制点应全部满足，适用的二级控制点至少应符合 95%以上，综合计算申请果蔬范围一级认证，仅标准就需要满足 202 个控制点，且部分控制点对专业能力有一定要求，如生产者需要对农场生产进行风险分析，以识别和评估种植、养殖过程中的食品安全、员工健康和操作安全、环境保护、动物福利风险。如果没有食品安全、环境保护专业知识，就难以准确、完整识别这些风险。另外，作物标准中要求生产者建立有害生物综合管理（IPM），操作者要熟知基地的自然条件（气候、土壤理化特性），生物学特性（病虫害流行规律、病虫害生物特性、生物天敌）和出口国农药最高残留限量等，只有具有相关专业知识背景和治理经验，才能够建立适合农场应用的 IPM 体系。

目前，一方面我国农业生产从业人员文化素质偏低，受传统的农业生产方式的影响，不少农民对农业标准化还不了解，主动参与的意识不强；另一方面基层农业标准化人才数目较少、专业水平参差不齐，尤其在县一级队伍中，这一问题尤为突出。这两方面原因制约了良好农业规范在我国的发展。

因此，推动良好农业规范的发展要解决标准难度大和专业人才匮乏的问题。加快良好农业规范标准评估，抓住生产过程的关键控制环节，整合部分条款，使标准更加清晰、更具有针对性、更容易操作。在标准使用方面，有针对性地开发出图形、图像等容易操作、理解的操作流程指南，使生产者能够直观的了解什么该做，什么不能够做。加大培训力度，对基层农业技术人员进行标准化培训，提升服务农民、服务农业的效率与能力。也要对农业生产企业从业人员开展食品安全、卫生操作专业培训，增强其食品安全意识，提升其标准化操作、规范化管理的理念。

第三章　小农经济状况下良好农业规范认证监管评价关键技术

第一节　种植产品良好农业规范认证风险分析

一、认证申请者组织管理的有效性和合法性

在实施GAP认证中，申请方是否建立了完善有效的质量管理体系，是能否有效实施良好农业规范的基础。但在当前小农经济条件下，申请方的组织管理形式多样，当前大多数申请认证的组织是以农户为生产单位，生产相对独立，组织成员之间没有形成一个紧密的利益关系，在此基础上形成的生产组织如果没有建立有效的管理体系，在GAP认证实施过程中会存在很大的“三废”和化学污染风险。

首先是组织管理体系结构的不完善造成的系统性失效。GAP体系的有效运行需要申请组织建立包括管理者代表、GAP负责人、技术部门、质量管理部门在内的完善的质量管理机构。但在当前的农业生产条件下，大多数实施GAP生产的组织缺乏掌握系统管理知识的人员，很难建立有效的组织体系结构。从调查的情况看，大多数专业合作社未完全按照GAP管理体系的要求建立完善的内部管理组织，管理多为一人当家型，内部检查和监督部门往往流于形式。在这种组织形式下运行的GAP管理体系往往会因为部门设置的缺失、部门间衔接的中断等因素，造成对体系环境、肥料、植保产品监督的失效，如对农残检测的缺失会造成产品存在极大的安全风险。

其次是组织管理体系的过程失效。主要是部门或过程的控制组织管理缺失或不完善造成的。在申请GAP认证的组织中，对化肥、植保产品使用过程控制的失效，往往是造成“三废”和化学污染的主要因素。

最后是人员管理的失效。尤其是GAP实施过程中对植保人员、农技人员管理的失效，很容易导致成员在GAP生产管理中的随意性，导致GAP管理体系中对化肥、植保产品、环境管理的随意性，导致农产品或环境的化学污染。

二、管理及技术人员的意识和能力

GAP生产管理体系中，管理人员是认证申请组织的组织者和决策者，是组织各项活动管理的监督者。这就要求在组织良好农业生产管理过程中，具有较强的良好管理意识，了解良好农业管理的基本知识，掌握良好农业生产管理体系运行的方式方法。在小农经济条件下建立起来的生产者组织，由于人员总体的文化水平相对较低，缺乏系统的管理人员，在实际运作中家长制的运作模式较多，组织管理一人说了算，导致体系运行中的部门和生产环节管理的失效，尤其是质量控制部门和生产技术部门受到影响时，会给GAP体系的正常运行和产品质量造成严重影响。专业技术人员、组织内的技术人员大多是由生产经验较多的人员担任，由于缺乏相对专业的植保和农技培训，且对产品质量的地方标准、国家标准和销售地的标准要求信息掌握较少，在使用农资，尤其是化肥和植保用品时，往往是根据传统使用经验来选择和使用，存在极大的环境和产品质量安全风险。

组织的内部检查员对质量体系的运行起监督和指导作用，具备良好能力的内部检查员是GAP质量体系的正常运行和改进的重要保证。这是因为GAP质量体系的运行需要持续地进行监控，才能发现问题，持续改进。这种连续监控主要是通过组织的内部审核员实施内部审核实现的，而且对内部审核时发现的不符合项，只有内部检查员向受审核部门解释原因，才有助于受审核部门针对不合格项，采取有效的纠正措施。所以，组织的内部审核员必须具备良好的GAP体系知识，有较强的审核能力、分析能力。

三、产地环境条件

(一)产地周边可能的污染源

在小农经济条件下实施GAP认证，申请方基地的周边环境是存在“三废”和化学污染的重要环节之一。这是因为在小农经济条件下，实施GAP生产的地块分布零散，周边环境复杂多变，很可能在产地周边存在影响产品安全性的污染源。目前影响GAP认证产地环境的原因主要有以下两方面：一是工矿“三废”和城市生活污染源，造成耕地土壤和农用水质重金属超标，同时也直接导致作物、果蔬等农产品重金属超标风险；二是周边农业作业污染，主要是在申请方基地相邻的非GAP生产过程中滥施化肥、植保产品和滥用农膜等农业投入品及任意排放畜禽粪便等造成的认证基地的农业污染，这些污染物严重影响耕地土壤理化性状、地表水和地下水质，不仅降低了耕地质量，而且会间接地导致种植作物的污染。

(二)产地环境监测情况

在实施 GAP 认证中，申请方能否有效地对产地环境进行监测，是避免和降低认证过程中“三废”和化学污染风险的有效参考。在实际检查中，存在申请方未按照 GAP 生产要求进行环境监测的现象，如对土壤的监测仅仅进行了氮、磷、有机质等土壤营养元素和肥力监测，而忽视了对土壤中植保产品残留、重金属残留的分析监测；对水质检测了重金属而忽视微生物的监测等；部分申请组织对产地环境的监测仅仅在基地建设初期进行，没有根据环境如相邻农田、周边工厂、道路的变化情况进行持续的监测；而且部分申请方提供的检测报告是由当地不具备检测资质的机构出具的。这些情况都会造成对基地环境“三废”及农药、化肥等化学污染物的监测失效，导致基地环境和产品的污染。

四、肥料来源和使用

申请方肥料的来源和使用管理是实施良好农业规范认证中存在化学污染风险的关键环节之一。肥料是申请方提高农产品产量、改善农产品品质的重要生产资料。在农业生产中，常用的肥料包括化肥、有机肥、无机肥。肥料的不合理使用会给农产品带来包括硝酸盐和亚硝酸盐污染、重金属等有害物质污染的问题，给农产品质量安全带来很大风险。由肥料带来的风险主要有以下几方面。

一是来源风险。当前农业使用的化肥和无机肥多是直接购买的成品肥料，其来源风险主要是购买了假冒伪劣和不合格产品，造成有效成分不足和重金属超标的风险；小农户经济条件下，有机肥来源多样，以农户圈肥、厩肥为主，但控制不善也会导致来源于垃圾、污泥等有机肥在基地的使用。垃圾、污泥等废弃物中所含成分相当复杂，含有各种各样的有害物质，如混入垃圾中的废电池、废电器等含有汞、铅等，如不加检测作为有机肥使用，就会造成农产品污染。

二是使用过程存在的化学污染风险。首先是硝酸盐和亚硝酸盐污染风险，过量使用无机氮肥，会使作物中积累大量硝酸盐，导致农产品中硝酸盐含量超标，影响农产品的品质与安全；其次是重金属等有害物质污染风险，肥料应用带来的重金属等有害物质污染主要来源于化肥和无机肥产品。如用于磷肥生产的磷矿石中含有镉、铅等重金属，长期施用含有这些杂质的肥料，会造成土壤中重金属的积累。

五、灌溉水来源及污染风险

在实施 GAP 认证中，申请方灌溉水的化学污染风险存在于灌溉水的来源和使用过程。在农作物生产中需要大量的灌溉用水，灌溉水来源多是山泉、河流、湖泊、沟塘的地表水或地下水，灌溉水的来源和水质直接影响到产品的质量，不规范的使用灌溉水会给产品带来污染风险。灌溉水可能对种植产品造成的风险主要是化学污染风险。主要表现为：地表灌溉水水源或地下灌溉水水源在输送过程中可能受周边生活区、加工区废水的污染以及被周边其他地块不合理使用植保产品而污染，造成灌溉水化学污染，进而污染种植产品。

六、病虫草害发生时植保产品的来源和使用

在GAP认证实施过程中，病虫草害是影响申请方农作物生产的重要因素。病虫草害的发生不仅直接危害作物生长，影响产量，而且会因此导致植保产品的使用，而植保产品的过量使用，使用技术不当，又导致了农产品的安全隐患。小农经济条件下，农业产业化和规范化生产程度不高，在病虫草害防治中重治轻防、使用违禁的剧毒、高毒植保产品或过量使用、盲目使用植保产品的现象广泛存在；不遵守用药安全间隔期规定，超标准增加用药量，任意加大植保产品的使用浓度，随意增加植保产品的使用次数，施药器械装备落后，跑、冒、滴、漏等不规范使用植保产品现象严重。这大大增加了产品中植保产品的残留量，造成了植保产品的污染风险。

GAP认证实施中存在的污染风险的环节首先是植保产品的来源。在当前国内市场上由于适用范围的不同，部分高毒、高残留的农药仍然允许销售，而且部分地区农药市场管理较为混乱，假药和伪劣农药存在于市场中。如果申请方不能有效控制植保产品来源于正规合法的渠道，保证植保产品符合相关规定，很容易造成违禁植保产品或高毒高残留农药在作物上的使用，造成环境和产品的污染。

其次是使用环节，植保产品造成环境和产品污染的风险主要存在于植保产品的使用过程。首先在植保产品喷雾使用时，雾状或粉剂的微粒飘浮在大气中，造成对大气的污染；其次施药时散落在田间的农药、洗涤施药器械的废液，随灌溉水或雨水的冲刷，流入河道、湖泊和海洋，造成农药对水体的污染；同时施药时降落于地表的农药，附着在作物体表的农药，也会因风吹雨打降落于地表，以及浸种、拌种的农药，除草剂、土壤消毒剂的使用都会导致农药直接或间接的进入土壤中，造成土壤污染。在小农经济条件下，由于生产管理分散、不统一用药、不合理的选择用药以及过量用药都加大了农业生产环境和农产品的植保产品污染风险。

七、采收、采后处理、加工及包装运输过程中的化学污染

在GAP认证中，农产品收获和储存方式也是可能造成农产品化学污染的一个关键环节。在这个环节中可能导致化学污染风险主要有以下几方面。

一是采收过程中，为了保持农产品良好的清洁卫生，使用清洗剂与消毒剂直接

与农产品接触而残留于其中，造成农产品化学污染的风险。

二是在农产品采收、采后处理、加工及包装过程中，为了达到保鲜、防腐等目的，往往直接或间接加入保鲜剂、防腐剂等化学添加剂到农产品中，造成农产品化学污染的风险。

三是在储存过程中，为防止虫害而使用植保产品或熏蒸剂等，如使用不当也可能导致化学污染；另外，采收、采后处理和包装过程中人员、器具、运输车辆，运输以及所有水源的卫生状况都会造成产品的化学污染。

八、生产资料储存管理

在 GAP 认证实施过程中，申请方的化肥、植保产品、种子等，是农业生产中不可缺少的生产资料。这些生产资料存储管理不善，不仅会造成生产资料品质的下降，如化肥潮解、种子霉变、植保产品高温失效等，而且还会造成基地环境和产品的化学污染，如生产器具和植保产品混放，会造成器具吸附或沾染植保产品，在生产过程中若再次接触产品会造成产品的污染；肥料和植保产品泄漏时可能造成土壤或灌溉水化学污染的风险。

九、农业生产操作者能力

农业生产操作者是 GAP 生产管理的末端执行者，尤其是直接接触种植作物或产品的人员，其意识和能力的高低直接影响到产品的质量安全。如果操作者没有接受相关生产技能和卫生操作技术的培训，会导致因为对植保产品、化肥的不规范使用，很可能造成产品的化学污染。

十、产品抽样及农残分析检测

在 GAP 认证中，申请方科学规范地对产品农残进行抽样检测分析，对防范产品农残超标具有重要作用。但在实际检查中发现，在小农经济条件下，部分申请组织出于经济方面的考虑，在产品收获前并未进行产品的农残分析；还有一部分申请组织在产品抽样方式上采用集中取样，导致所采集样品不具有代表性；另外有些申请组织产品抽样的时间也不够合理，导致在检测出农残超标时无法采取相应的补救措施。

十一、种植产品良好农业规范认证“三废”和化学投入品污染的关键环节

通过对河南、河北、江苏、浙江、四川、山东、甘肃等 8 个省份的 20 多个 GAP 认

证企业的调查分析。对小农经济条件下认证机构在实施作物种植 GAP 认证过程中,受检查方可能存在“三废”和化学投入品污染的关键环节进行了分析。并根据 HACCP 原理对作物种植管理 GAP 认证过程进行了危害分析。

农作物种植管理 GAP 认证检流程图及主要化学污染环节分析,详见图 3-1。

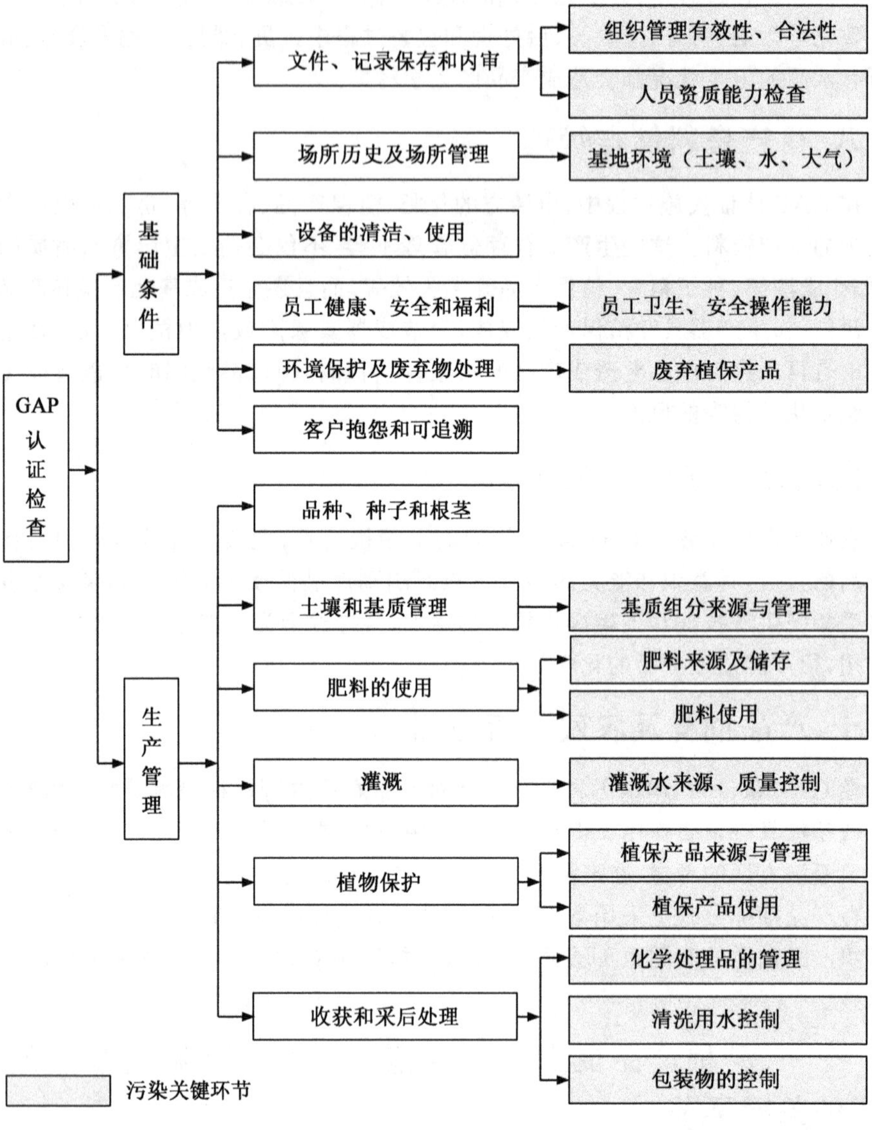

图 3-1　农作物种植管理 GAP 认证检流程图及主要化学污染环节分析

第二节　种植业良好农业规范认证过程符合性评价关键技术

一、小农户组织质量管理体系的评价

为确定农业生产经营者组织所建立的相关技术规范是否合理并有效运行，应对其所有文件、现场、人员和文件运行情况进行科学评价。为确定组织建立的质量管理体系和管理结构是否满足选项 2 的要求，确定农业生产经营者内部审核是否满足能力、独立性、准确性的要求，检查组应设计评价程序对农业生产经营者组织质量管理体系进行审核和对农业生产经营者组织成员进行抽样检查。

对质量管理体系的审核可以在农业生产经营者组织的总部或农业生产经营者组织的行政管理中心进行。审核应遵照《良好农业规范认证实施规则》附件 5《农业生产经营者组织质量管理体系审核指南》进行，整个评价过程需要一天或数天。与管理层进行充分的沟通以了解企业的组织机构，掌握企业的基本情况，知晓企业文件的制/修订、发布、实施情况；通过面谈主要员工，了解质量管理体系的执行情况。对所有相关文件进行审查，审查文件的完整性和科学性；对生产管理记录进行评价，评价记录的真实性和系统性。同时，也应对农业生产经营者组织成员内部审核进行评审，以评价内部审核是否满足能力、独立性、准确性的要求。

对农业生产经营者组织成员的检查可采用抽样方法进行检查。样本大小取决于认证产品的种类、质量管理体系评审的结果和农场规模。首次检查最小样本数量应不低于模块组合注册的生产者数量的平方根。对于多模块组合的检查，可以根据产品类别和大小分成不同的组合。对农业生产经营者成员进行的抽样检查应覆盖所有适用的控制点。

(一)管理和组织结构

应有文件证明申请的农业生产经营者组织是一个合法的主体，受理和现场查验时可要求申请人提供营业执照、动物防疫合格证、组织机构代码证、仔细核对营业范围、年检记录及有效期。查看农业生产经营者组织与农业生产经营者签订的书面合同的完整性，是否包括：联系地址；农场具体位置；遵守良好农业规范规定要求的承诺；同意遵守组织的文件化程序、方针、规定和技术性要求；罚则。查验组织内成员在组织的注册信息，注册信息应至少包括：农场/农业生产经营者及模块场所的名称；联系人和联系方式；各农场及其场所具体位置；认证产品的品种及其生长/生产的场所；认证产品的数量；内部审核日期；认证机构的名称（多于一家认证机构时)；良好农业规范运行的现行状态。

(二)组织和管理

审核农业生产经营者组织是否有自己的管理结构和充分适宜的培训资源，从而确保注册的农场能满足良好农业规范的要求。组织结构应以书面文件予以规定，各管理者代表、内部检查员、质量管理体系的管理人员等相关责任人对应的职责和义务应加以规定并形成文件。

(三)人员的能力和培训

审查农业生产经营者组织是否对相关负责人进行充分的培训，满足规定的能力要求。内部检查员是否具备实施规则所要求的专业能力，是否有一个培训提高和评价的过程，确保他们对标准和操作掌握的一致性。查验主要人员的能力、培训、资历是否在文件中加以规定，相关的培训记录是否保存，是否有相应的程序保证主要人员及时了解良好农业规范的版本更新和所依据的法律法规的变更情况。

(四)质量手册

审查质量手册中是否包括与良好农业规范相关的技术规范的操作和质量体系文件，各方针和程序是否能保证农业生产经营者组织对相关技术规范的要求有效控制，成员及主要员工能获得相关的方针和程序。质量手册应定期评审，及时更新。

(五)文件控制

评审质量管理体系文件的完整性，是否包括质量手册、程序文件、作业指导书、记录表格和外来文件。评审质量管理体系文件的控制情况是否有效，控制程序是否对文件的审查、新文件的发行和作废文件的销毁作出规定。所有文件的发布、更改及分发是否经授权人的同意和审批。所有受控文件应用分发号、发行日期/审批日期及编码的形式予以识别和控制。

(六)记录

记录至少保持 2 年，应真实、清晰，存放在适当的场所且易于检索，记录应能证实申请人对质量管理体系有效控制并满足良好农业规范相关标准的要求。

(七)抱怨的处理

审查农业生产经营者组织是否建立和保持有效处理客户抱怨的程序，对抱怨的接受、登记、确认、调查、跟踪和反馈是否做出规定。

(八)内部审核/检查

是否有内部审核/检查程序,审查内部审核/检查员的能力是否满足标准的要求,内部审核/检查是否包括所有成员和质量管理体系,审核/检查是否覆盖所有适用的控制点,内部检查报告是否做出书面规定,组织是否遵循良好农业规范相关技术规范的要求的决定,对不符合项的纠正措施进行评价。

(九)产品的可追溯性和区分

审核申请人建立的可追溯体系,是否能对认证产品进行有效识别并确保所有产品是可追溯的;已认证的产品是否有可能与未认证产品发生标志误用或产品混淆。

(十)罚则

为保证农业生产经营者组织对成员的有效控制和管理,农业生产经营者组织应建立并实施对其成员进行制裁的制度。评估该制度有效性,是否符合 GAP 认证实施规则的相应要求,必要时检查所有的制裁记录,包括纠正措施和预防措施。

(十一)认证产品的召回

为保证产品可追溯性的实现,农业生产经营者组织应建立产品召回的程序并形成文件。审核产品召回程序,评估其可操作性。询问主要负责人,负责人应熟悉产品召回程序。

(十二)认证标志的使用

农业生产经营者组织应对标志的使用进行有效的控制,应建立、保持程序并形成文件。评估该文件是否符合良好农业规范相关技术规范和认证实施规则的要求,审核该文件是否有效地执行。查验使用该标志的获证产品、认证证书持有人以及商号的记录。

(十三)分包方

种植、养殖场在种植养殖各环节若有分包,应确保分包活动满足良好农业规范相关技术规范的要求。查验分包合同及有关记录。必要时,对分包方的能力进行评估。

二、评价参数确定

(一)组织管理有效性

GAP 认证实施过程中,受检查方 GAP 组织管理的有效性是良好农业规范实施有效性和可持续性的保证。GAP 认证过程中对管理有效性的审核,保证为认证和审核提供完善、真实的相关信息;保证组织内针对“三废”和化学污染所采取措施的可行性和有效性。确定在对 GAP 认证过程中管理的有效性进行评价时，主要对如下参数进行评价：质量管理目标和方针、组织管理机构设置、组织管理程序、人员培训、组织运行内部审核。

（二）人员意识和能力

通过分析不同员工对 GAP 体系运行的影响，对造成生产环境和产品受“三废”和化学污染的影响程度，认为在实施 GAP 认证过程中，对受检查方管理者代表、GAP 负责人、内审员、植保员、农技员的意识和能力的审核是影响认证过程中“三废”和化学污染风险的关键因素，因而确定针对受检查方组织体系内管理者代表、GAP 负责人、内审员、植保员、农技员、生产操作者能力的意识和能力的审核作为评价的参数。

（三）环境质量参数

GAP 认证过程中，对大气、水、土壤质量状况的评价，是影响 GAP 认证过程中化学污染风险的重要客观因素，也是影响所认证作物 GAP 种植管理产量和质量，影响认证过程有效性的重要因素。因而，确定在 GAP 产地环境质量的检查中，将土壤质量、灌溉水水质、大气质量作为认证检查过程评价的参数，并将这三个参数涉及的影响因子作为评价因子，确定的评价因子如图 3-2 所示。

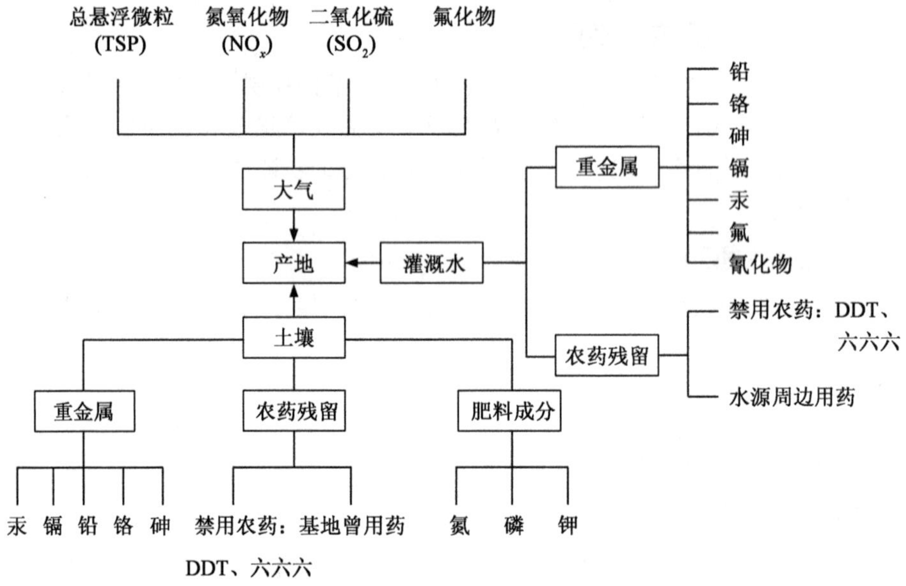

图 3-2　环境质量检查过程评价因子

(四)肥料的来源和使用

肥料的来源以及肥料中营养成分含量、重金属含量是影响肥料质量的重要因素，而肥料的使用量、使用方法是肥料使用过程中可能造成“三废”和化学污染的重要因素，因此 GAP 认证检查过程针对肥料的来源、化学成分、使用规范的检查评价作为认证过程的评价参数。

(五)植保产品的来源和使用

植保产品的来源的合法性和规范性、植保产品的使用规范、剩余植保产品容器的处理是植保产品管理过程中可能造成“三废”和化学污染的重要因素，因此确定植保产品的来源、使用规范、剩余植保产品和植保产品容器的处理作为认证过程中植保产品管理的评价参数。

(六)采收、采后处理、加工及包装运输过程化学污染

通过分析在采收、采后处理、加工和包装过程中可能存在化学污染的环节，以及导致化学污染风险的因素。确认员工卫生、处理化学品、包装物卫生、运输工具、储存场所 5 个因素为造成产品采收及采后处理过程中化学污染和环境污染的关键因素，因此确定这 5 项为认证过程中采收及采后处理的评价参数。

(七)生产资料储存管理

生产资料的储存管理中，储存地点是否合适、储存设施是否完善、储存记录是否完整等是造成生产资料储存管理中污染风险的主要因素，因此将认证过程储存地点、储存设施、储存记录作为生产资料储存管理的评价参数。

(八)产品抽样及农残分析检测

通过对产品抽样及农残分析检测过程中可能存在的污染风险及产生原因的分析，确定产品抽样方法、抽样时间、检测内容和检测机构资质是导致该过程风险的主要因素，因此确定抽样方法、抽样时间、检测内容和检测机构资质是认证检查过程中产品抽样及农残检测的评价参数。

三、参数指标确定

(一)组织管理有效性

检查员在实施认证检查时，应对申请方的组织结构和管理有效性进行检查审核，并依据标准做出客观的判定，对有关组织管理有效性的检查，应根据检查员现场检查情况和检查卷宗中的相关文件、记录、证据进行评价。评价的参数及指标如表 3-1 所示。

表 3-1　评价的参数及指标表

评价参数	评价指标
质量管理目标和方针	是否制定了明确合理的质量管理目标 是否制定了科学合理的质量管理方针
组织管理机构设置	是否设有质量控制部门 是否设有生产控制部门 是否设有内部检查机构 是否编制了质量手册 是否有管理者代表
组织管理程序	是否建立了书面程序文件 体系运行是否执行了相关程序文件
组织运行内部审核	是否进行了体系内部审核 是否对内部审核发现进行了相应处理 内部审核是否每年进行

(二)人员意识和能力评价指标

根据GAP管理体系中对不同人员意识和能力要求的不同，检查员在实施GAP认证检查时，应对不同人员的资质和能力进行核实与评价。在实施检查中应针对以下内容进行合理的判定，详见表3-2。

表 3-2　人员意识和能力评价表

评价参数	评价指标
管理者代表	是否接受相关GAP相关知识培训，掌握GAP生产管理的过程和主要环节 是否掌握组织管理方针和目标 是否熟悉组织人事、部门组织管理规范 是否掌握组织规范管理的相关程序
植保员	是否配备植保员 是否接受过相关GAP、植保相关知识培训或具有相关资质 是否熟悉掌握作物日常病虫害诊断能力 是否掌握产品消费地对植保产品限量要求 是否掌握日常病虫害防治方法 是否熟悉病虫害综合防治技术(IPM) 是否熟悉不同植保产品的特性及使用方法

续表 3-2

评价参数	评价指标
农技人员	是否掌握作物生长周期及管理技术 是否接受过相关 GAP、作物规范种植知识培训或具有相关资质 是否掌握作物需肥规律施肥技术 是否掌握土壤营养情况 是否掌握肥料的特性及潜在的风险
内审员	是否具备标准所要求的学历要求 是否具有标准所要的工作经历 是否完成至少 1 d 的检查原理方面的知识业务培训和 2 d 的质量管理体系知识培训 是否接受了 HACCP 原理知识培训 是否掌握农产品和食品质量安全卫生知识 是否掌握良好农业规范、农学相关知识如栽培、土肥、植保等知识
生产操作者	是否接受过 GAP 相关知识的培训 是否经过相关种植技能培训 是否接受了相关卫生知识培训 是否接受了作业过程中紧急情况和事故处理的培训 是否掌握了以上培训知识并能在实际生产中进行应用
GAP 负责人	是否掌握 GAP 生产的要求和管理方法以满足组织 GAP 生产管理体系的建立和运行 是否掌握各部门职责和部门间衔接方式 是否掌握组织质量环境及 GAP 管理体系运行及审核情况

检查机构应针对上述参数及指标进行文件的审核，对文件的完整性和结构设置的合理性、人员配备的充分性进行评估，根据不同的符合程度做出相应的判定，并记录或描述相关的证据，现场检查的检查员在现场检查应对体系文件的真实性和实际运行情况进行核实，对上述所有参数和指标进行符合性判定，并保留支持判定的相关证据，尤其是不符合判定的支持证据，必须在检查报告中进行详细的说明和描述。

(三)环境质量参数指标

根据认证基地所在地或产品的消费地对认证产品栽培环境的要求，以及 GAP 作物种植对环境的要求，针对环境质量评价中的评价因子的限制，对环境质量的符合性进行评价，如国内消费的 GAP 认证产品可参考国家关于农田质量环境的规定:环境空气质量标准 GB 3095、农业灌溉水质标准 GB 5084、土壤环境质量标准 GB 15618,确立 GAP 认证过程中环境参数的指标限值,限值为上述标准的控制值。

(四)肥料的来源和使用

在对 GAP 生产管理进行检查时,针对肥料来源和使用的评价主要有以下指标。

(1)肥料是否有合格来源,是否有合格的供应商并对供应商资质进行确认。

(2)是否根据生产作物的生长规律和特性采取了适当的土壤改良措施。

(3)是否根据土壤肥料分析、作物需肥规律科学施肥。

(4)是否使用了自制的有机肥,有机肥原料的来源是否规范。

(5)是否使用了人粪尿、污水淤泥。

(6)是否有农家肥制作规程,是否有效执行了该规程。

(7)有机肥的处理、保管、运输和使用是否规范。

检查机构和检查员应当收集了解国家或相关认证产品消费地,有关肥料质量和使用的相关法律法规,并在进行审核或检查时,应当依据国家相关法律法规,通过对受检查方的文件资料审核和现场检查,核实肥料来源的合法性,管理、使用的规范性,并收集和保存相关证据。

(五)植保产品来源和使用

植保产品的来源和使用的检查/审核是造成产品质量风险和环境化学污染风险的关键因素,检查机构或检查员对植保来源和使用情况检查过程的评价,主要针对植保产品管理和使用过程中造成质量风险和化学污染风险的控制因子进行合理判定,评价主要针对以下指标。

(1)植保产品品种、来源是否符合国家、地方法律法规和客户的要求。

(2)申请方组织实际使用植保产品的来源、产品质量、使用管理是否符合法律规范。

(3)植保产品使用是否建立了完整的记录。

(4)是否按照标签或使用说明书规定的条件和方法使用了植保产品。

(5)是否采用了合适的器械施药,并对施药器械进行了良好的维护和校正。

(6)是否按照农药标签或说明书上规定的稀释倍数、单位面积用量进行用药。

(7)施药后到采收前的是否遵守了安全间隔期的规定。

(8)剩余药液的处理方式,处理场所是否符合规范。

(9)弃用植保产品的处理是否符合规范。

检查机构和检查员应当收集了解国家或相关认证产品消费地，有关植保产品的法律法规，并在进行审核或检查时，应当依据国家相关法律法规，通过对受检查方的文件资料审核和现场检查，核实植保产品来源的合法性，管理、使用的规范性，废弃植保产品和包装的处理的规范性，并收集和保存相关证据。

（六）采收、采后处理、加工及包装运输过程化学污染

在对 GAP 认证过程进行评价时，检查员或认证机构对认证产品采收、采后处理、加工及包装运输过程认证检查的有效性，也是导致“三废”和化学污染风险的重要因素，在对采收及采后环节检查过程进行评价时，主要对检查过程中的以下参数指标进行评价。

(1)是否对采收处理过程进行了卫生风险分析以及在采收过程中可能存在的化学污染风险分析。

(2)采收时期是否符合与农用化学物停用期(如安全间隔期)有关的规定。

(3)采后使用的防腐剂、保鲜剂、蜡和植保产品是否经过登记或得到有关部门的许可。

(4)采收及采后处理过程中，员工是否执行相关卫生规程。

(5)器具、区域、车辆是否清洁卫生。

(6)清洗加工用水是否符合要求，储存区域卫生和环境条件是否适宜。

（七）生产资料储存管理

在对 GAP 认证过评价程中，有关对申请方组织进行生产资料储存管理检查过程的评价参数主要包括下列内容。

(1)是否设有专门的农资存放场所。

(2)生产资料储存设施是否牢固安全。

(3)生产资料储存场所是否会对水源造成污染。

(4)储存设施通风照明条件是否满足要求。

(5)繁殖材料、包装物等是否与化肥、农药分开储存。

(6)肥料、农药、种子是否存放在原包装内或进行了标识。

(7)是否准备有防渗漏、防火的工具和设备。

(8)储存库或地点是否有紧急情况处理的规程或指导书。

(9)是否有完整的生产资料管理记录，至少包括：农药、化肥清单、领用记录、出入库记录。

(10)生产资料管理记录是否至少每 3 个月进行了更新。

(八)产品抽样及农残分析检测

产品抽样及农残分析检测是GAP认证检查过程中,认证机构保证所认证产品质量符合要求的重要依据。检查过程中对申请方组织进行产品抽样及农残分析检测过程是否有效的评价,不仅影响到产品的认证结果,而且也影响到认证的有效性。在对GAP认证过程评价时,产品抽样及农残分析检测是一项关键的评价内容,其主要评价的参数指标如下。

(1)是否有农残检查抽样和农残超标采取补救步骤和措施的书面程序。

(2)申请方组织是否进行了至少每年一次的农药残留检测。

(3)抽样记录或现场检查抽样操作是否按照规定的程序进行。

(4)农残检测项目是否基于风险评估的结果。

(5)农残检测结果是否符合产品客户或消费地农残限量的要求。

(6)农残分析的实验室是否通过了国家权威认可机构依据GB/T 5481实施的认可。

四、认证评价程序

在GAP认证过程评价时,通过对评价参数和评价因子的检查完善度、条款判定的合适度和证据的充分度进行优秀、良好、不合格的打分,统计各分值的比例,根据比例划分检查过程的优劣程度,对初次评价为良好以上的认证机构可按照每2年一次进行再评价,对评价为一般、合格的认证机构,每1年进行一次再评价、评价为差的认证机构督促其整改,并在评价后1年内进行再评价。评价程序包括以下主要内容。

(一)人员能力评价

人员能力除包括进行良好农业规范认证检查必须具备的检查资质外,应检查其针对所检查基地的专业能力,对人员能力的评价主要通过以下几方面进行。

1.专业背景

实施GAP检查的检查员不仅要有相关的检查资质,而且要熟悉和掌握有关农业和食品安全的相关知识,具备对可能存在“三废”和化学污染风险的判断能力,掌握如相关的农药残留规定、农药安全使用、肥料合理使用、作物特性的基础知识。

2.见证检查

为了对认证机构检查审核员的现场检查审核能力进行评估,可随机对认证机构的检查员进行见证检查,关注其在实施现场检查过程中是否遗漏重要内容,对造成“三废”和化学污染的控制点有无检查核实证据，以评价检查员现场检查能力。

(二)文件记录审核

GAP认证过程的文件记录包含了与认证过程相关的所有信息，针对认证过程中的“三废”和化学污染风险，通过对检查记录文件中检查计划、检查报告、受检查方提供的申请资料，受审核基地的位置图、地块图、文字介绍、植保产品、肥料的使用记录，现场检查描述/照片记录等进行审核，确认检查过程的完整性，以及检查中是否存在重大问题未发现(如使用了禁用的植保产品；未发现基地周边存在的污染源)等。

(三)非通知基地抽检

非通知基地抽检，是通过对获得GAP认证的基地进行随机抽样，在不通知的前提下实施现场检查，以核实GAP检查认证过程的持续有效性，并针对检查记录中对现场的描述进行取证核实。根据现场客观情形对GAP认证过程进行评价。

五、符合性规范

根据GAP认证过程中造成认证“三废”和化学污染风险的评价参数和评价因子，结合各因素的关键因子，对GAP认证过程进行评价，各参数评价的符合性要求及评价标准见表3-3。根据评价结果中优、良、不合格的数量进行计算，计算及评价规则如下：无不合格且优秀评价比例占90%以上为优；无不合格评价，且优秀评价占75%～90%为良；无不合格评价，且优秀评价占60%～75%，综合评价为一般；无不合格项，优秀评价低于60%，综合评价为合格。出现任何一项不合格，评价为差。

表3-3　GAP认证过程评价符合性要求及评价标准

项目	评价过程	符合性要求	评价标准
认证机构评价	认证机构管理有效性评价	认证机构对其可能引发的认证过程中存在“三废”化学污染风险和标准出现的、变化的风险进行了评估并对由此引发的责任做出充分安排	1.未提供证据证明其对可能引发的认证风险和新出现的、变化的风险进行了评估，并对由此引发的责任做出充分安排；获证组织发生重大事故，认证机构未能及时采取措施，直接评为不合格； 2.进行了相关风险评估，并制定相应的风险应对措施，获证组织未发生“三废”化学污染风险事故，或轻微事故并通过应对措施纠正的，评价为良好； 3.进行了相关风险的全面评估，并制定了完善的风险应对措施，认证企业无相关事故，评价为优秀

续表 3-3

项目	评价过程	符合性要求	评价标准
认证机构评价	认证机构管理有效性评价	针对GAP认证过程中认证过程存在“三废”和化学污染的风险，建立了有效的人员管理机制，确保相关检查人员或专业人员接受过有关环境质量评价、植保产品、肥料等知识的培训	1.未建立人员管理、培训机制，或管理机制无法保证检查过程有具备资质的人员实施，且出现无资质人员实施检查的，检查过程评价为不合格； 2.建立人员管理、培训机制，但机制不够完善，能基本保证检查过程有具备资质的人员实施，未出现无资质人员实施检查的，检查过程评价为良好； 3.建立了培训需求分析机制，制订了适宜的培训且提供了充分、必要的培训，能充分保证检查过程有具备资质的人员实施，未出现无资质人员实施检查的，检查过程评价为优秀
		认证机构应针对的各个控制因素，对法律法规、专业技术标准的变化进行了识别、更新；如环境质量标准、农产品质量要求标准，以保证检查员或相关人员在进行环境评价、化学品审核、产品质量审核时使用	1.认证机构未针对认证过程中存在的“三废”和化学污染的风险的各个控制因素，搜集掌握相关法律法规，且检查人员亦无有效途径获得相关资料，评价为不合格； 2.认证机构未针对认证过程中存在的“三废”和化学污染的风险的各个控制因素，搜集掌握相关法律法规，但能保证检查人员有有效途径获得相关资料，评价为良好； 3.检查机构根据检查业务范围，掌握了认证过程中存在的“三废”和化学污染的风险的各个控制因素的相关法律法规，如认证产品消费地所要求植保产品、化肥的质量标准、购销、使用的法规，以及产品最大农残限量等质量相关标准，并随时能向检查员或审核提供，评价为优秀
	检查人员能力	应能根据检查任务制订合理可行的检查计划	1.未制定检查计划，或检查计划中检查分工不合理，检查计划与实际检查严重不符(如检查计划时间后于检查时间)，评价为不合格； 2.检查计划检查分工合理、能够保证审核过程对专业能力的要求，评价为良好； 3.检查计划中针对“三废”和化学污染风险的时间安排合理，评价为优秀

续表 3-3

项目	评价过程	符合性要求	评价标准
认证机构评价	检查人员能力	应能根据检查中可能存在的“三废”和化学污染风险，搜集掌握相关法律法规、标准等检查中所需的材料	1.实施检查人员未掌握相关法律法规、标准，并导致严重不符合或与相关法律法规、标准相背的判定，评价为不合格； 2.实施检查人员基本掌握相关法律法规、标准，能够保证审核过程对专业能力的要求，评价为良好； 3.实施检查人员掌握相关法律法规、标准；并进行了充分准备，审核分工合理，能够保证审核过程对专业能力的要求，评价为优秀
		应具备植保产品、肥料和环境污染物的基本识别判断知识	1.检查过程实施人员为非专业检查人员，不具备相关专业知识或接受过相关知识的培训，且未配备技术专家，检查过程评价为不合格； 2.实施检查人员，具备相关专业知识或接受过相关知识的培训，评价为良好； 3.实施检查人员为专业检查人员，或配备了相关技术专家，评价为优秀
检查过程评价	受检查方组织管理有效性检查过程	应根据 GAP 标准的要求，审核质量管理目标、方针、质量手册等质量管理文件，检查质量控制部门、生产控制部门、内部检查机构的设置情况和有管理者代表、技术人员、内部检查人员的配备情况，以及组织内审的实施和落实情况进行审核	1. 未审核，审核未覆盖标准所有相关控制点，或未发现其中存在严重不符合，直接评为不合格； 2. 进行了审核，检查发现判定适当，但未保留相关完善的证据，评价为良好； 3. 进行了审核，检查发现判定适当，对组织的守法证据获取充分，审核结论和审核发现一致，评价为优秀

续表 3-3

项目	评价过程	符合性要求	评价标准
检查过程评价	管理及技术人员意识和能力检查过程	应检查了管理者代表是否接受GAP相关知识培训、掌握GAP生产管理的过程和主要环节，是否掌握组织管理方针和目标，是否熟悉组织人事、部门组织管理规范，是否掌握组织规范管理的相关程序	1. 未审核，审核未覆盖标准所有相关控制点，或未发现其中存在的关键性不符合，审核结论与审核发现相矛盾，直接评为不合格； 2. 进行了审核，检查发现判定适当，但未保留相关完善的证据，审核结论和审核发现一致，评价为良好； 3. 进行了审核，检查发现判定适当，对组织的守法证据获取充分，审核结论和审核发现一致，评价为优秀
		应检查了植保员是否接受过相关GAP、植保相关知识培训或具有相关资质，是否熟悉掌握作物日常病虫害诊断能力，是否掌握产品消费地对植保产品限量要求，是否掌握日常病虫害防治方法，是否熟悉病虫害综合防治技术（IPM），是否掌握不同植保产品的特性及使用方法，并进行了适当的符合性判定	1. 未审核植保员资质、能力，或审核结论与审核发现相矛盾，直接评为不合格； 2. 进行了审核，检查发现判定适当，保留了基本的支持性证据，评价为良好； 3. 进行了审核，检查发现判定适当，对组织的守法证据获取充分，审核结论和审核发现一致，评价为优秀
		应检查了农技人员是否掌握作物生长周期及管理技术，是否接受过相关GAP、作物规范种植知识培训或具有相关资质，是否掌握作物需肥规律施肥技术，是否掌握土壤营养情况，是否掌握肥料的特性及潜在的风险，并进行了适当的符合性判定	1. 未审核，审核未覆盖标准所有相关控制点，或未发现其中存在的违禁植保产品，直接评为不合格； 2. 进行了审核，检查发现判定适当，但未保留相关完善的证据，评价为良好； 3. 进行了审核，检查发现判定适当，对组织的守法证据获取充分，审核结论和审核发现一致，评价为优秀

续表 3-3

项目	评价过程	符合性要求	评价标准
检查过程评价	管理及技术人员意识和能力检查过程	应检查了操作人员是否接受过 GAP 相关知识的培训，是否经过相关种植技能培训，是否接受了相关卫生知识培训，是否接受了作业过程中紧急情况和事故处理的培训，是否掌握了以上培训知识并能在实际生产中进行应用，并依据 GAP 做出了适当的判定	1. 未审核，审核未覆盖标准所有相关控制点，或未发现其中存在的违禁植保产品，直接评为不合格； 2. 进行了审核，检查发现判定适当，但未保留相关完善的证据，评价为良好； 3. 进行了审核，检查发现判定适当，对组织的守法证据获取充分，审核结论和审核发现一致，评价为优秀
		应检查了 GAP 负责人是否掌握 GAP 生产的要求和管理方法以满足组织 GAP 生产管理体系的建立和运行，是否掌握各部门职责和部门间衔接方式，是否掌握组织质量环境及 GAP 管理体系运行及审核情况，并依据 GAP 做出了适当的判定	1. 未审核，审核未覆盖标准所有相关控制点，或未发现其中存在的违禁植保产品，直接评为不合格； 2. 进行了审核，检查发现判定适当，但未保留相关完善的证据，评价为良好； 3. 进行了审核，检查发现判定适当，对组织的守法证据获取充分，审核结论和审核发现一致，评价为优秀
	产地环境条件检查过程	应检查了基地环境评估报告、相应的检测报告，检测报告至少包括土壤、空气、灌溉水相关质量因子的检测，并根据相关的标准（如无公害产品产地环境质量标准）对检测结果进行了分析判定，对基地周边地块、环境进行了现场检查，对周边企业、居民区、垃圾场等高风险场所进行核实，并依据 GAP 做出了适当的判定	1.未审核，审核未覆盖标准所有相关控制点，或未发现其中存在的严重不符合，直接评为不合格； 2.进行了审核，检查发现判定适当，但未保留相关完善的证据，评价为良好； 3.进行了审核，检查发现判定适当，对组织的守法证据获取充分，审核结论和审核发现一致，评价为优秀

续表 3-3

项目	评价过程	符合性要求	评价标准
检查过程评价	植保产品合法性	对植保产品种类、来源、采购渠道、供应方及相关记录、票据进行了审核，并根据标准控制点进行适当的符合性判定	1. 未审核，审核未覆盖标准所有相关控制点，或未发现其中存在的违禁植保产品，直接评为不合格； 2. 进行了审核，检查发现判定适当，但未保留相关完善的证据，评价为良好； 3. 进行了审核，检查发现判定适当，并对检查发现提供了完善的支持性证据，评价为优秀
	植保产品使用记录	对植保产品使用过程、使用方法、使用量、使用次数、安全间隔期、人员防护进行了审核，并根据标准控制点进行适当的符合性判定	1. 未审核，审核未覆盖标准所有相关控制点，或未发现其中存在的严重不符合，直接评为不合格； 2. 进行了审核，检查发现判定适当，但未保留相关完善的证据，评价为良好； 3. 详细审核了植保产品使用记录，并对检查发现提供了完善的支持性证据，评价为优秀
	植保产品容器处理	对植保产品容器处理的程序，处理记录，以及现场处理场所、处理人员、处理方法进行了审核，并根据相关法规和 GAP 标准的要求进行符合性判定	1. 未审核，审核未覆盖标准所有相关控制点，或审核结论与审核现场相矛盾，直接评为不合格； 2. 详细审核了植保产品容器处理的记录、现场，但未保留相关完善的证据，评价为良好； 3. 详细审核了植保产品容器处理的记录、现场，并对检查发现提供了完善的支持性证据，评价为优秀
	肥料来源和使用	应根据 GAP 标准的相关要求，检查/审核了肥料是否有合格来源，检查了肥料供应商的合法资质	1. 未对肥料来源进行审核，审核未覆盖标准所有相关控制点，或未发现其中存在的严重的不符合，直接评为不合格； 2. 进行了审核，检查发现判定适当，但未保留相关完善的证据，评价为良好； 3. 详细审核了肥料来源，并对检查发现提供了完善的支持性证据，评价为优秀

续表 3-3

项目	评价过程	符合性要求	评价标准
检查过程评价	肥料来源和使用	检查了根据土壤肥料分析、作物需肥规律科学施肥和改良土壤的情况，检查了自制的有机肥的使用情况，包括：是否有农家肥制作规程，是否有效执行了该规程，有机肥的处理、保管、运输和使用是否规范重点	1. 未审核，审核未覆盖标准所有相关控制点，或未发现其中存在的严重的不符合，直接评为不合格； 2. 进行了审核，检查发现判定适当，但未保留相关完善的证据，评价为良好； 3. 详细审核了植保产品使用记录，并对检查发现提供了完善的支持性证据，评价为优秀
		检查了是否使用了人粪尿、污水淤泥等存在重大化学污染的因素，并根据标准进行了适当的符合性判定	1. 未审核，审核未覆盖标准所有相关控制点，或未发现其中存在的严重的不符合，直接评为不合格； 2. 进行了审核，检查发现判定适当，但未保留相关完善的证据，评价为良好； 3. 详细审核了植保产品使用记录，并对检查发现提供了完善的支持性证据，评价为优秀
	采后处理	检查员应对产品采收及采后处理过程中存在的“三废”和化学污染风险，如采收后清洗水的水质、清洁剂的化学成分、包装材料的成分等进行了全面的分析，并根据标准对这些风险的相关控制点进行了重点审核和取证，对相关参数的相关规定做出符合性的判定，并保留了相关支持性证据	1. 未审核，审核未覆盖标准所有相关控制点，或未发现其中存在的违禁化学品，直接评为不合格； 2. 进行了审核，检查发现判定适当，但未保留相关完善的证据，评价为良好； 3. 详细审核了采后处理过程中的相关记录、现场情况，并对检查发现提供了完善的支持性证据，评价为优秀

续表 3-3

项目	评价过程	符合性要求	评价标准
检查过程评价	生产资料储存管理	应当搜集并掌握了国家或认证产品消费地关于植保产品、肥料等生产资料储存管理的法律法规，并根据相关规定，对受检查方的生产资料储存场所、管理记录，做出了符合性的判定，并保留了相关支持性证据（如现场照片、记录文件）	1.未审核，审核未覆盖标准所有相关控制点，或未发现其中存在的严重不符合，直接评为不合格； 2.进行了审核，检查发现判定适当，但未保留相关完善的证据，评价为良好； 3.详细审核了植保产品使用记录，并对检查发现提供了完善的支持性证据，评价为优秀
	产品抽样及农残分析检测	应当搜集并掌握了国家或认证产品消费地关于产品抽样的要求，产品农药最大残留量的标准，使用要求的相关参数，对受检查方的产品抽样程序、农残检测数据进行分析，做出了符合性的判定，并保留了相关支持性证据（如检查报告、相关农残标准）	1.未审核，审核未覆盖标准所有相关控制点，或未发现其中存在的严重不符合，直接评为不合格； 2.进行了审核，检查发现判定适当，但未保留相关完善的证据，评价为良好； 3.详细审核了认证产品抽样检测及农残分析过程，并对检查发现提供了完善的支持性证据，评价为优秀

第三节 畜禽产品良好农业规范认证风险分析

根据《良好农业规范实施规则》(CNCA-N-004:2007)附件中"农业生产经营者"的定义,是指代表农场的自然人或法人,并对农场出售的产品负法律责任,如农户、农业企业。同时,根据第一章中"小农经济状况下"的小农户的定义,本书中所阐述的"农业生产经营者"是指小农经济状况下的个体农户、小规模家庭农场。

由于个体农户或小规模家庭农场受到经济因素、养殖技术、养殖模式、人员素质、管理方式等资源因素的限制,在实施 GB/T 20014《良好农业规范》和申请良好农业规范认证时,与规模化的农场相比,有其相对较大的认证风险,主要表现在以下几方面。

一、经济因素导致的认证风险

目前,我国的小农户的养殖方式仍然以单个家庭养殖为主,养殖规模和经济投入相对较小,且小农户养殖产品很少直接进入市场,主要以向当地的行业协会、中介组织、屠宰企业供应养殖产品。因此,养殖效益相对较差,抵御市场风险能力较弱。

在实施 GB/T 20014《良好农业规范》和申请良好农业规范认证的启动时期,由于用于养殖环境、设施设备、员工福利等方面的改善,以及养殖用水和产品药物残留检测等方面投入相对较大,小农户的经济实力很难保证能持续按照 GB/T 20014《良好农业规范》和良好农业规范认证的要求持续实施、改进。

为了追求经济效益,在日常饲养管理过程中,小农户有可能会降低管理成本,从而很难保证内部质量控制体系的维持和有效实施,增大了生产出有潜在不安全产品的可能,增加了认证机构的认证风险。而一味追求经济效益,必然会导致发生诸多食品安全事件,近年我国屡禁不止的"瘦肉精"事件,则是小农户养殖行业所发生的食品安全事件的有力佐证。

小农户在申请良好农业规范认证时,由于在认证实施和运行的前期,环境、生产场所、设施设备和员工居住条件等改造需要投入较多的成本。因此,如何确保认证实施体系的有效运行,小农户应有固定的、可行的经济风险评估或投入预算。认证机构在受理其评估或现场检查时,应进行风险评估和风险控制,必要时进行初访或预检查,以有效规避认证风险。

政府或项目资金的支持、采购方的资金预付或其他产业的预期收入等均可作为小农户经济效益评估的输入，从而确保良好农业规范认证实施体系的有效性、持续性。

二、养殖技术导致的认证风险

由于“家庭式”养殖模式，导致了小农户养殖技术相对较低，很难及时掌握科学的养殖技术和饲养管理方法，从而很难保证疾病和疫情的综合预防和控制，畜禽很容易发生疾病和疫情。因此，小农户养殖往往成为我国大规模、疫情集中暴发的“导火线”。在发生疾病和疫情时，小农户很少能立即无害化处理畜禽，而通常会通过使用抗生素类药物进行治疗，导致增加或不规范使用抗生素，最终导致产品药物残留超标。

小农户的养殖技术水平的高低，直接影响到养殖产品的疾病和疫情的控制，最终影响到养殖产品的质量和安全。小农户应能及时、有效地掌握成熟的养殖技术、疾病防治、疫情防控等方面的要求，主要包括以下几方面。

(1)猪蓝耳病、鸡禽流感等规定疫情、疫病的识别、防控等技术。

(2)畜禽不同阶段的营养需求，如种公猪、怀孕母猪、断奶仔猪、生产肥育猪等不同的营养需求。

(3)饲料配制方法。饲料原料、添加剂、预混合饲料、浓缩饲料的选择和全价饲料的配制等。

(4)科学的免疫制度和方法。根据养殖对象和养殖环境，制定科学的免疫制度，掌握常用的免疫和注射方法。

(5)兽药、疫苗的选择和评估。掌握兽药、疫苗的选择和评估方法，科学合理的使用兽药、疫苗，掌握确定兽药安全间隔期的方法。

虽然，近年我国各地动物防疫监督机构、行业协会或专业化合作组织、相关企业(如饲料厂、兽药厂等)加大了对农户养殖技术的培训力度。但是，由于受到农户知识水平和对新技术的接受能力的限制，严重影响了农户对新技术和饲养方法的掌握和应用。

三、养殖模式导致的认证风险

小农户养殖模式的规模相对较小，养殖场所较为分散，且靠近村庄、甚至和小农户的房屋直接相连。小农户的养殖模式不利于疫情和疾病的控制，且人员出入较为频繁，加大了疾病暴发的概率。近年来，养殖小区在我国政府和行业协会的积极推广和支持下，在各地也迅速发展起来。虽然农户所养殖的产品集中在养殖小区中进行，但由于养殖种类、养殖阶段、人员进出、集体防疫、畜禽粪便等很难实施统一管理或处理，在养殖模式上仍有很多问题需要解决。

小农户应根据养殖模式和管理方式的现状和特点，制定确定可行、有效的管理制度，如防疫消毒、人员出入、养殖方式、疾病控制等基本的制度。小农户的养殖模式应便于防疫、疾病控制、畜禽粪便的处理。

因此，单个小农户的养殖模式便不利于畜禽养殖，会潜在增加养殖风险控制和养殖成本，从而导致较大的认证风险。

四、人员素质导致的认证风险

小农户的综合素质和文化水平相对较低，甚至无法胜任良好农业规范认证体系文件编写和实施记录的工作。由于《良好农业规范认证实施规则》和 GB/T 20014《良好农业规范》对相关人员（如内部检查员、兽医、急救人员等）提出了较为明确和较高的要求，家庭式的小农户很难满足认证规则的要求。另外，小农户也无法制订人员教育培训和能力建设计划，以保证学习和掌握最新、最佳饲养管理方式的能力。

小农户在申请良好农业规范认证时，相关人员应熟悉、掌握认证规则的要求，并应具备以下相关人员。

1. 内部检查员

内部检查员应至少具有 2 名，内部检查员应具有独立性和公正性，而且内部检查员应当具备相应的教育经历、工作经历、检查员培训。

（1）教育经历。

内部检查员应具备国家承认的相应专业的中等专业学校以上（含中等专业学校）学历或同等学历。

注：当不具备上述学历资格时，认证机构应对各模块的内部检查员的能力进行评价，该评价可通过面谈或实地验证的方式，以确认其满足在各自模块具有至少 5 年的工作经历和实践经验，理解检查活动重要性，完成相关技术规范的培训。

（2）工作经历。

①应具有至少 1 年全日制（或累计相当于 1 年全日制的兼职）工作经历。

②具有至少 3 年与养殖相关的工作经历。

(3)检查员培训。

①完成至少 1 d 的检查原理方面的知识业务培训和 2 d 的质量管理体系知识培训。

②专门技能培训可作为内部检查员培训的一部分，也可是独立的培训，专门技能培训的内容主要有：HACCP 原理知识；农产品和食品质量安全卫生知识；GB/T 20014《良好农业规范》相关标准；兽药基础、饲养管理、动物防疫和动物福利等内容(适用于畜禽类的检查员)。

(4)通用要求。

①具备使用工作语言口头和书面沟通交流的能力，包括在检查中使用恰当的专业用语。

②坚持检查/审核的独立性、客观性。

③内部检查员之间要做见证检查或审核，并保留记录。

④内部检查员要形成清单并交认证机构在审核和检查时验证。

2. 官方兽医或兽医专家

动物防疫监督机构、各地出入境检验检疫局或高等院校、科研机构的官方兽医或兽医专家应定期对小农户进行检查。小农户应保存官方兽医到访的相关凭证，主要包括以下几方面。

(1)官方兽医或兽医专家的相关资质材料，如毕业证、学位证、职称证书等。

(2)官方兽医入场检查、抽样记录。

(3)小农户参加行政管理机构的技术培训的相关会议通知、培训资料或培训证书等。

(4)高等院校、科研机构的兽医专家/顾问到场技术培训、相关财务凭据等。

同时，小农户应及时根据官方兽医或兽医专家的建议或意见，完善养殖管理和饲养技术，并修改相关管理制度等。

3. 内部兽医或技术人员

小农户内部的兽医或技术人员也应具备相应的资质，主要包括以下几方面。

(1)熟悉畜禽养殖模式、养殖要求、疾病和疫情控制等。

(2)内部兽医或技术人员作为小农户的内部质量控制的关键人员，应掌握我国和产品消费地的法律法规、标准、规范和最高药物残留限量的要求。

(3)掌握员工福利和职业健康的要求，如人畜共患病的防控等。

(4)掌握动物福利、健康、安全要求，如畜禽应激、饲养环境和管理方式的改善等。

4. 员工健康安全福利负责人

小农户应以书面文件形式指定一名员工作为负责养殖场的员工健康安全福利负责人，该负责人应为员工提供以下与工作有关的物品。

(1)满足工作和生产所需要的生活和工作场所、环境和设施。

(2)与养殖活动相关的工作服、防护服。

(3)急救箱和必备的药品，如治疗感冒、腹泻、中暑、止痛、胃病等药物和杀菌、消毒、简单包扎的材料。

5. 急救人员

GB/T 20014《良好农业规范》对员工福利、安全和健康提出了明确要求，规定：在养殖现场，应有接受过急救培训的急救人员确保员工福利和突发事件的处理。

急救人员应参加医疗、疾控等公共卫生管理部门组织的急救培训，培训的内容应包括以下几方面。

(1)紧急情况和突发事件的处理，如中暑、中毒、急性疾病等。

(2)人畜共患病的防治。

(3)公共卫生安全事件的汇报等。

如小农户没有参加急救培训的人员，认证机构应对小农户指定的人员进行相关技能和知识的现场考核和评估，以判断其对相关要求的掌握和应用情况。

同时，由于小农户的人员数量相对较少，无法满足认证规则所要求的相关人员，无法保证内部质量控制体系的有效运行和实施，很难通过内部质量控制体系确保产品质量和安全。

五、管理方式导致的认证风险

小农户的养殖现状，注定其"事必躬亲"，小农户除了从事畜禽养殖，还通常要从事农作物种植、销售、运输等相关工作。因此，松散式的管理方式和养殖方法，必然降低养殖效益和增加养殖风险。而良好农业规范认证规则所要求的系统管理和实施记录，则无法得到维持。

综上所述，小农户在实施良好农业规范认证时，其带来的认证成本、风险控制和风险管理难度都相对较高。认证机构在评估小农户申请良好农业规范认证时，也必将对其实施更为严格的评估和现场风险控制。

第四节 畜禽产品小农户实施GAP操作性文件和记录的评价要求

一、GB/T 20014《良好农业规范》对操作性文件和记录的要求

(一)操作性文件的要求

小农户在申请良好农业规范认证时,虽然没有要求编制《质量管理手册》及其程序文件,但GB/T 20014《良好农业规范》相关标准中对操作规程等操作性文件做出了具体要求,如生猪养殖(表3-4)。

表3-4 生猪养殖所需的操作性文件清单

序号	操作性文件名称	文件要求
1	农场管理计划	1.农场环境要求;2.环境卫生管理;3.动物福利方面的要求
2	员工健康安全方针	1.事故报告程序;2.急救箱、事故和危险事件防护手册的放置地点;3.员工培训要求;4.安全装备和防护服;5.减少员工暴露于尘埃、噪声、有害气体和其他危险因素的防护措施;6.事故和危险事件发生时应向谁报告;7.如何并在哪里联系当地医生和医院及其他的急救机构
3	员工卫生操作规程	1.手的卫生要求;2.皮肤伤口的包扎;3.设有吸烟、饮食的区域;4.传染病的报告制度;5.防护服的使用
4	农场废弃物(垃圾和排泄物)管理计划	1.潜在污染源应进行识别;2.垃圾和废弃物的处理和运输
5	野生动植物保护管理计划	1.当地野生动植物资源调查及汇总;2.保护计划或措施
6	有害生物控制措施	1.养殖区域内有害生物种类;2.有害生物控制措施;3.有害生物控制措施效果的评估
7	来访人员参观须知	1.来访人员、车辆处理规定;2.参观要求
8	设施设备维护保养操作规程	1.设施设备清单;2.维护保养记录;3.校准方案

续表 3-4

序号	操作性文件名称	文件要求
9	兽医健康计划	1.疾病预防措施(包括培训计划);2.主要疾病的症状;3.常见问题的处理措施;4.使用的免疫程序;5.使用的寄生虫控制措施;6.对饲料和水进行药物处理的要求;7.猪群生产性能、猪群所处的环境、生物安全、员工素质和培训计划
10	断针处理程序	1.断针原因分析;2.断针处理;3.断针标识
11	人畜共患病病原体的监测和净化计划	1.共患病种类;2.监测频次和方法
12	免疫计划	1.免疫程序;2.疫苗的管理;3.注射要求;4.免疫记录
13	药物残留监控计划	1.监控方法;2.不合格品处理;3.禁/限用药物检测流程
14	紧急情况处理措施	1.紧急情况分类;2.处理措施;3.张贴相关处理措施
15	病死猪的无害化处理措施	1.病死猪的处理方式;2.清洗消毒
16	疾病治疗用药管理操作规程	1.药物清单;2.疾病诊治;3.治疗效果的评估
17	饲养管理操作规程	1.饲养计划;2.饲养管理方法;3.饲养要求
18	饲料生产管理操作规程	1.饲料加工;2.饲料原料的选择;3.饲料
19	饲料配方管理操作规程	1.饲料配方的制定;2.配方的保存
20	引种管理操作规程	1.引种的条件;2.供应商的考评;3.引种后的隔离、检疫
21	种公猪管理操作规程	1.种公猪的饲养管理;2.采精;3.精液质量的检测
22	种母猪管理操作规程	1.种母猪的饲养管理;2.配种;3.妊娠;4.分娩与哺乳
23	仔猪管理操作规程	1.仔猪的饲养管理;2.断奶;3.转群
24	标识和溯源管理操作规程	1.饲料标识;2.病猪标识;3.畜舍的标识;4.免疫耳标的管理
25	投入品防护管理操作规程	1.饲料原料;2.疫苗;3.兽药;4.消毒产品等投入品质量管理

(二)记录的要求

畜禽养殖产品的记录见表3-5。

表3-5 生猪GAP记录清单

序号	记录名称	记录内容
1	《水质监测记录》	
2	《环境卫生清扫/检查录》	
3	《设备购置审批表》	
4	《设备运行记录》	
5	《设备报废申请单》	
6	《设施设备维护计划》	
7	《设施设备维修联系单》	
8	《引种计划》	
9	《种猪场考察评定记录表》	
10	《消毒记录》	
11	《引进种猪隔离检疫记录》	
12	《免疫计划表》	
13	《疫苗领取/检查单》	
14	《免疫记录》	
15	《疾病监测结果登记表》	
16	《捕鼠器投放结果记录》	
17	《卫生评审表》	
18	《处方》	
19	《用药记录》	
20	《饲料配方》	
21	《饲料药物添加剂使用记录》	
22	《废弃物处理记录》	
23	《饲料领用单》	
24	《饲养(转群)记录》	

续表 3-5

序号	记录名称	记录内容
25	《饲养(转群)记录》	
26	《配种(采精)记录》	
27	《精液检查记录》	
28	《饲养(转群)记录》	
29	《配种(采精)记录》	
30	《妊娠记录》	
31	《分娩哺乳记录》	
32	《饲养(转群)记录》	
33	《产品标识卡》	
34	《猪合格单》	
35	《验收合格单》	
36	《出入库管理台账》	
37	《产品标识卡》	
38	《废弃物处理记录》	
39	《防护服使用记录》	

二、操作性文件的评价

检查员在实施现场检查时，应对申请人的程序文件、操作规程、计划、方针等操作性文件的有效性进行评价，评价应包括但不限于以下几方面。

(1)建立、实施和保持文件控制程序。

(2)相关文件发布前得到批准，以确保文件的充分性与适宜性。

(3)必要时对相关文件进行评审与更新，并再次批准。

(4)确保相关文件的更改和现行修订状态得到识别。

(5)确保在使用处获得适用文件的有关版本。

(6)确保文件保持清晰、易于识别。

(7)确保相关的外来文件得到识别、并控制其分发。

(8)防止作废文件的非预期使用，若因任何原因而保留作废文件时，应确保对这些文件进行适当的标识。

三、记录的评价

检查员对记录的评价应包括但不限于以下几方面。

(1)应建立、实施记录控制程序,规定记录的标志、贮存、保护、检索、保存期限和处理,并保持记录。

(2)记录应保持清晰、易于识别和检索。

(3)记录与产品生产过程及产品追溯体系的要求相符合。

四、内部质量控制体系的评价

(一)内部质量控制体系

小农经济状况下的组织在建立、实施和保持 GAP 管理体系活动过程中,由于是由多个小农户或小农户组织组合在一起的生产模式,其核心的管理机构及人员组成是至关重要的,不仅担负着整个组织的行政管理工作,更重要的是负责组织内所有成员的注册、基地管理、质量控制及技术指导工作。因此,小农经济状况下的组织应建立完善的内部质量控制机构,以负责 GAP 管理体系的开发、建立、保持、评审和更新。

内部质量控制机构可以"GAP 管理体系小组"、"GAP 管理体系推进办公室"等组织形式开展相关工作,其成员应由来自组织的管理层、质量控制部门、基地及小农户组成,成员应在 GAP 管理体系范围内对产品的生产具有基本的理论知识、生产实践经验,熟悉产品的有关法律法规、标准、GAP 认证规则等,并与外部专家、技术人员或技术支撑单位有良好的沟通渠道。

内部质量控制机构应指定一名 GAP 管理体系管理者代表,并明确其职责和权限,并在组织内进行沟通,以确保 GAP 管理体系有效运行和保持,其具有以下几方面的职责。

(1)管理内部质量控制机构(如 GAP 管理体系小组),并组织其工作。

(2)确保内部质量控制机构成员的相关培训和教育。

(3)确保建立、实施、保持和更新 GAP 管理体系。

(4)向组织的最高管理者报告 GAP 管理体系的有效性和适应性。

(5)与 GAP 管理体系有关事宜的外部联络工作。

(二)内部质量控制的方法

内部质量控制机构对 GAP 管理体系的质量控制应反映在行政管理、管理体系的实施和验证、内部审核等活动中,方法主要有以下几方面。

1. 关键控制点和关键控制措施的确认或验证

应按照 GB/T 20014《良好农业规范》所规定的关键控制点及其控制措施，并对关键控制点及其控制措施的实施情况进行确认或验证，以证实关键控制点处于受控状态。

畜禽养殖过程中的关键控制点主要有以下几方面。

(1)引种及其隔离、检疫。

(2)免疫计划及其实施。

(3)疾病的综合防治及其措施。

(4)药物残留监控程序。

(5)有害生物控制措施。

(6)无害化处理措施。

2. 内部审核

内部质量控制机构应按照《良好农业规范认证实施规则》(CNCA-N-004：2007)的要求，应按照规定的时间间隔进行内部审核，以确定 GAP 管理体系是否符合 GAP 管理体系的安排、组织所建立的 GAP 管理体系的要求；是否得到有效实施和更新。

内部审核应考虑拟审核过程和区域的状况和重要性，以及以往审核产生的更新的措施。应规定内部审核的准则、范围、频次和方法。内部审核员的选择和审核的实施应确保审核过程的客观性和公正性。内部审核员不应审核自己的工作。

应在内部审核程序中规定内部审核方案、实施审核、报告内部审核结果和保持内部审核记录的职责和要求。

负责受审核区域的管理者应确保及时采取措施，以消除所发现的不符合情况及原因。

3. 不符合控制

当产品生产过程中活动超出关键控制点或关键控制措施时，组织应对产品进行评价并考虑不符合原因或由此所造成的对食品安全产生的后果，除非组织能确保如下情况，否则应采取措施处置所有不合格产品，以防止不合格产品进入食品链。

(1)相关的食品安全危害已降至规定的可接受水平。

(2)相关的食品安全危害在进入食品链前降至确定的可接受水平。

(3)尽管不符合，但产品仍能满足相关规定的食品安全危害的可接受水平。

评价后，当产品仍为不合格产品时，应按照如下方式之一进行处理。

(1)在组织内或组织外进一步处理，以确保食品安全危害降至可接受水平。

(2)销毁或按照废物进行无害化处理。

如果不合格产品已进入市场，管理者代表应启动产品召回程序，并记录产品召回的原因、范围和结果，并向最高管理者报告。

(三)内部质量控制效果评价

内部质量控制机构应系统地评价 GAP 管理体系及其实施的每个结果，当现场验证不符合 GAP 管理体系的要求时，组织应采取措施达到规定的要求。该措施应包括但不限于以下几方面。

(1)现有的管理程序和管理方式。

(2)产品检测、已建立的操作性文件。

(3)技术培训的有效性。

内部质量控制机构应分析现场验证的结果，包括内部审核和外部审核的结果，应进行分析以便达到如下目的。

(1)证实 GAP 管理体系的运行符合 GAP 认证规则的要求。

(2)识别 GAP 管理体系改进或更新的需求。

(3)识别潜在的食品安全风险。

(4)提供证据证明已采取纠正和纠正措施的有效性。

五、畜禽产品良好农业规范标准符合性的评价

(一)场址选择

畜禽养殖场址选择应考虑但不限于以下几方面的因素。

(1)畜禽养殖场应建在地势高燥、采光充足、排水良好和隔离条件好的区域。

(2)场地水质良好、水源充足，无有害气体、烟雾、灰尘及其他污染。

(3)养殖场周围 3 km 无大型化工厂、矿厂、皮革厂、肉品加工、屠宰或其他畜牧污染源。

(4)养殖场所距离干线公路、铁路、城镇、学校、居民区和公共场所 1 km 以上。

(5)养殖场所周围有围墙或防疫沟，并建立绿化隔离带。

禁止在下列区域内建设猪场和养殖小区。

(1)生活饮用水水源保护区、风景名胜区、自然保护区的核心区及缓冲区。

(2)城市和城镇居民区、文教科研区、医疗区、集市等人口集中区。

(3)县级人民政府依法规定的禁养区域。

(4)国家或地方法律、法规规定需特殊保护的其他区域。

(二)建筑布局

养殖场所的建筑布局应考虑但不限于以下几方面。

(1)畜禽养殖场建筑整体布局应便于防火和防疫。

(2)畜禽养殖场内分设生活管理区、生产区及粪污处理区,生产区和生活管理区相对隔离,生产区应在生活区的常年主导风向的下风向。

(3)猪舍建筑布局符合卫生要求和饲养工艺的要求,应具备良好的防鼠、防蚊蝇、防虫和防鸟设施。

(4)应建有消毒室、兽医室、隔离舍。隔离舍应设在猪舍的下风向处。

(5)粪便污水处理设施和畜禽尸体焚烧炉应设在畜禽养殖场的生产区、生活管理区的常年主导风向的下风向或侧风向处。

(6)畜禽养殖场内净道与污道应分开,互不交叉,实施“全进全出”饲养工艺。

(7)畜舍应保温隔热,地面和墙壁应便于清洗,并能耐酸、碱等消毒药清洗消毒。

(8)养殖场应设有废弃物储存设施,防止渗漏、溢流、恶臭对周围环境造成污染。

(三)消毒设施

养殖场所的消毒设施应考虑但不限于以下方面。

(1)在养殖场有相应设施对车辆进行清洗消毒。

(2)在更衣室设有紫外线消毒设施并安装合理。

(3)生产区门口设有更衣室、淋浴室,设施良好。

(4)生产区门口设有消毒池、人员进出洗手消毒设施。

(5)猪舍入口处设有消毒池或设置消毒盆。

(6)定期对场内及畜舍进行环境消毒,宜用石灰实施全场消毒净化。

(四)有害生物控制

养殖场的有害生物控制措施应做到以下几方面。

(1)所有与畜禽接触的设备和建筑物所有出入品应有适当保护,如挡鼠板、纱窗等,尽可能防止啮齿动物和鸟类进入。

(2)若使用诱饵控制有害生物时,应绘制诱饵方位图,并在诱饵放置现场设有警示标识。

(3)应对有害生物控制效果进行评价,并采取措施和保持检查记录。

(五)饲料和饮水

1. 饲料

(1)自配饲料。组织自配饲料时,应至少符合以下几方面的要求。

①应对饲料原料供应商评价,并保存饲料原料供应商营业执照、生产许可证件、饲料原料标签(如有)、产品检测报告等资格证明文件。

②应记录饲料原料的类型、数量、交付日期、供应商名称等信息。

③购买的动物源性饲料应获得动物源性饲料产品生产企业安全卫生合格证,并在反刍动物中禁止使用动物源性蛋白质。

④饲料配方设计人员应具备相关资格,如毕业证、学位证、培训证明等文件。

⑤若饲料配方设计人员没有相关证明(如毕业证、学位证等),应能提供由有资质的人员对其进行评价的证明资料,评价内容应至少包括:法律法规、动物营养、饲料原料、饲养标准、疾病控制、动物保健等方面基础知识的掌握及应用情况。

⑥自配饲料的成分含量记录和样品应至少保存 6 个月,保存环境符合饲料产品的贮存要求。

⑦对加药饲料,应有药物残留处理程序,且在饲料包装、贮存、使用场所能有效识别加药饲料,如使用不同颜色的包装袋、专用仓库或区域、专用饲养时期及对象等。

⑧对于出口产品,所使用的预混料、添加剂、兽药等投入品应获得出入境检验检疫局的批准或备案,现场索取备案证明材料。

⑨自配饲料不能直接添加兽药和其他禁用药品,通过现场检查其仓库、配方等核实所使用的动物保健药物及添加剂等投入品。

⑩定期对自制配合饲料进行检测,以符合饲养标准,每半年至少送外部有资质的检测机构进行一次型式检验。

⑪应有保证饲料系统定期清洁的程序。

⑫饲料原料及配合饲料的贮存场所符合饲料产品的贮存要求。

(2)外购饲料。外购饲料应符合以下方面的要求。

①供应商提供的饲料与其所具备的生产许可资格相一致。

②提供饲料配方、投入品清单及产品检测报告,以确保符合饲养标准和产品标准要求。

③供应商提供不使用禁用药品和私自添加药品的承诺或声明。

④生产出口产品的企业应要求供应商提供在各地出入境检验检疫局登记或备案的证明文件。

⑤饲料原料及配合饲料的贮存场所符合饲料产品的贮存要求。

(3)现场评价。检查员在现场检查时，应通过以下活动进行符合性评价。

①供应商清单及其资格证明性文件。

②饲料原料购买记录及饲料原料标签。

③饲料原料或配合饲料产品检测报告。

④饲料贮存、加工、使用场所的有害生物控制措施。

⑤饲料标识及加药饲料的警示标识。

⑥饲料运输及周转车辆的清洗、消毒措施。

⑦各类饲料应分开贮藏，并清晰标识(如不同颜色的包装袋)，储存方式应能防止饲料变质和交叉污染。

⑧重复使用的饲料包装物的清洗消毒措施。

2.饮水

饮水管理及要求应符合以下几方面的要求。

(1)每年至少按 GB 5749 进行一次水质检测。

(2)供水管线应布局合理，饮水设施应坚固不渗透。

(3)贮水池的容量应与养殖规模相符合。

(六)兽药及疫苗使用

兽药的使用是畜禽养殖产品安全质量控制的关键环节，而疫苗则是养殖场进行疾病预防的有力措施，小农户组织应通过以下控制过程进行兽药及疫苗的选择、保存、使用。

1.兽药和疫苗的选择

小农户组织应委派有资格的人员负责兽药和疫苗的选择，包括供应商的选择、评价和控制，并通过定期对畜禽生产性能和经济效益进行分析，对兽药和疫苗的质量进行评估，并每季度形成所使用的药物清单。兽药和疫苗的选择应关注以下几方面的要求。

(1)应委派有资格的人员负责兽药和疫苗的选择，提供《合格供应商清单》、药品清单。

(2)从有资质的供应商中选择规模较大、信誉较好的企业，信誉的评估可参照行政管理部门的评价、该产品在行业内的影响、以前使用情况或其他企业的使用情况。

(3)购买的兽药应符合我国及产品消费地的法律法规、饲养标准、合同约定等文件的规定要求。

(4)疫苗的选择应参考农业管理部门的要求。

(5)评估兽药时应识别其有效化学成分、有效含量、休药期、注意事项等。

(6)禁止使用人用药品。

2. 兽药和疫苗的保存

兽药和疫苗的保存应关注以下几方面。

(1)应委派有资格的人员负责兽药和疫苗的保存,储存场所上锁。

(2)储存场所张贴相关法律法规、禁限用药物清单、人员出入要求等。

(3)储存场所应配备温湿度计、冰箱、防火器具等设施、设备。

(4)按照药品的用途进行分类存放(如消毒类、抗生素类、杀虫类等),应摆放整齐,存放在原包装内。

(5)药品分层摆放时,固体或粉状药品应放在上面,液体药品应放在下面。

(6)药品柜应使用耐腐蚀、防火的材料。

(7)储存场所应保持空气流通。

(8)保管人员应建立统一的出入台账。

3. 兽药和疫苗的使用

兽药和疫苗的使用应关注以下几方面。

(1)应由有资质的人员负责兽药和疫苗的使用,并通过处方对药品的使用进行控制。

(2)处方内容应包括:畜禽栏舍号(或耳号)、药品名称、症状、使用天数、每天使用次数、休药期等。

(3)饲养员应按照处方规定领取、使用药品,并及时填写使用记录。

(4)饲养员应记录治疗疗程内所有的药品使用情况,而不是仅记录第一次的使用情况。

(5)药品的安全间隔期符合规定要求。

(6)应对使用后的药品(袋)进行统一回收处理,处理方式不得损害环境。

4. 现场评价

检查员现场重点关注以下几方面的内容。

(1)负责兽药和疫苗的选择、保存、使用人员的相关资格证明材料。

(2)检查供应商相关证明材料。

(3)现场查看兽药和疫苗的储存场所条件。

(4)是否张贴允许使用、禁止使用和限用药物清单。

(5)兽药和疫苗的使用记录是否与其标签所规定的一致。

(6)休药期是否符合要求。

(7)废弃物处理方式是否符合法规、标准的要求。

(七)引种

1.种畜的引进

养殖场根据养殖计划、养殖规模、产品市场销售情况制定每年种畜引种计划，并做到以下要求。

(1)引进的种畜一般应来自内部的祖代场等繁殖场。

(2)养殖场有远离养殖区域的隔离、检疫场，或委托有资质的隔离、检疫场所进行引种隔离、检疫，隔离时间不得少于 15 d。

(3)所有引入的种畜应来自有资质的种畜禽繁育场，而不得来自拍卖市场。

(4)引入的种畜应有免疫耳标、健全的免疫档案，并检测法定疾病的免疫抗体效价，种畜免疫效果不符合要求的，进行追加免疫。

(5)保存引种种畜的来源、品种、途径、数量、检疫证、非疫区证明和车辆消毒证明等记录。

2.幼畜的引进

为加强防疫和实施“全进全出”的饲养管理方式，一些养殖场所或小农户实施外购幼畜的养殖模式，应重点关注以下几方面。

(1)同一养殖畜舍或养殖场的幼畜应来自同一供应商，以利于疾病防控和防疫。

(2)引进幼畜时，应检查免疫耳标、免疫档案等记录是否齐全、有效。

(3)幼畜引进后，要集中隔离、观察后再按照正常生产管理方式进行管理。

(八)药物残留监控

1.养殖场的药物残留监控措施

养殖场所的药物残留监控是确保畜禽产品质量安全的重要措施，作为食品安全的源头，养殖场所应重点做好以下几方面的工作。

(1)根据产品消费地相关法律法规、标准及客户合同约定，列出外来文件清单及技术要求。

(2)根据畜禽养殖特点，坚持“预防为主、防大于治”的原则，做好疾病防控工作，制定符合养殖场实际的免疫计划、疾病防控措施。

(3)投入品(如兽药、疫苗、消毒剂、杀虫剂等)应做到规范化、标准化，优先选择低残留、低抗药性的药物，按照投入品使用的规定要求执行严格的安全间隔期。

(4)定期按照相关要求，实施药物残留监控程序，通过快速检测、定性检测等方法，随机抽取样品，进行药物残留检测。

(5)积极参加国家药物残留监控计划和疾病净化计划。

2.现场评估要求

检查组现场检查时应以现场检查仓库、记录、人员能力等客观事实，结合药物残留检测结果，评估养殖场的药物残留监控的有效性，主要包括以下几方面。

(1)投入品储存仓库是否有出入库台账。

(2)药品的储存场所是否规范、整齐，无过期或人用药品。

(3)样品是否按照兽医处方、技术人员的要求使用。

(4)使用记录是否符合规定要求。

(5)安全间隔期是否符合规定要求，特别是同一药物连续使用时，是否记录最后一次用药时间。

(6)药物残留检测报告的检测项目是否包括了主要的投入品。

(7)药物残留检测结果是否符合产品消费地的法律法规、标准、合同约定等规定要求。

(九)无害化处理

养殖场所的无害化处理主要包括畜禽排泄物、病死畜禽、生产生活垃圾等，以上物质的无害化处理应按照产品消费地的法律法规、标准的要求执行。

畜禽排泄物的无害化处理遵循减量化、无害化、资源化和综合利用的原则，可根据养殖场所当地实际情况采取微生物发酵或沼气发酵、“零排放”等综合利用措施。养殖场应有足够的消纳畜禽排泄物的能力，养殖场内的处理设施和处理能力应与养殖规模相一致，处理的畜禽排泄污水应符合环保排放许可标准。养殖场应评估其废弃物的排放量，如超过其处理能力应与第三方签订正式处理协议。

小农户组织的畜禽排泄物的处理一般采取沼气发酵的处理方式，采取该处理方式应关注以下几方面情况。

(1)沼气池的密封情况及安全状况。

(2)发酵池修建的场所是否靠近河流。

(3)雨季时，发酵池是否可能发生溢流现象。

(4)沼气发酵池所在的位置是否为当地风向的主导方向。

(5)沼气池的发酵效果是否达到预期目标。

养殖场如实施“零排放”养殖方式，应关注以下几方面的情况。

(1)垫料来源、种类及颗粒大小。

(2)垫料使用的时间及翻垫料的次数。

(3)畜禽的体表及健康情况。

(4)垫料中所使用的微生物质量和有效含量。

(十)员工健康安全

1.风险评估

现场检查过程中,根据检查员的现场检查发现,对企业提供的《员工健康安全风险评估报告》进行核实,确定该报告是否与整个农场的员工健康安全状况相符合,是否综合考虑和评估了所有可能会对员工健康安全造成伤害的相关因素,是否制定了相应的方针和规程来对风险评估过程中发现的高风险因素进行管理,以规避或者减少该风险的发生概率。总体来讲,员工健康安全风险评估应至少包括以下几方面。

(1)机械化操作。员工在操作养殖场主要的机械化设备(如饲料粉碎机、搅拌机、装载机、运输车辆等)时,是否存在可能会对员工的健康安全造成危害的因素(如员工的错误操作可能造成对本人或者别人肢体的伤害),是否应对操作和可能操作这些设备的员工进行必要的培训。

(2)带电设备的使用。养殖场的主要带电设备包括:生活管理区域的照明、温度控制、办公和娱乐设备设施,猪舍内的自动化设备、照明、温度控制、通风等设备设施,以及其他如应急能源(发电机)等设备设施,这些设备是否维护良好,员工在操作这些设备时是否可能发生触电的危险。

(3)动物的攻击。无论是种公猪、种母猪,还是育成猪、育肥猪,在异常情况下,都有可能产生对员工的攻击行为,此外,养殖场可能存在的危险野生动物(如蛇)也有可能对员工造成伤害,因此,养殖场在作风险评估的过程中,应充分考虑此类影响因素。

(4)人畜共患病。生猪养殖场可能存在人畜共患病包括炭疽病、布氏杆菌病、链球菌病、结核病、钩端螺旋体病、狂犬病、弓形虫病等。养殖场在对员工的工作环境进行评估时,应充分考虑所饲养的生猪可能携带的人畜共患病病原体,是否可能会对员工的身体健康造成危害,是否需要对生猪和员工进行这些疾病的人工免疫。

(5)有毒有害气体。养殖场内存在的主要有毒有害气体包括氨气和硫化氢以及空气中的粉尘颗粒等。养殖场应定期开展对这些气体的监测,以判断养殖场和猪舍内的空气质量是否会对员工的健康造成危害。

2.危害和急救

现场检查过程中,应注意以下几点。

(1)确认养殖场内的主要场所及潜在危险的场所是否张贴了事故和紧急情况

规程，紧急规程中是否涵盖了相关的联系方式和事故处理步骤等信息。

(2)确认养殖场内任何可能存在危害或者潜在危害的地方是否设置了危险警示牌，如废弃的深沟、兽医室、配电室、病死生猪处理地点等。

(3)在所有适当的地点(如兽医室、手术室等)是否设有急救箱，且箱内物品确保完整可以随时正常使用，并适于邻近工作区使用。急救箱内应配置酒精棉、手套、口罩、0.9%的生理盐水、消毒纱布、绷带、安全扣针、胶布、创可贴、保鲜纸、圆头剪刀、钳子、手电筒和棉花棒等物品。

(4)是否为所有的员工(包括分包商)备有整套性能良好的防护服(胶靴、隔离服、防护连身裤、橡胶手套、面具口罩等)。

(十一)动物福利

1. 仔猪福利

仔猪福利主要有以下几方面。

(1)阉割。阉割手术应选择在仔猪出生后 7 d 之内进行，此时进行手术不需要麻醉，超过 7 d 再进行阉割手术的，首先需要兽医对仔猪进行麻醉，然后才能进行手术。

(2)断牙。对新生仔猪断牙和钝化牙齿，应取得兽医或者养殖场顾问的书面建议，并由经过培训具备相应能力的饲养员在仔猪出生 48 h 内完成，不得超过出生后 7 d。

(3)断尾。仔猪断尾应取得兽医或者养殖场顾问的书面建议，并由经过培训具备相应能力的饲养员在仔猪出生 48 h 内完成。

(4)断奶。正常的仔猪断奶时间一般在仔猪出生后 60 d 或者 40 d，如果养殖场实施仔猪的早期断奶，则一般安排在仔猪出生后 28 d 或者 35 d，但 21 日龄内禁止断奶。如果因为兽医要求或者特别的福利原因，可以在 21～28 日龄期间实施断奶。

2. 生猪健康

(1)兽医。确认养殖场内的兽医人员，现场核实其能力及相关资质证明材料，是否能够胜任相应的工作。

(2)兽医健康计划。是否在指定兽医专家的协助下，制定并执行文件的兽医健康计划，并每年对该计划进行审核和更新。兽医健康计划应至少包括如下内容。

①疾病预防措施(包括培训计划)。

②主要疾病的症状(猪瘟、猪丹毒、猪肺疫、猪链球菌病、仔猪副伤寒病、猪气喘病、仔猪黄白痢和水肿病、猪沙门氏菌病、蓝耳病、猪细小病毒病、猪乙型脑炎、附红

细胞体病、伪狂犬病等)。

③常见问题的处理措施:饲料和饮水供应短缺、通过媒介传播可能影响食品安全的卫生问题(如苍蝇和蚊虫的叮咬等)、异常行为(如打斗、咬尾、咬侧腹等)。

④所使用的免疫程序,并制定书面的免疫程序,进行强制免疫,应对免疫情况进行记录,内容包括每次免疫的疫苗种类、产地、有效期、批号、畜禽标识号码、日期、用量等,并定期对免疫效果进行监测,发现免疫失败及时进行补免。

⑤使用的寄生虫控制措施(包括体内和体表寄生虫)。

⑥对饲料和水进行药物处理的要求。

⑦动物健康和福利要求:无论何时均以免受伤害、痛苦和疾病折磨的方式对待和管理生猪,应随时防止其他动物伤害畜禽,对濒临死亡的畜禽进行屠宰或淘汰处理时,应遵守人道主义原则。

⑧监控畜群的生产性能参数。

⑨淘汰或屠宰生猪的数量及原因。

⑩对新引入猪只采取“适宜的”检疫措施的详细说明,“适宜的”检疫措施的制定和实施取决于现有生猪和引入猪只的健康状况。

(3)治疗圈。确认治疗圈是否满足如下要求。

①应有指定的治疗圈以隔离和治疗伤病猪,治疗圈可以是一般的圈舍,在有需要时变更用途。

②应对治疗圈中的猪只每天至少进行 2 次检查。对治疗无效的猪应立即征求兽医的处理意见或实施人道屠宰。

③治疗圈应通风良好、结构合理、温暖干燥并为伤病猪提供适宜的躺卧区。

④治疗圈在重新使用前,应腾空并彻底清扫消毒。

(4)兽医设备。确认养殖场的兽医设备是否满足如下要求。

①兽医设备,包括体温表、听诊器、注射器、手术器械等,应清洁并且维护良好,应按照设备说明的要求清洁设备。

②养殖场在任何情况下都应有对断针的文件化的处理方案,该方案应能确保断针不进入食物链。在休药期结束之前,任何畜禽包括有断针事故的畜禽被标记且不屠宰供人类食用。

③使用过的针和尖锐的器具应被安全地存放于一个锋利器具存放箱内,该箱妥善保存,并符合当地法规的要求(农业部的《兽医器械管理条例》正在制定过程中,其修改意见稿仅提出使用者对使用过的一次性使用的兽医器械必须及时销毁,并做记录,没有提出对使用过的针和尖锐的器具的存放要求)。

④应对有断针的生猪做永久标识。事故发生的时间、被标识的生猪及药物的

种类应记录在用药手册中。

⑤当带有断针的生猪被送往屠宰场时,应在运输途中与合格的生猪分开,被标识并按急宰猪处理。运送这种猪时,应事先通知屠宰场。

(5)疫病控制。养殖场是否参加了针对主要人畜共患病病原体的监测和净化计划;是否应按法律的要求向有关部门通报相关疾病。

(6)药物使用。生猪养殖过程的药物使用、存储、管理过程,应重点关注以下几方面。

①养殖场是否使用人用药物。

②是否按照休药期的规定使用兽药。

③是否在饲料和动物饮用水中添加激素类药品和国务院兽医行政管理部门规定的其他禁用药品。

④治疗用的药物是否在必要的时候或者经过兽医出具处方或以预防为目的(如驱虫)时才使用。

⑤是否将原料药直接添加到饲料及动物饮用水中或者直接饲喂。

⑥是否只使用那些经国务院兽医行政管理部门批准、在国务院兽医行政管理部门注册过的兽药,并保存当前使用的药物清单。

⑦是否长期以促进生长为目的使用治疗用抗生素,是否使用激素类促生长剂。

⑧是否定期开展对违禁药物(如激素和其他严禁使用物质)的检测。

⑨是否制定了药物残留超标行动计划。

⑩过期药物过期是否被清晰标识和分开处理。

⑪用药记录是否包括批号、用药日期、用药的畜禽标识代码、用药的畜禽数量、用药总量、用药结束日期、休药期,药物管理者姓名等。

⑫是否按照避免污染环境的方式处理空的药物容器。

(十二)追溯体系及产品召回

现场对产品可追溯体系进行现场评估,应重点关注以下几方面的情况。

(1)养殖场应有书面的召回程序,确保在操作过程或产品出现问题时能够从市场上召回所销售的畜禽产品。

(2)召回程序应该明确导致召回的事故种类、做出产品召回决定的负责人、告知消费者和认证机构的机制、收集存货的方法。

(3)召回程序应每年演练,以保证其充分适用,应对演练的记录进行保存。

(4)为实现召回程序的有效运行,养殖场应根据生产管理流程建立一套可追溯体系,该体系应涵盖从种猪引进、母猪产仔、仔猪断奶、仔猪分栏、饲喂用药、运输屠宰的整个生产流程。具体的方法应结合畜禽标识和生产过程的详细记录,如引种记录、产仔记录、断奶记录、分栏记录、免疫记录、饲喂记录、用药记录、断针记录、运输记录、屠宰记录等，实现最终消费产品的可追溯，从而确保在出现问题特别是食品安全问题时实现产品的有效召回。

六、畜禽产品良好农业规范认证现场检查一致性评价

(一)产地环境一致性评价

1. 环境检测报告的评价

《良好农业规范认证实施规则》和 GB/T 20014《良好农业规范》中虽然对产地环境(土壤、水质、排污等)没有明确规定，但在实施良好农业规范认证过程中，一般产地环境质量应符合以下要求。

(1)土壤环境质量符合 GB 15618 中的二级标准(适用于放牧场所)。

(2)养殖用水水质符合 GB 6749 的规定。

(3)养殖排污符合 GB 18596 的规定。

但是，认证机构在评价产地环境检测报告时，应关注其检测报告的有效性，主要有以下要求。

(1)出具检测报告的机构是否具备相关资质，如检测机构是否获得计划认证、CNAS 认可或农业部门的认可等，是否具备环境检测能力。

(2)检测报告出具的时间是否符合要求，如一般认可的检测报告为 3 年内出具的，最好是当年度的环境检测报告。

(3)检测项目是否合理，检测报告中所包括的检测项目应有重金属、微生物、农药残留等，具体的检测项目应与风险评估的结果相一致。

(4)检测项目的确定应关注产品消费地的法规、标准要求，如美国对微生物指标要求较高。

2. 产地环境现场评价

良好农业规范认证虽然对产地环境的周边作物、隔离带、上季作物等做出具体规定，但是基于食品安全风险控制要求，在现场检查过程中应关注以下要求。

(1)基地周边是否有污染源，如工业废水处理场所、养殖场、污水排放口等。

(2)与邻近养殖场是否能有效隔离防疫，以防止发生疫情传播。

(3)基地内部的废弃物临时贮存或处理场所是否满足生产要求。

(4)无害化处理场所是否会导致环境污染。

(5)有害生物防治措施是否会对产地产生影响。

(二)产品一致性评价

检查组在现场检查时应按照检查任务书、检查计划等要求,实施现场检查,并对产品的一致性进行现场核查,重点要关注以下问题。

(1)现场检查时养殖产品是否与申请文件中的产品相一致。

(2)产地是否有非认证的同类产品。

(3)产品种类、规模是否与申请文件一致。

(4)是否对产品产量进行科学核算。

(5)现场抽样检查是否符合规则要求。

(6)检查组在现场检查时应对产品检测报告的有效性进行评价,重点关注以下内容。

①检测机构应获得 CNAS 实施的认可(标准中如有特殊要求的除外),如在出具的检测报告中未标注“CNAS”认可标识,检查员应在 www.cnca.gov.cn 主页上进行查询。如能查询已获得认可,应将 CNAS 认可编号、有效期在提供的检测报告上进行标注;如果没有获得认可,应重新提供符合要求的药物残留检测报告。

②检测项目的确定应充分考虑生产过程中所使用的投入品、消费地法律法规的特殊要求,而不能仅对感官指标、微生物、重金属进行检测。

③检测报告的时间不应超过现场检查前 12 个月内(标准中有特殊要求的除外)。

④送检单位应与申请人一致,如不一致应提供相关说明材料。

⑤初次申请时,样品应为本年度的产品,而不能是上一养殖周期的产品。

(三)现场检查一致性评价

现场检查应对产地环境、养殖过程、投入品、废弃物处理、标志标识等一致性进行现场检查,重点关注与 GB/T 20014《良好农业规范》的符合性、有效性、记录的完整性等。具体要求详见第三章、第五章相关内容。

第四章　我国良好农业规范认证中主要投入物质

第一节　农用化学投入品使用现状调研

一、调研内容

植物方面有农药、化肥、产后保鲜剂等及其相关产品；动物方面有农药、兽药、添加剂等。

以上产品的品种结构、生产、销售、使用及管理现状、存在的问题。

二、调研方法

资料查询：中国知网、中国农药信息网、中国国家统计局网站，查询与农药相关的法律法规、标准、登记品种信息等。

调研：药检所、营销店、生资部门、农业局农委、植保站、用户，调查农药的销售、使用现状，品种结构，销售和使用前10位的杀虫剂、杀菌剂、除草剂品种，高毒农药所占的比例，农药销售和使用过程中存在的问题。具体包括以下主要内容。

(1)农药基本信息。农药名称、剂型含量、生产企业、包装等。

(2)流通信息。农药产量、销量、用量、效果。销售渠道、销售方式、无公害产品控制模式。

(3)存在问题。假冒伪劣产品，违禁药物，违法企业，违法生产，监管不力不到位等。

三、调研结果

(一)农药

1.各大类农药品种结构分布

中国农药登记有效成分(品种)645个，其中杀虫剂120个，杀菌剂173个，除草剂171个，植物生长调节剂48个，杀鼠剂12个，其他121个(黄辉，2014)。图4-1是各大类农药有效成分在整个农药结构中所占的比例。

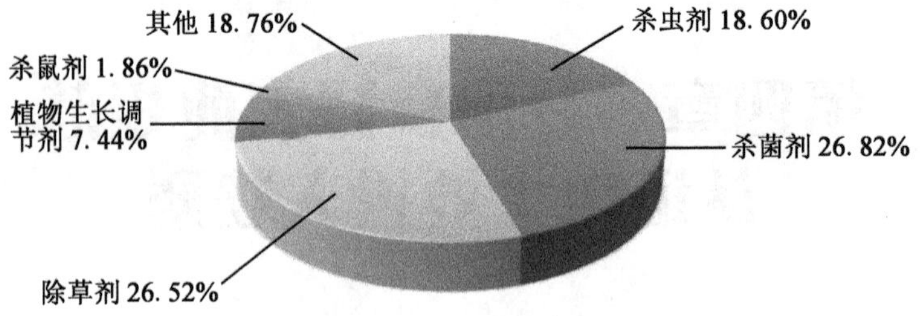

图 4-1 中国登记农药有效成分结构分布图

(1)杀虫剂。杀虫剂包括有机合成杀虫剂、生物杀虫剂、无机及天然化合物杀虫剂、昆虫信息素四大类,其中有机合成杀虫剂有 120 种,生物杀虫剂 39 种,无机及天然化合物 8 种,昆虫信息素 7 种,共 174 种杀虫剂。图 4-2 是各类杀虫剂所占的比例。

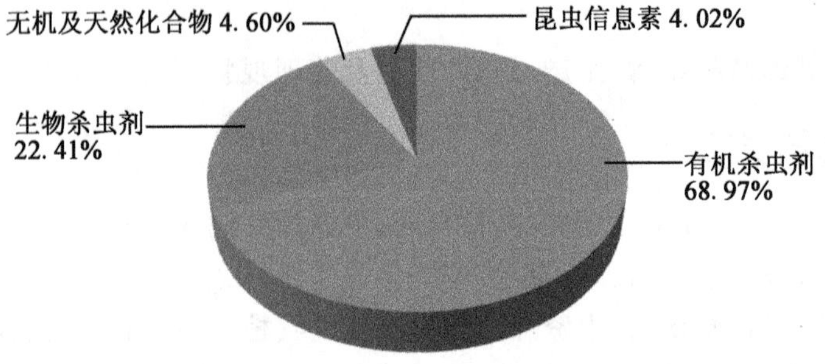

图 4-2 杀虫剂结构分布图

①有机合成杀虫剂。在 120 种杀虫剂中,四大类杀虫剂拟除虫菊酯类、有机磷酸酯类、氨基甲酸酯类及昆虫生长调节剂共有 85 种,占有机杀虫剂的 70%多,其中拟除虫菊酯类杀虫剂 22 种,有机磷类 31 种,氨基甲酸酯类 16 种,昆虫生长调节剂有 16 种,其他类有 35 种(图 4-3)。

拟除虫菊酯类杀虫剂均为广谱性杀虫剂,选择性差,毒性为中低毒。该类杀虫剂有许多品种(共 52 种),但许多登记为卫生杀虫剂,登记为杀虫剂的包括 Es-生物烯丙菊酯(杀/卫)、*S*-氰戊菊酯、*S*-生物烯丙菊酯(杀/卫)、zeta-氯氰菊酯、氟硅菊酯(新型有机硅类,原药)、氟氯氰菊酯、高效反式氯氰菊酯、高效氟氯氰菊酯、高效氯氟氰菊酯、高效氯氰菊酯、甲氰菊酯、精高效氯氟氰菊酯、联苯菊酯、氯氟氰菊酯、氯菊酯(杀/卫)、氯氰菊酯、醚菊酯、七氟甲醚菊酯(WL 2012.12.05—2013.12.05)、溴氰菊酯、氰戊菊酯、生物烯丙菊酯(杀/卫)、顺式氯氰菊酯、右旋烯丙菊酯(杀/卫),仅有 22 种。

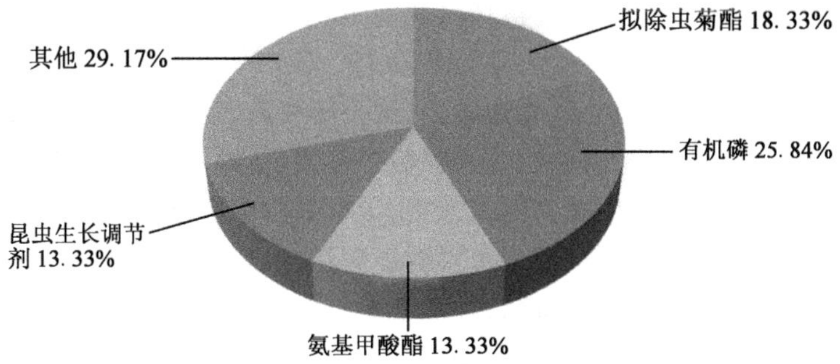

图 4-3　有机合成杀虫剂结构分布图

有机磷杀虫剂共 31 种，一般均为广谱性杀虫剂，且作用方式多种多样，适用的范围比较广，毒性一般为中低毒，少部分杀虫剂为高毒。包括倍硫磷、苯线磷、丙溴磷、哒嗪硫磷、稻丰散、敌百虫、敌敌畏、毒死蜱、二嗪磷、伏杀硫磷、甲拌磷、甲基吡嗯磷、甲基毒死蜱、甲基异柳磷、喹硫磷、乐果、氯胺磷、马拉硫磷、灭线磷、噻唑磷、三唑磷、杀虫畏、杀螟硫磷、杀扑磷、双硫磷（仅供出口，不得在国内销售）、水胺硫磷、硝虫硫磷、辛硫磷、亚胺硫磷、氧乐果、乙酰甲胺磷。

氨基甲酸酯类杀虫剂中的许多品种具有选择性，毒性为中低毒。包括苯氧威、丙硫克百威、残杀威、丁硫克百威、嗯虫威、混灭威、甲萘威、抗蚜威、克百威、硫双威、灭多威、速灭威、涕灭威、异丙威、茚虫威、仲丁威，共 16 种。

昆虫生长调节剂包括苯甲酰脲类、噻二嗪类、保幼激素类和蜕皮激素类杀虫剂，共 16 种。苯甲酰脲类和噻二嗪类杀虫剂主要是抑制几丁质的合成，品种包括有除虫脲、丁醚脲、氟虫脲、氟啶脲、氟铃脲、氟酰脲、灭幼脲、杀铃脲、虱螨脲、噻嗪酮、灭蝇胺；保幼激素和蜕皮激素类杀虫剂能够干扰昆虫的生长、变态和滞育，品种有吡丙醚（卫）、虫酰肼、呋喃虫酰肼、甲氧虫酰肼、抑食肼。氨基甲酸酯类的苯氧威具有保幼激素的活性。

其他类有机合成杀虫剂共有 35 种，包括新烟碱类、沙蚕毒素类、甲脒类、吡唑类（氟虫腈）、吡啶类（吡蚜酮）、吡咯类及其他。新烟碱类品种有吡虫啉、啶虫脒、噻虫胺、噻虫啉、噻虫嗪、呋虫胺、氯噻啉、烯啶虫胺、氟啶虫胺腈 9 种；沙蚕毒素类有杀虫安、杀虫单、杀虫双、杀虫环、杀螟丹 5 种；甲脒类有单甲脒、单甲脒盐酸盐、双甲脒 3 种；苯甲酰胺类有氟苯虫酰胺、氟啶虫酰胺、氯虫苯甲酰胺、溴氰虫酰胺 4 种；吡唑类的丁虫腈、氟虫腈、乙虫腈、唑虫酰胺（杀虫杀螨）4 种；吡啶类有吡蚜酮、哌虫啶 2 种；其他类杀虫剂有虫螨腈（溴虫腈）、螺虫乙酯、氰氟虫腙（脲类）、三氟甲吡醚、硫丹、杀雄啉、二甲基二硫醚（杀螨杀虫）、氰氨化钙，共 8 种。

②生物杀虫剂。生物杀虫剂包括植物源、微生物源、微生物类和天敌昆虫类，共 39 种。

植物源有桉油精(蚜虫)、八角茴香油、雷公藤甲素、藜芦碱、蛇床子素、印楝素、苦皮藤素、苦参碱、狼毒素、鱼藤酮、烟碱、樟脑等共 14 种;微生物源杀虫剂共 6 种，包括阿维菌素、多杀霉素、甲氨基阿维菌素、甲氨基阿维菌素苯甲酸盐、乙基多杀菌素、伊维菌素;微生物杀虫剂有菜青虫颗粒体病毒、茶尺蠖核型多角体病毒、茶毛虫核型多角体病毒、短稳杆菌、耳霉菌、甘蓝夜蛾核型多角体病毒、金龟子绿僵菌、苜蓿银纹夜蛾核型多角体病毒、球孢白僵菌、松毛虫质型多角体病毒、苏云金杆菌、苏云金杆菌(以色列亚种)、甜菜夜蛾核型多角体病毒、小菜蛾颗粒体病毒、斜纹夜蛾核型多角体病毒、蟑螂病毒、假丝酵母(防治地中海实蝇，饵剂)，共 17 种;天敌昆虫包括平腹小蜂、松毛虫赤眼蜂 2 种。

③无机及天然化合物杀虫剂。硅藻土、磷化铝(熏杀)、硼酸锌、四水八硼酸二钠(木材中杀白蚁、杀腐朽菌)、松脂酸钠、柴油、机油、矿物油，共 8 种。

④昆虫信息素:昆虫信息素共有 7 种，包括地中海实蝇引诱剂;梨小食心虫性迷向素有 *E*-8-十二碳烯乙酯、*Z*-8-十二碳烯乙酯、*Z*-8-十二碳烯醇(*Z*-8-dodecenol)、*Z*-8-十二碳烯醇(*Z*-8-dodecen-1-ol)、*Z*-8-十二碳烯乙酯;诱虫烯(家蝇引诱)。

(2)杀菌剂(169 种)。

①无机杀菌剂包括铜剂、硫剂及其他，共 21 种。其中，铜剂包括无机铜类和有机铜类，对除了白粉病以外的其他真菌性病害和细菌性病害都有效，是广谱性的保护性杀菌剂。无机铜类有波尔多液、碱式硫酸铜、硫酸铜、硫酸铜钙、氢氧化铜、王铜、氧化亚铜 7 种;有机铜类有琥胶肥酸铜、混合氨基酸铜、喹啉铜、络氨铜、柠檬酸铜、壬菌铜、噻菌铜、噻森铜、松脂酸铜、乙酸铜，10 种。无机硫剂包括硫黄、石硫合剂，2 种。

其他为氧化钙、硫酸锌，2 种。

②有机合成杀菌剂(118 种)。可以分成两大类，一类为保护剂，没有内吸作用;另一类为内吸治疗剂，共 118 种。

保护剂主要是有机硫类、有机胂类、芳烃类、二甲酰亚胺类及其他，品种有丙森锌、代森铵、代森联、代森锰锌、代森锌、福美甲胂、福美胂、福美双、福美锌、百菌清、敌磺钠、克菌丹、灭菌丹、五氯硝基苯、十二烷基硫酸钠、乙烯菌核利、腐霉利、异菌脲、菌核净，共 19 种。前 15 种为多作用位点的杀菌剂，广谱，不易产生抗药性;后 4 种为二甲酰亚胺类品种，其作用位点单一，选择性强，生产上容易产生抗性。(注:2013 年 12 月 31 日起，撤销福美胂和福美甲胂的农药登记证，自 2015 年

12 月 31 日起，禁止福美胂和福美甲胂在国内销售和使用——农业部公告第 2032 号）。

内吸治疗剂主要是有机磷类、苯并咪唑类、羧酰替苯胺类、甾醇生物合成抑制剂、苯基酰胺类、噻唑/噻二唑类、甲氧基丙烯酸酯类、苯吡咯类/苯胺基嘧啶类、氨基甲酸酯类、异噁唑类、取代脲类及甲氧基吗啉类。

有机磷类品种有稻瘟灵、敌瘟磷、甲基立枯磷、三乙膦酸铝、异稻瘟净，共 5 种。

苯并咪唑类及其相关化合物品种有苯菌灵、丙硫唑（丙硫多菌灵）、多菌灵、甲基硫菌灵、噻菌灵，共 5 种。

羧酰替苯胺类品种有拌种灵、氧化萎锈灵、萎锈灵，3 种。

甾醇生物合成抑制剂有 *R*-烯唑醇、抑霉唑、抑霉唑硫酸盐、三唑酮、三唑醇、丙环唑、烯唑醇、咪鲜胺、咪鲜胺锰盐、咪鲜胺铜盐、粉唑醇、氟硅唑、氟环唑、氟菌唑、环丙唑醇、联苯三唑醇、腈苯唑、腈菌唑、戊菌唑、戊唑醇、己唑醇、苯醚甲环唑、氯苯嘧啶醇、十三吗啉、亚胺唑、种菌唑，26 种。

酰胺类品种有苯酰菌胺、稻瘟酰胺、啶酰菌胺、氟吡菌胺、氟吡菌酰胺、氟啶胺（二硝基苯胺）、氟酰胺（酰苯胺）、硅噻菌胺、嘧菌环胺、嘧霉胺、噻呋酰胺、双炔酰菌胺、烯肟菌胺、辛菌胺、辛菌胺盐酸盐（植物源）、唑嘧菌胺，16 种。

苯基酰胺类包括甲霜灵、精甲霜灵、噁霜灵，3 种。

甲氧基丙烯酸酯类包括吡唑醚菌酯、啶氧菌酯、丁香菌酯、氯啶菌酯、醚菌酯、嘧菌酯、氰烯菌酯、肟菌酯、烯肟菌酯、唑胺菌酯、唑菌酯，11 种。

噻唑/噻二唑类包括三环唑、烯丙苯噻唑、叶枯唑、噻唑锌，4 种。

噁唑类包括啶菌噁唑、噁霉灵、噁唑菌酮，3 种。

取代脲类包括二氯异氰尿酸钠、氯溴异氰尿酸（消菌灵）、三氯异氰尿酸、霜脲氰，4 种。

甲氧基吗啉类包括氟吗啉、丁吡吗啉、烯酰吗啉，3 种。

氨基甲酸酯类包括霜霉威、霜霉威盐酸盐、乙霉威，3 种。

其他类包括二氰蒽醌（二噻农）、腐殖酸、过氧乙酸、混合脂肪酸、邻苯基苯酚钠、咯菌腈、灭菌唑、氰霜唑（呼吸毒剂）、噻霉酮、四氟醚唑、双胍三辛烷基苯磺酸盐、田安（有机胂，广东省罗定市永安化工有限责任公司，PD86121，2011.11.22—2016.11.22，水稻纹枯病）、土菌灵、三苯基氢氧化锡、三苯基乙酸锡、溴硝醇、溴菌腈、乙嘧酚磺酸酯、乙蒜素，19 种。

③抗生素类及植物源杀菌剂（24 种）。氨基寡聚糖素、长川霉素、春雷霉素、大黄素甲醚、多抗霉素、多抗霉素 B、井冈霉素、井冈霉素 A、链霉素、硫酸链霉素、嘧啶核苷类抗生素（植物源）、低聚糖素、嘧肽霉素、宁南霉素、申嗪霉素、四霉素、缬霉

素、丁子香酚(植物源)、菇类多糖、葡聚烯糖、几丁聚糖、香菇多糖、香芹酚、中生菌素,24 种。

④微生物杀菌剂(6 种)。地衣芽孢杆菌、多黏芽孢杆菌、寡雄腐霉菌、哈茨木霉菌、枯草芽孢杆菌、木霉菌,6 种。

(3)除草剂(166 种)。

①苯氧羧酸类。2,4-滴(2,4-D)、2,4-滴丁酯(2,4-D 丁酯)、2,4-滴二甲胺盐、2,4-滴钠盐、2,4-滴异辛酯、二甲四氯、二甲四氯钠、二甲四氯异丙胺盐、二甲四氯异辛酯,9 种。

②芳氧苯氧基丙酸酯类。吡氟禾草灵、氟吡甲禾灵、高效氟吡甲禾灵、禾草灵、精吡氟禾草灵、精噁唑禾草灵、精喹禾灵、喹禾糠酯、喹禾灵、乳氟禾草灵,10 种。

③二硝基苯胺类。氨氟乐灵、氨磺乐灵、二甲戊灵、氟乐灵、仲丁灵,5 种。

④酰胺、酰苯胺及磺酰胺类。吡氟酰草胺、吡唑草胺、苯嘧磺草胺、苯嗪酰草胺、丙草胺、丙炔氟草胺、敌稗、敌草胺、丁草胺、啶磺草胺、噁唑酰草胺、氟磺酰胺、甲草胺、甲磺草胺、精异丙甲草胺、克草胺、氯酯磺草胺、炔苯酰草胺、杀草胺、双氟磺草胺、双酰草胺、五氟磺草胺、乙草胺、异丙草胺、异丙甲草胺、唑嘧磺草胺,26 种。

⑤三嗪类。苯嗪草酮、环嗪酮、扑草净、嗪草酮、氰草津、特丁津、特丁净、西草净、西玛津、莠灭净、莠去津,11 种。

⑥取代脲类。敌草隆、丁噻隆、利谷隆、绿麦隆、异丙隆,5 种。

⑦联吡啶类。氨氯吡啶酸、百草枯、百草枯二氯化物、敌草快、氟啶草酮,5 种。

⑧磺酰脲类。胺苯磺隆、苯磺隆、吡嘧磺隆、苄嘧磺隆、单嘧磺隆、啶嘧磺隆、砜嘧磺隆、氟吡磺隆、氟磺隆、氟唑磺隆、环丙嘧磺隆、甲磺隆、甲基碘磺隆钠盐、甲基二磺隆、甲嘧磺隆、氯吡嘧磺隆、氯磺隆、氯嘧磺隆、醚苯磺隆、醚磺隆、嘧苯胺磺隆、噻吩磺隆、三氟啶磺隆钠盐、酰嘧磺隆、烟嘧磺隆、乙氧磺隆,26 种。

⑨咪唑啉酮类。甲咪唑烟酸、甲氧咪草烟、咪唑烟酸、咪唑乙烟酸,4 种。

⑩有机磷类。草铵膦、草甘膦、草甘膦铵盐、草甘膦钠盐、草甘膦异丙胺盐、双丙氨膦、莎稗磷,7 种。

⑪醚类:吡草醚、氟磺胺草醚、环酯草醚、甲羧除草醚、嘧草醚、嘧啶肟草醚、三氟羧草醚、双草醚、乙羧氟草醚、乙氧氟草醚,10 种。

⑫其他类。苯唑草酮、丙炔噁草酮、草除灵、除草定、噁草酮、噁嗪草酮、二氯吡啶酸、二氯喹啉酸、呋草酮、氟硫草定、氟咯草酮、氟烯草酸、禾草丹、禾草敌、环戊噁草酮、磺草灵、磺草酮、甲基磺草酮、氯苯胺灵(除草剂/植物生长调节剂)、氯丙嘧啶酸、氯氟吡氧乙酸、氯氟吡氧乙酸异辛酯、麦草畏、咪唑喹啉酸、灭草松、哌草丹、嗪草酸甲酯、氰氟草酯、炔草酯、三甲苯草酮(环己烯酮)、三氯吡氧乙酸、四氟丙酸钠、

特草定、甜菜安、甜菜宁、威百亩、烯草酮(环己烯酮)、烯禾啶(环己烯酮)、硝磺草酮、辛酰溴苯腈、溴苯腈、野麦畏、野燕枯、乙氧呋草黄、异噁草松、茵草敌、唑草酮、唑啉草酯,48 种。

(4)卫生杀虫剂。这里列举的卫生杀虫剂是指专用于卫生害虫防治的杀虫剂,不包括兼有杀虫剂和卫生杀虫剂的品种,主要类型是拟除虫菊酯类。

①拟除虫菊酯类品种。胺菊酯(卫)、苯醚氰菊酯(卫)、除虫菊素(卫)、除虫菊酯(I+II)(卫)、氟氯苯菊酯(卫)、富右旋反式胺菊酯(卫)、富右旋反式苯醚菊酯(卫)、富右旋反式苯氰菊酯(卫)、富右旋反式炔丙菊酯(卫)、富右旋反式烯丙菊酯(卫)、甲氧苄氟菊酯(卫)、氯氟醚菊酯(卫)、氯烯炔菊酯(卫)、炔丙菊酯(卫)、炔咪菊酯(卫)、生物苄呋菊酯(卫)、四氟苯菊酯(卫)、四氟甲醚菊酯(卫)、四氟醚菊酯(卫)、烯丙菊酯(卫)、右旋胺菊酯(卫)、右旋苯醚菊酯(卫)、右旋苯醚氰菊酯(卫)、右旋苯氰菊酯(卫)、右旋苄呋菊酯(卫,原药)、右旋反式胺菊酯(卫)、右旋反式苯氰菊酯(卫)、右旋反式炔丙菊酯(卫)、右旋反式烯丙菊酯(卫)、右旋烯炔菊酯(卫),30 种。

②其他类卫生杀虫剂品种。吡丙醚、驱蚊酯、避蚊胺、噁虫酮、氟虫胺(新烟碱)、氟磺酰胺、氟蚁腙、硼酸、羟哌酯、三氯杀虫酯、右旋樟脑、樟脑,共 12 种。球形芽孢杆菌(卫杀,蚊幼)。

(5)植物生长调节剂(48 种)。植物生长调节剂对植物生长具有调控作用,品种包括 1-甲基环丙烯(保鲜)、2,4-滴三乙醇胺盐、2,4-二硝基苯酚钾、2,4-二硝基苯酚钠(登记名称:复硝酚钠)、2-(乙酰氧基)苯甲酸、5-硝基邻甲氧基苯酚钠(登记名称:复硝酚钠)、S-诱抗素、矮壮素、胺鲜酯、苄氨基嘌呤、丙酰芸苔素内酯、超敏蛋白、赤霉酸、赤霉酸 A3、赤霉酸 A4＋A7、单氰胺、调环酸钙、丁酰肼、对硝基苯酚胺、对硝基苯酚钾、对硝基苯酚钠、多效唑、氟节胺、复硝酚钠、氯苯氨灵(除草剂/植物生长调节剂)、氯硝酚钠、硅丰环、核苷酸、甲哌鎓、抗倒酯、邻硝基苯酚铵、邻硝基苯酚钾、邻硝基苯酚钠、氯吡脲、氯化胆碱、萘乙酸、萘乙酸钠、羟烯腺嘌呤、噻苯隆、三十烷醇、脱叶磷、烯腺嘌呤、烯效唑、抑芽丹、乙烯利、吲哚丁酸、吲哚乙酸、芸薹素内酯。

(6)杀螨剂。杀螨剂不包括兼有杀虫杀螨作用的杀虫剂,只对螨类有效,品种有苯丁锡、哒螨灵、丁氟螨酯、喹螨醚、螺螨酯、炔螨特、噻螨酮、三磷锡、三唑锡、三氯杀螨醇、三氯杀螨砜、四螨嗪、溴螨酯、乙螨唑、唑螨酯,共 15 种。

(7)杀线虫剂。专用的杀线虫剂包括厚孢轮枝菌、蜡质芽孢杆菌、苯线磷、灭线磷、棉隆(除草、杀线虫、杀菌、杀虫),共 5 种。

(8)杀软体动物剂。杀软体动物剂，也称为杀螺剂，品种有氨酰丙酸、胆钙化醇、螺威、杀螺胺、杀螺胺乙醇胺盐、四聚乙醛，共 6 种。

(9)熏蒸剂。包括对二氯苯、氯化苦、硫酰氟(无机)、溴甲烷。

(10)杀鼠剂。包括 C 型肉毒梭菌素素、D 型肉毒梭菌毒素、α-氯代醇、地芬诺酯、硫酸钡、莪术醇、氟鼠灵、杀鼠灵、杀鼠醚、溴敌隆、溴鼠灵。

2. 农药制剂

(1)农药制剂结构分布。农药制剂是农药有效成分经过加工后的产品，含量、剂型不同以适应不同防治对象、使用方法的需求。农药有效成分不能直接使用，但农药制剂可以在农产品生产过程中直接使用或稀释后使用。

相对于有效成分，农药制剂品种数量则更为庞大。据单炜力在 2014 年上海召开的“第四届环境友好型农药制剂加工技术及生产设备研讨会”上所做的大会报告，截止到 2013 年 12 月 31 日，中国境内在中华人民共和国农业部正式登记的农药产品数是 28 400 个，其中正式登记制剂数和原药数分别是 25 121 个和 3 279 个(表 4-1)。在所有的农药制剂产品中，三大类农药约占 90%，其中杀虫剂 42.08%，杀菌剂 25.14%，除草剂 22.11%。其他类型农药包括植物生长调节剂、杀鼠剂、卫生消毒杀虫剂等占 10%左右，详见图 4-4。

表 4-1 中国登记农药制剂数及原药数

(截至 2013 年 12 月 31 日)

农药分类	制剂		原药	
	制剂数量	占比/%	制剂数量	占比/%
杀虫剂	10 570	42.08	1 038	31.66
杀菌剂	6 315	25.14	664	20.25
除草剂	5 555	22.11	1 225	37.36
植物生长调节剂	522	2.08	129	3.93
杀鼠剂	73	0.29	66	2.01
卫生消毒杀虫剂	2 086	8.30	157	4.79
合计	25 121	100	3 279	100

注：数据引自单炜力，2014.

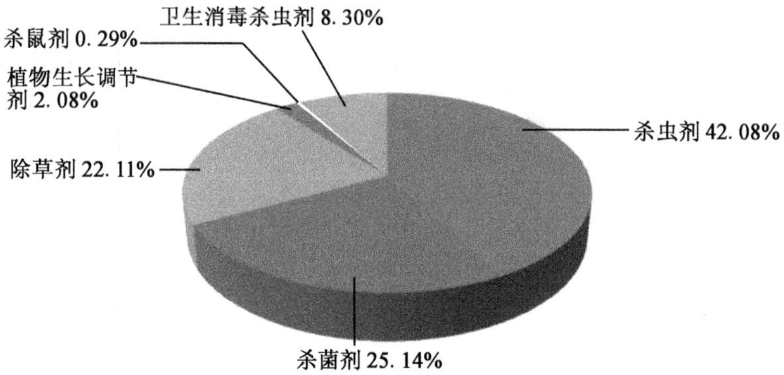

图 4-4　农药制剂结构分布图

(2)中国农药制剂中数量最大的有效成分 Top29。中国目前登记制剂数量最大的有效成分见表 4-2。

表 4-2　中国境内登记的制剂数量最大的 Top29 有效成分

有效成分	制剂数	在制剂中的比例/%
阿维菌素	1 376	5.48
吡虫啉	1 052	4.19
高效氯氰菊酯	1 036	4.12
毒死蜱	1 018	4.05
辛硫磷	980	3.90
多菌灵	897	3.57
代森锰锌	812	3.23
福美双	776	3.09
高效氯氟氰菊酯	657	2.62
乙草胺	650	2.59
氯氰菊酯	618	2.46
草甘膦	575	2.29
啶虫脒	547	2.18
苄醚磺隆	516	2.05
莠去津	487	1.94

续表 4-2

有效成分	制剂数	在制剂中的比例/%
甲维盐	453	1.80
噻嗪酮	439	1.75
甲基硫菌灵	408	1.62
三唑磷	386	1.54
马拉硫磷	378	1.50
氰戊菊酯	376	1.50
哒螨灵	346	1.38
精喹禾灵	343	1.37
异丙威	332	1.32
戊唑醇	331	1.32
苯醚甲环唑	327	1.30
联苯菊酯	319	1.27
烟嘧磺隆	319	1.27
丙环唑	306	1.22
合计	17 060	67.91

这 29 个有效成分的制剂数占所有有效成分(640 多个)制剂数的 67%多。其中大于 1 000 个制剂数的有效成分有 4 个,依次是阿维菌素 1 376 个,吡虫啉 1 052 个,高效氯氰菊酯 1 036 个,毒死蜱 1 018 个。排名第 5 的辛硫磷 980 个。这 5 个农药品种占所有制剂数的 20% 以上。6～10 位依次为多菌灵、代森锰锌、福美双、高效氯氟氰菊酯、乙草胺,制剂数分别为 897、812、776、657、650 个。前 10 位的农药品种制剂数占制剂总数的 35%。一个有效成分的制剂数越多,说明其销售量越大,同时市场占有量也大,在市场上受欢迎。从表 4-2 中可以看出,排名前 5 位的品种都是杀虫剂,说明杀虫剂在制剂结构中的绝对地位。

(3)农药剂型。截至 2013 年 12 月 31 日,中国境内登记的 25 121 个农药制剂中,液态制剂达到 15 678 多个,其中乳油为 9 466 个,是使用有机溶剂的最大产品群。表 4-3 显示了不同农药剂型的制剂数。液态制剂所占的比例偏大,乳油剂型结构有待于改善。

表 4-3 农药制剂中各剂型所占的比例

剂型	制剂数量	占比/%
乳油	9 466	38.13
可湿性粉剂	6 122	24.66
悬浮剂	1 908	7.68
水剂	1 818	7.32
水分散粒剂	992	4.00
水乳剂	747	3.01
微乳剂	743	2.99
可溶粉剂	553	2.23
颗粒剂	400	1.61
可分散油悬浮剂	310	1.25
悬浮种衣剂	301	1.21
可溶液剂	199	0.80
悬乳剂	186	0.75
粉剂	162	0.65
可溶粒剂	136	0.55
饵剂	129	0.52
烟剂	121	0.49
其他	535	2.15

液态制剂中，主要的农药辅助剂为有机溶剂，中国每年用量都在 35 万 t 以上，其中二甲苯、甲苯等轻芳烃溶剂，每年耗用在 30 万 t 左右，甲醇、N，N-二甲基甲酰胺等极性溶剂也有较大使用量。这些物质的大量使用对生产安全、人体健康和生态环境都有较大隐患，有的有明确的致癌作用，对农药生产者和使用者的健康有潜在的危害；有些则属于低闪点溶剂，易燃。

(4)农药制剂及原药毒性构成。中国农药毒性分级为 5 个级别：微毒、低毒、中等毒、高毒和剧毒，以对实验动物(大、小白鼠)的口服 LD_{50} 作为分级标准。$LD_{50}<5\ \mu g/g$，剧毒；$5\ \mu g/g<LD_{50}<50\ \mu g/g$，高毒；$50\ \mu g/g<LD_{50}<500\ \mu g/g$，中等毒；$500\ \mu g/g<LD_{50}<5\ 000\ \mu g/g$，低毒；$LD_{50}>5\ 000\ \mu g/g$，微毒。

表 4-4 是中国目前登记的农药制剂及原药中，各毒性级所具有的品种数量。原药和制剂中不同毒性级所占的比例基本一致，低毒制剂品种数量和原药品种数量均占 70%左右；中等毒品种数量则均在 20%左右，所以低毒与中等毒品种占 90%左右。剩下的 10%品种，微毒制剂占 7%左右，微毒原药占 4%多；高毒和剧毒制剂仅占 1.5%，高毒和剧毒原药则占将近 4%。这是因为有一些高毒原药仅作出口用，不在中国境内加工制剂销售。

表 4-4　中国农业部登记农药中不同毒性级的制剂数量及原药数量

毒性	制剂		原药	
	数量/个	占比/%	数量/个	占比/%
微毒	1 851	7.05	151	4.48
低毒	18 890	71.90	2 398	71.07
中等毒	5 126	19.51	696	20.63
高毒	403	1.53	113	3.35
剧毒	3	0.01	16	0.47

3. 化学农药生产企业及其产能

截至 2012 年 12 月 31 日，中国登记农药生产企业有 2 320 家，其中国内 2 218 家，国外 102 家(农药登记产品信息汇编，2013)。

表 4-5　近五年化学农药原药产量、销量、用量概况

(中国国家统计局官网)

指标	2013 年	2012 年	2011 年	2010 年	2009 年
化学农药原药(折百*)产量/万 t	319	354.9	264.8	234.2	226.2
化学农药原药(折百*)销售量/万 t	297.9	352.2	247	225.2	214.9
农药使用量/万 t			178.70	175.82	170.90
化学农药原药(折百*)产销率/%	98.5	103.6	96.5	98.8	98
农药进口数量/t	76 903.00**	68 928.00	52 890.00	50 701.00	44 208.00

注：* 折有效成分 100%；** 农药市场信息 2014.

表4-5显示了2009—2013年中国农药企业生产农药原药量、销售量及进口农药量概况,同时也给出了2009—2011年农药的使用量。化学农药原药一部分国内消耗,用于制剂加工,另一部分用于出口。

4.中国农药销售渠道及农药使用者购药途径

(1)农药销售渠道。根据调查,农药销售渠道主要有以下五种形式。

①金字塔式农药销售渠道。这也是传统的中国农药销售渠道,即企业通过总代理(总经销商,省级以上)→二级经销商(市县级)→三级经销商(镇级)→零售商(乡镇、村级)→消费者,呈金字塔形,产品集中从塔顶(总经销商)进入流通渠道,"顺向流下",分散到更广的基础层面上,最终到达消费者手中。这种销售渠道环节多、臃肿,每个环节必须有利润渠道才能通畅,最终可能造成产品的零售价格提高,生产厂家利润降低,销售效率低下。

②扁平化农药销售渠道。因传统销售渠道的弊端,促使农药生产企业使销售中心下沉,减少流通环节,使销售渠道简化或扁平化。一般是企业直接通过县级经销商(批发、零售)→乡镇零售商,甚至有些生产企业直接将产品铺送到终端——乡镇或村级零售商处。这种销售渠道,已经成为中国当前农药销售的主渠道。

③直供式农药销售渠道。农药使用者除了农户外,一些规模较大的农产品种植公司及一些新兴的植保公司也成为越来越重要的农药消费群体,他们直接与生产企业联系,购进农药,用于农业生产或为农户服务,进行病虫害防治。

④外资公司在中国的销售渠道和模式。外资公司在国外生产的农药,通过一个进口平台进口到中国,然后通过这个平台直接销售或者通过农药公司的技术人员销售。进口平台是一些具有进出口资格的国际贸易公司,如华垦国际贸易有限公司等,这些公司有专门的销售人员从事农药销售。

世界销售额前20名的大型农药企业大都已在中国建立了有限公司或办事处,并以独资或合资的形式进入中国农药市场。截至"十一五"末,外资农药企业已经占我国农药市场份额的30%。外资农药企业带来了先进的营销模式。他们从品牌培育到业务分析,从员工培训到农技知识普及,从文化渗透到售后服务,从终端促销到网络建设,从各级政府的植保站到农户,形成了一套成熟的营销体系。目前活跃在中国市场的世界农药六巨头先正达、拜耳、巴斯夫、陶氏化学、杜邦、孟山都,都和各级政府保持着紧密合作关系。比如近年来风头正劲的杜邦康宽杀虫剂,在上市之初,就曾被全国农技推广中心重点推荐。拜耳的稻腾产品,也享受过同样待遇,巴斯夫则直接聘请当地农业系统农艺师帮助开拓市场,以技术培训为平台,直接向农民推销产品。在湛江,一些县市农技站的农艺师,几乎就是巴斯夫的农民培训师。

⑤农药网络销售。随着网络购物的兴起，互联网也成为农药销售的又一重要渠道。网络搜索表明，在互联网上可以买到任何需要的农药。每个农药生产企业、农药销售公司都有自己的网络销售业务，并且新兴起了一些专门销售农药的网络平台，如中国农药第一网（http://www.nongyao001.com/）。在中国农药第一网上，有 41 376 种农药制剂品种可供选择，几乎涵盖了在中国登记的所有农药制剂品种。网络销售虽然起步晚，但已经成为一支不容忽视的农药销售力量，并且发展神速，有可能成为未来农药销货、发货、购货的主要渠道。在网络时代，农药销售人员可能只起到宣传、服务的作用。

(2)农药使用者的购药途径。农药使用者包括从事农业生产的农民、城市绿化的园林工作人员及庭院美化管理的居民，还有一些直接为农户服务的植保服务公司。购药途径主要有以下几种。

①农户直接从农药批发店、零售店中购买。

②农药零售商根据农户要求或者根据物候期及病虫草害发生情况，选择农药送货上门。

③合作社途径：在农村，为了保障农民利益，一个村的多户村民联合起来成立合作社，统一供应生产资料，产品统一回收销售。这样，农药由合作社统计购买，适时分发给农户，农户只要将农药喷洒到田间即可。合作社购药途径多种多样，可以由企业或农药销售平台直供，也可以由专门的负责人从农药批发商、零售商处购买。

④一些大型的农场或种植园、植保服务公司，购药途径与合作社途径差不多，也是农药企业直供、从农药批发商、零售商处购买等多种形式。

⑤网络购买。由于网购的快捷、便利，一些农药用量较少的实验室、居民需要农药时，有时从网上购买。

5. *农药使用方法、器械*

农药使用方式、方法决定于农药剂型。农药企业根据农药的用途、靶标生物生存场所不同等将农药加工成不同的剂型，如粉剂、可湿性粉剂、乳油、颗粒剂、悬浮剂、悬乳剂、乳剂、微乳剂、水剂、膏剂、种衣剂等，相应地，不同的剂型所对应的使用方法不同。农药使用方法主要有以下几种。

(1)喷雾法。喷雾法是最常见的农药使用方法，常见的农药剂型如乳油、可湿性粉剂、悬浮剂、乳剂、微乳剂、水剂、悬乳剂等都需要兑水喷雾使用。喷雾时需要喷雾器械，喷雾器械包括：背负式液压喷雾器、背负式电动喷雾器、背负式机动喷雾机、高压喷雾器、果园打药机、大型农药喷雾机等。农用喷雾器械按照携带及使用的方便及灵活性可分为两大类：便携式喷雾器、大型喷雾机。便携式喷雾器包括：

手持式手动喷雾器、背负式手动喷雾器、背负式机动或电力喷雾机、园林喷雾机。园林喷雾机又有多种形式可供用户选择，主要有三轮车骑乘式、人力拖车式、车辆牵引式、车载式、框架式、推车式等。

(2)喷粉法。喷粉法是利用机械所产生的风力把低浓度的粉剂吹散、使粉粒飘扬在空气中，然后再沉积到作物和防治对象上的施药方法。为防止粉剂的飘移污染，目前一般只在保护地使用粉尘剂。

(3)撒粒法。抛掷或撒施颗粒状农药制剂的施药方法称为撒粒法或施粒法。使用的农药剂型是颗粒剂，且方法简单、方便。小面积撒粒用手直接撒施或用简单的撒粒工具撒施即可，大面积撒粒可以用机动撒粒机抛撒。

(4)熏烟法和烟雾法。熏烟法是利用农药烟剂产生的烟来防治有害生物的方法，使用时只需将农药烟剂点燃即可。熏烟要求在密闭或相对密闭的环境，如温室、大棚、仓库内，郁闭禁区、果园。烟雾法又称热法，是利用内燃机排出气体的热能或利用空气压缩机的气体压力把农药药液分散成烟雾状态的施药方法。烟雾法必须使用专用的施药机具，即烟雾机。

(5)熏蒸法。熏蒸法是用气态或常温下容易气化的熏蒸剂在密闭条件下防治病虫鼠的施药方法。具体有仓库熏蒸、帐幕熏蒸、土壤熏蒸、减压熏蒸等。另外根据有害生物发生特点，可以灵活运用熏蒸方法，如堵洞熏蒸(天牛、老鼠等)、悬吊熏蒸(卫生害虫或仓贮害虫)、包扎熏蒸(天牛、小蠹虫等)、毒杀棒熏蒸(大豆食心虫、玉米螟)、高秆作物田用毒土等熏蒸。

(6)种苗处理法。采用适宜方法将药剂施到种子或苗木上的一种方法。种苗处理法可以有效地防治种传病害、土传病害、土壤害虫；通过种子萌发、生长，将有效剂量的农药转移到植株上，防治地上部病虫害；防止雀鸟啄食种子和鼠害；促进苗木栽插后早生根、多生根等。具体的方法有种子包衣法、浸种法、浸苗法、拌种法等。

(7)毒饵法。毒饵法是将农药与饵料配成毒饵，用来诱杀害虫、软体动物、害鼠、野兔等有害动物的施药方法。毒饵有商品饵剂，如果购买不到商品饵也可以自行配制。

(8)局部施药法。是对植物的一个部分或作物生长地段的某些区域施放农药，而获得全面施药的防治效果。包括注射法、包扎法、涂抹法、虫孔堵塞法、诱引法、覆膜法、挂网法、埋瓶法和灌根法。局部施药法可大幅度降低农药的使用量，省工、省钱，并可减轻对环境的污染，有利于保护天敌和其他有益生物。所以在生产上，如果是局部发生病虫害，则应局部用药，不提倡全田施药。

6. 农药贮藏概况

一家一户耕作模式的局限是耕地面积小，防治有害生物时所需要的农药量也少。所以农户中的农药在许多情况下需要贮藏，如购买的农药往往不能马上就用，需要暂时贮藏；大包装农药一次用不完，在两次用药之间需要贮藏；当年购买的农药往往当年不能用完需要贮藏。

通过调查发现，农户很少有贮藏农药的专用设备，经常置农药于无人看管的状态。

7. 中国国家禁用和限用农药名录

(1)禁止生产销售和使用的农药名单(33 种)。六六六，滴滴涕，毒杀芬，二溴氯丙烷，杀虫脒，二溴乙烷，除草醚，艾氏剂，狄氏剂，汞剂，砷、铅类，敌枯双，氟乙酰胺，甘氟，毒鼠强，氟乙酸钠，毒鼠硅，甲胺磷，对硫磷、甲基对硫磷，久效磷，磷胺，苯线磷，地虫硫磷，甲基硫环磷，磷化钙，磷化镁，磷化锌，硫线磷，蝇毒磷，治螟磷，特丁硫磷。

(2)在蔬菜、果树、茶叶、中草药材上不得使用和限制使用的农药(17 种)。禁止甲拌磷、甲基异柳磷、内吸磷、克百威、涕灭威、灭线磷、硫环磷、氯唑磷在蔬菜、果树、茶叶和中草药材上使用。禁止氧化乐果在甘蓝和柑橘树上使用；禁止三氯杀螨醇和氰戊菊酯在茶树上使用；禁止丁酰肼(比久)在花生上使用；禁止水胺硫磷在柑橘树上使用；禁止灭多威在柑橘树、苹果树、茶树和十字花科蔬菜上使用；禁止硫丹在苹果树和茶树上使用；禁止溴甲烷在草莓和黄瓜上使用；除卫生、玉米等部分旱田种子包衣剂外，禁止氟虫腈在其他方面使用。按照《农药管理条例》规定，任何农药产品都不得超出农药等级批准的使用范围使用。

农业部(现农业农村部)公告第 2032 号(关于禁限用农药的公告，于 2013 年 12 月 9 日发布)：有关事项如下。

①自 2013 年 12 月 31 日起，撤销氯磺隆(包括原药、单剂和复配制剂，下同)的农药登记证，自 2015 年 12 月 31 日起，禁止氯磺隆在国内销售和使用。

②自 2013 年 12 月 31 日起，撤销胺苯磺隆单剂产品登记证，自 2015 年 12 月 31 日起，禁止胺苯磺隆单剂产品在国内销售和使用；自 2015 年 7 月 1 日起撤销胺苯磺隆原药和复配制剂产品登记证，自 2017 年 7 月 1 日起，禁止胺苯磺隆复配制剂产品在国内销售和使用。

③自 2013 年 12 月 31 日起，撤销甲磺隆单剂产品登记证，自 2015 年 12 月 31 日起，禁止甲磺隆单剂产品在国内销售和使用；自 2015 年 7 月 1 日起，撤销甲磺隆原药和复配制剂产品登记证，自 2017 年 7 月 1 日起，禁止甲磺隆复配制剂产品在国内销售和使用；保留甲磺隆的出口境外使用登记，企业可在 2015 年 7 月 1 日前，

申请将现有登记变更为出口境外使用登记。

④自本公告发布之日起，停止受理福美胂和福美甲胂的农药登记申请，停止批准福美胂和福美甲胂的新增农药登记证；自 2013 年 12 月 13 日起，撤销福美胂和福美甲胂的农药登记证，自 2015 年 12 月 31 日起，禁止福美胂和福美甲胂在国内销售和使用。

⑤自本公告发布之日起，停止受理毒死蜱和三唑磷在蔬菜上的登记申请，停止批准毒死蜱和三唑磷在蔬菜上的登记，自 2016 年 12 月 31 日起，禁止毒死蜱和三唑磷在蔬菜上使用。

8. 农药部推荐使用的高效低毒农药品种

农业部农药主管部门推荐了一批在果树、蔬菜、茶叶上使用的高效、低毒农药品种，这些品种涵盖了农业生产中防治病虫害的杀虫、杀螨、杀菌三类农药，以高效、低毒、环保为选择方向。

(1)杀虫、杀螨剂。

①生物制剂和天然物质。苏云金杆菌、甜菜夜蛾核多角体病毒、银纹夜蛾核多角体病毒、小菜蛾颗粒体病毒、茶尺蠖核多角体病毒、棉铃虫核多角体病毒、苦参碱、印楝素、烟碱、鱼藤酮、苦皮藤素、阿维菌素、多杀菌素、浏阳霉素、白僵菌、除虫菊素、硫黄悬浮剂。

②有机合成制剂。溴氰菊酯、氟氯氰菊酯、氯氟氰菊酯、氯氰菊酯、联苯菊酯、氰戊菊酯、甲氰菊酯、氟丙菊酯、硫双威、丁硫克百威、抗蚜威、异丙威、速灭威、辛硫磷、毒死蜱、敌百虫、敌敌畏、马拉硫磷、乙酰甲胺磷、乐果、三唑磷、杀螟硫磷、倍硫磷、丙溴磷、二嗪磷、亚胺硫磷、灭幼脲、氟啶脲、氟铃脲、氟虫脲、除虫脲、噻嗪酮、抑食肼、虫酰肼、哒螨灵、四螨嗪、唑螨酯、三唑锡、炔螨特、噻螨酮、苯丁锡、单甲脒、双甲脒、杀虫单、杀虫双、杀螟丹、甲胺基阿维菌素、啶虫脒、吡虫脒、灭蝇胺、溴虫腈、丁醚脲(其中茶叶上不能使用氰戊菊酯、甲氰菊酯、乙酰甲胺磷、噻嗪酮、哒螨灵)。

(2)杀菌剂。

①无机杀菌剂。碱式硫酸铜、王铜、氢氧化铜、氧化亚铜、硫硫合剂、硫黄。

②有机合成杀菌剂。代森锌、代森锰锌、福美双、乙磷铝、多菌灵、甲基硫菌灵、噻菌灵、百菌清、三唑酮、三唑醇、烯唑醇、戊唑醇、己唑醇、腈菌唑、乙霉威・硫菌灵、腐霉利、异菌脲、霜霉威、烯酰吗啉・锰锌、霜脲氰・锰锌、邻烯丙基苯酚、嘧霉胺、氟吗啉、盐酸吗啉胍、恶霉灵、噻菌铜、咪鲜胺、咪鲜胺锰盐、抑霉唑、氨基寡糖素、甲霜灵・锰锌、亚胺唑、春王铜、噁唑烷酮・锰锌、脂肪酸铜、松脂酸铜、腈嘧菌酯。

③生物制剂。井冈霉素、农抗 120、菇类蛋白多糖、春雷霉素、多抗霉素、宁南霉素、木霉菌、农用链霉素。

9.与农药相关的各环节所存在的问题

(1)农药管理。有法不依,执法不严。有些法律条文含义模糊,难于执行。例如2002年5月24日颁布的中华人民共和国农业部公告第199号文件指出,砷(arsena)类为国家明令禁止使用的农药,但是没有解释何为砷类。当时仍在使用的农药含砷化合物有福美胂、福美甲胂、田安。199号文件出台后,很多人认为这三种农药是禁用的,但一些生产厂家玩文字游戏,宣传时说“此胂非彼砷”,而农业部药检所也一直没有停止这些产品的登记,直到2013年12月9日中华人民共和国农业部公告第2032号颁布。2032号公告了福美胂、福美甲胂停止登记、撤销登记及全面禁止销售和使用的具体时间,但是没有涉及田安。目前广东省罗定市永安化工有限责任公司登记生产的田安,有效期自2011年11月22日至2016年11月22日,登记证号为PD86121。

(2)农药生产企业存在质量不合格、劣质、隐性成分、套装生产(其中搭配的一方属三无产品)、标签不合格等问题。除了正规厂家外,还有大量无资质的套牌厂家,生产的产品包装上与原厂家完全一样,即便是工商等执法部门也难以辨别。这一方面严重损害了原厂家的利益,另一方面产品质量也得不到保证,损害了消费者的利益。有一些产品可能登记证已经过期,但是仍然生产、销售。

(3)销售方面存在无证销售、销售假药、搭配销售、套装销售、赠品农药等违法乱象。

①无证销售农药,这在中国非常普遍。据笔者调查,山东省平度市南村镇共有农资店300多家,有经营资质的仅有2家。可以说,在广大的农村,农药销售基本都是无证销售。

②销售假药。一般都是流动作案,固定的农资店不会有意售假。如2012中国警察网——人民公报报道“假经理销售假农药140余万瓶”,其所销售的农药如敌敌畏、辛硫磷、高效氯氰菊酯、三唑酮等20多个品种,经农业部门检测鉴定证实,不仅生产批准文号为套用且基本不含标注的农药成分,与水无异,假药销往四川、河南、河北、湖南、江西、山东等多省。(http://www.cpd.com.cn/epaper/rmgab/2012-08-18/04b-3.html)

③搭配销售。有些经销商,在农药销售时为了多卖药,往往几种产品搭配起来卖给消费者,其中有些是有效产品,有一些则是效果差或无效农药。

④销售套装产品或随药附赠品农药。有些生产厂家生产的产品是套装,分A、B两种成分,两个包装组合成一套,其中只有一个包装上贴有农药标签,另一个则没有,属于三无产品。有些销售商卖农药时,随药附赠品,而赠品农药也是三无产品,甚至没有任何标记,跟套装中的B药一样。这样的套装或赠品有很大隐患,一

方面是消费者一旦中毒，不知有效成分，给医生施救带来困难；另一方面可能是违禁农药。

⑤有些小贩车载农药沿公路叫卖农药化肥，身背农药串乡叫卖，逢场摆摊，临时推销农药，并且都是无证经营。

(4)运输与贮藏方面。农户购药后在运回途中及贮藏过程中往往与其他物品甚至是食品混放，没有隔离措施，一旦农药泄漏将污染食品及其他物品；无人看管，随意丢放，会被儿童或其他没有民事行为的人接触到，造成中毒事件发生。

(5)农药使用方面存在如下问题。

①农药操作人员无安全意识及安全防护措施，不穿戴任何防护用品，或者穿戴的防护品不合格，如戴乳胶手套、棉纱布口罩、穿棉质长衣长裤等；配制农药时有的用手搅拌。

②农药滥用、过量、多次连续使用，造成抗药性发生、环境污染、农残超标。

③施用农药尤其是剧毒农药的农田没有任何标识。

④农药施用后，没有记录表。

(6)农药器械。农药器械中特别是便携式喷雾器质量不合格，主要部件用再生塑料制造，使用时“跑冒滴漏”现象时有发生，寿命很短，有的不足一年就破裂。

(二)兽药

1.兽药类型及品种结构

目前我国登记的兽药品种782种，其中抗微生物药224种，消毒防腐药58种，抗寄生虫药174种，中枢神经系统药物39种，外周神经系统药物21种，局部用药物29种，抗过敏药8种，调节组织代谢药物48种，泌尿生殖系统药物44种，体液补充药与电解质、酸碱平衡调节药共20种，血液循环系统药物25种，作用于呼吸系统药物7种，消化系统药物29种，解热镇痛抗炎药40种，外周神经系统药物21种，中枢神经系统药物39种，解毒药16种，禁用药物31种。

(1)抗微生物药(共224种)。

①抗生素(共133种)，包括以下几大类。

β-内酰胺类：包括青霉素类、头孢菌素类两类。青霉素类包括青霉素钠、注射用青霉素钠、青霉素钾、注射用青霉素钾、氨苄西林、氨苄西林可溶性粉、氨苄西林混悬注射液、复方氨苄西林片、复方氨苄西林粉、氨苄西林钠、注射用氨苄西林钠、海他西林、阿莫西林、阿莫西林可溶性粉、阿莫西林注射液、复方阿莫西林粉、阿莫西林克拉维酸钾注射液、苯唑西林钠、注射用苯唑西林钠、氯唑西林钠、苄星氯唑西林、普鲁卡因青霉素、注射用普鲁卡因青霉素、普鲁卡因青霉素注射液、苄星青霉

素、注射用苄星青霉素，共 26 种。头孢菌素类包括头孢噻呋、注射用头孢噻呋、盐酸头孢噻呋、盐酸头孢噻呋注射液、头孢噻呋钠、注射用头孢噻呋钠，共 6 种。

氨基糖苷类：包括硫酸链霉素、注射用硫酸链霉素、硫酸双氢链霉素、注射用硫酸双氢链霉素、硫酸双氢链霉素注射液、硫酸卡那霉素、硫酸卡那霉素注射液、注射用硫酸卡那霉素、硫酸庆大霉素、硫酸庆大霉素注射液、硫酸新霉素、硫酸新霉素片、硫酸新霉素可溶性粉、硫酸新霉素预混剂、硫酸新霉素甲溴东莨菪碱溶液、盐酸大观霉素、盐酸大观霉素可溶性粉、盐酸大观霉素盐酸林可霉素可溶性粉、硫酸大观霉素、硫酸庆大小诺霉素、硫酸庆大小诺霉素注射液、硫酸安普霉素、硫酸安普霉素可溶性粉、硫酸安普霉素预混剂，共 24 种。

四环素类：包括土霉素、土霉素片、土霉素注射液、长效土霉素注射液、盐酸土霉素、注射用盐酸土霉素、长效盐酸土霉素注射液、四环素、四环素片、盐酸四环素、注射用盐酸四环素、盐酸金霉素、盐酸多西环素片，共 13 种。

大环内酯类：包括红霉素、红霉素片、乳糖酸红霉素、注射用乳糖酸红霉素、硫氰酸红霉素、硫氰酸红霉素可溶性粉、吉他霉素、吉他霉素片、吉他霉素预混剂、酒石酸吉他霉素、酒石酸吉他霉素可溶性粉、泰乐菌素、泰乐菌素注射液、酒石酸泰乐菌素、酒石酸泰乐菌素可溶性粉、注射用酒石酸泰乐菌素、磷酸泰乐菌素、磷酸泰乐菌素预混剂、磷酸泰乐菌素磺胺二甲嘧啶预混剂、酒石酸泰万菌素可溶性粉、酒石酸泰万菌素预混剂、替米考星、替米考星预混剂、替米考星溶液、替米考星注射液、磷酸替米考星预混剂、泰拉霉素、泰拉霉素注射液，共 28 种。

酰胺醇类：包括甲砜霉素、甲砜霉素片、甲砜霉素粉、氟苯尼考、氟苯尼考粉、氟苯尼考预混剂、氟苯尼考溶液、氟苯尼考注射液，共 8 种。

林可胺类：包括盐酸林可霉素、盐酸林可霉素片、盐酸林可霉素可溶性粉、盐酸林可霉素预混剂、盐酸林可霉素注射液、盐酸林可霉素硫酸大观霉素可溶性粉、盐酸林可霉素硫酸大观霉素预混剂，共 7 种。

多肽类：包括硫酸黏菌素、硫酸黏菌素可溶性粉、硫酸黏菌素预混剂、杆菌肽锌、杆菌肽锌预混剂、亚甲基水杨酸杆菌肽可溶性粉、杆菌肽锌硫酸黏菌素预混剂、恩拉霉素、恩拉霉素预混剂、维吉尼霉素、维吉尼霉素预混剂、那西肽、那西肽预混剂，共 13 种。

多糖类：包括阿维拉霉素预混剂、黄霉素预混剂，共 2 种。

其他类：包括延胡索酸泰妙菌素、延胡索酸泰妙菌素可溶性粉、延胡索酸泰妙菌素预混剂、泰妙菌素注射液、赛地卡霉素、赛地卡霉素预混剂，共 6 种。

②合成抗菌药（共 89 种），包括以下几类。

磺胺类：包括磺胺嘧啶、磺胺嘧啶片、复方磺胺嘧啶预混剂、复方磺胺嘧啶混悬液、磺胺嘧啶钠、磺胺嘧啶钠注射液、复方磺胺嘧啶钠注射液、磺胺噻唑、磺胺噻唑片、磺胺噻唑钠、磺胺噻唑钠注射液、磺胺二甲嘧啶、磺胺二甲嘧啶片、磺胺二甲嘧啶钠、磺胺二甲嘧啶钠注射液、磺胺甲噁唑、磺胺甲噁唑片、复方磺胺甲噁唑片、磺胺间甲氧嘧啶、磺胺间甲氧嘧啶片、磺胺间甲氧嘧啶钠、磺胺间甲氧嘧啶钠注射液、磺胺对甲氧嘧啶、磺胺对甲氧嘧啶片、复方磺胺对甲氧嘧啶片、磺胺对甲氧嘧啶二甲氧苄啶预混剂、复方磺胺对甲氧嘧啶钠注射液、磺胺氯达嗪钠、复方磺胺氯达嗪钠粉、磺胺甲氧达嗪、磺胺甲氧达嗪片、磺胺甲氧达嗪钠注射液、磺胺脒、磺胺脒片、酞磺胺噻唑、酞磺胺噻唑片、醋酸磺胺米隆、磺胺嘧啶银，共 38 种。

喹诺酮类：包括恩诺沙星片、恩诺沙星可溶性粉、恩诺沙星溶液（鸡用）、恩诺沙星溶液（猪用）、恩诺沙星注射液、乳酸环丙沙星、乳酸环丙沙星可溶性粉、乳酸环丙沙星注射液、盐酸环丙沙星、盐酸环丙沙星可溶性粉、盐酸环丙沙星注射液、盐酸沙拉沙星、盐酸沙拉沙星片、盐酸沙拉沙星可溶性粉、盐酸沙拉沙星溶液、盐酸沙拉沙星注射液、甲磺酸达氟沙星、甲磺酸达氟沙星粉、甲磺酸达氟沙星溶液、甲磺酸达氟沙星注射液、盐酸二氟沙星、盐酸二氟沙星片、盐酸二氟沙星粉、盐酸二氟沙星溶液、盐酸二氟沙星注射液、诺氟沙星、烟酸诺氟沙星、烟酸诺氟沙星可溶性粉、烟酸诺氟沙星溶液、烟酸诺氟沙星注射液、乳酸诺氟沙星可溶性粉、氟甲喹、氟甲喹可溶性粉、萘啶酸、萘啶酸片，共 35 种。

其他类：包括乙酰甲喹、乙酰甲喹片、喹乙醇、喹乙醇预混剂、洛克沙胂、洛克沙胂预混剂、氨苯胂酸、氨苯胂酸预混剂、盐酸小檗碱、盐酸小檗碱片、硫酸小檗碱、硫酸小檗碱注射液、乌洛托品、乌洛托品注射液，共 14 种。

③抗真菌药。包括水杨酸、水杨酸软膏 2 种。

(2)消毒防腐药(共 58 种)。

酚类：包括苯酚、复合酚、甲酚、甲酚皂溶液、氯甲酚、氯甲酚溶液，共 6 种。

醛类：包括甲醛溶液、复方甲醛溶液、浓戊二醛溶液、戊二醛溶液、稀戊二醛溶液、稳定化浓戊二醛溶液、复方戊二醛溶液，共 7 种。

醇类：仅乙醇 1 种。

卤素类：包括含氯石灰、次氯酸钠溶液、复合次氯酸钙粉、复合亚氯酸钠、溴氯海因、溴氯海因粉、氯胺 T、碘甘油、碘附、碘酊、碘仿、碘酸混合溶液、激活碘粉、复合碘溶液、聚维酮碘、聚维酮碘溶液，共 16 种。

季铵盐类：包括辛氨乙甘酸溶液、苯扎溴铵、苯扎溴铵溶液、癸甲溴铵溶液、度米芬、醋酸氯己定、月苄三甲氯铵、月苄三甲氯铵溶液，共 8 种。

氧化剂：包括浓过氧化氢溶液、过氧化氢溶液、高锰酸钾、过硫酸氢钾复合物粉，共 4 种。

酸类：包括醋酸、硼酸、硼酸软膏、硼砂、枸橼酸苹果酸粉，共5种。

碱类：仅氢氧化钠1种。

染料类：包括乳酸依沙吖啶、乳酸依沙吖啶溶液，共2种。

其他：包括氧化锌、氧化锌软膏、松馏油、碳酸钠、甲紫、甲紫溶液、复方煤焦油酸溶液、鱼石脂软膏，共8种。

(3)抗寄生虫药(共174种)。

①抗蠕虫药(共77种)。

A.抗线虫药包括苯并咪唑类、咪唑并噻唑类、四氢嘧啶类、哌嗪类、抗生素类、其他六大类。

苯并咪唑类：包括阿苯达唑、阿苯达唑片、氧阿苯达唑、氧阿苯达唑片、芬苯达唑、芬苯达唑片、芬苯达唑粉、奥芬达唑、奥芬达唑片、甲苯咪唑、氟苯达唑、氟苯达唑预混剂、氧苯达唑、氧苯达唑片、噻苯达唑、非班太尔、非班太尔片、非班太尔颗粒、复方非班太尔片，共19种。

咪唑并噻唑类：包括盐酸左旋咪唑、盐酸左旋咪唑片、盐酸左旋咪唑注射液，共3种。

四氢嘧啶类：包括双羟萘酸噻嘧啶、双羟萘酸噻嘧啶片，共2种。

哌嗪类：包括磷酸哌嗪、磷酸哌嗪片、枸橼酸哌嗪、枸橼酸哌嗪片、枸橼酸乙胺嗪、枸橼酸乙胺嗪片，共6种。

抗生素类：包括伊维菌素、伊维菌素预混剂、伊维菌素注射液、阿维菌素、阿维菌素片、阿维菌素胶囊、阿维菌素粉、阿维菌素注射液、阿维菌素透皮溶液、乙酰氨基阿维菌素、乙酰氨基阿维菌素注射液、多拉菌素、多拉菌素注射液、越霉素A、越霉素A预混剂、潮霉素B预混剂，共16种。

其他：包括碘硝酚、碘硝酚注射液、精制敌百虫、精制敌百虫片，共4种。

B.抗绦虫药包括氯硝柳胺、氯硝柳胺片、氢溴酸槟榔碱、氢溴酸槟榔碱片，共4种。

C.抗吸虫药包括硝氯酚、硝氯酚片、碘醚柳胺、碘醚柳胺混悬液、氯氰碘柳胺钠、氯氰碘柳胺钠片、氯氰碘柳胺钠注射液、氯氰碘柳胺钠混悬液、硝碘酚腈、硝碘酚腈注射液、三氯苯达唑、三氯苯达唑片、三氯苯达唑颗粒、三氯苯达唑混悬液、溴酚磷、溴酚磷片、溴酚磷粉、双酰胺氧醚、双酰胺氧醚混悬液、硫双二氯酚、硫双二氯酚片，共21种。抗血吸虫药包括吡喹酮、吡喹酮片，共2种。

②抗原虫药(共61种)。

A.抗球虫药包括磺胺类、三嗪类、聚醚类离子载体抗球虫药、二硝基类、其他，共5种。

磺胺类:包括磺胺喹噁啉、磺胺喹噁啉二甲氧苄啶预混剂、磺胺喹噁啉钠、磺胺喹噁啉钠可溶性粉、复方磺胺喹噁啉钠可溶性粉、磺胺氯吡嗪钠、磺胺氯吡嗪钠可溶性粉,共 7 种。

三嗪类:包括地克珠利、地克珠利预混剂、地克珠利溶液、托曲珠利、托曲珠利溶液,共 5 种。

聚醚类离子载体抗球虫药:包括莫能菌素钠、莫能菌素预混剂、盐霉素钠、盐霉素钠预混剂、拉沙洛西钠、拉沙洛西钠预混剂、甲基盐霉素预混剂、甲基盐霉素尼卡巴嗪预混剂、马度米星铵、马度米星铵预混剂、海南霉素钠、海南霉素钠预混剂、赛杜霉素钠预混剂,共 13 种。

二硝基类:包括二硝托胺、二硝托胺预混剂、尼卡巴嗪、尼卡巴嗪预混剂、尼卡巴嗪乙氧酰胺苯甲酯预混剂,共 5 种。

其他:包括乙氧酰胺苯甲酯、癸氧喹酯、癸氧喹酯预混剂、癸氧喹酯溶液、盐酸氨丙啉、盐酸氨丙啉可溶性粉、复方盐酸氨丙啉可溶性粉、盐酸氨丙啉乙氧酰胺苯甲酯预混剂、盐酸氨丙啉乙氧酰胺苯甲酯磺胺喹Ⅱ噁啉预混剂、氯羟吡啶、氯羟吡啶预混剂、复方氯羟吡啶预混剂、盐酸氯苯胍、盐酸氯苯胍片、盐酸氯苯胍预混剂、氢溴酸常山酮预混剂,共 16 种。

B. 抗锥虫药包括三氮脒、注射用三氮脒、甲硫喹嘧胺、喹嘧氯胺、注射用喹嘧胺、氯化氮氨菲啶盐酸盐、注射用新胂凡纳明,共 7 种。

C. 抗梨形虫药包括硫酸喹啉脲、硫酸喹啉脲注射液、青蒿琥酯、青蒿琥酯片、盐酸吖啶黄、盐酸吖啶黄注射液、台盼蓝、注射用台盼蓝,共 8 种。

③杀虫剂(共 36 种)。

有机磷酸酯类杀虫剂:包括二嗪农、二嗪农溶液、二嗪农项圈、巴胺磷、巴胺磷溶液、蝇毒磷、蝇毒磷溶液、倍硫磷、精制马拉硫磷、精制马拉硫磷溶液、敌敌畏、敌敌畏溶液、浓辛硫磷溶液、辛硫磷浇泼溶液、甲基吡啶磷、甲基吡啶磷可湿性粉-10、甲基吡啶磷与赋形剂配制、甲基吡啶磷颗粒,共 18 种。

有机氯化合物:包括氯芬新片、氯芬新混悬液,共 2 种。

拟除虫菊酯类化合物:包括氰戊菊酯、氰戊菊酯溶液、溴氰菊酯溶液,共 3 种。

其他:包括双甲脒、双甲脒溶液、双甲脒项圈、升华硫、硫软膏、环丙氨嗪、环丙氨嗪预混剂、环丙氨嗪可溶性粉、环丙氨嗪可溶性颗粒、非泼罗尼滴剂、非泼罗尼喷剂、复方非泼罗尼滴剂(猫用)、复方非泼罗尼滴剂(犬用),共 13 种。

(4)中枢神经系统药物(共 39 种),包括如下几类。

中枢兴奋剂:包括咖啡因、安钠咖注射液、尼可刹米、尼可刹米注射液、戊四氮、戊四氮注射液、樟脑磺酸钠、樟脑磺酸钠注射液、硝酸士的宁、硝酸士的宁注射液,共10种。

镇静剂与抗惊厥剂：包括盐酸氯丙嗪、盐酸氯丙嗪片、盐酸氯丙嗪注射液、地西泮、地西泮片、地西泮注射液、溴化钙、溴化钙注射液、苯巴比妥、苯巴比妥片、苯巴比妥钠、注射用苯巴比妥钠、巴比妥、硫酸镁注射液，共14种。

麻醉性镇痛剂：包括盐酸吗啡、盐酸吗啡注射液、盐酸哌替啶、盐酸哌替啶注射液，共4种。

全身麻醉剂：包括麻醉乙醚、注射用硫喷妥钠、盐酸氯胺酮、盐酸氯胺酮注射液、复方氯胺酮注射液，共5种。

化学保定剂：包括镇痛性化学保定药、肌松性化学保定药两类。镇痛性化学保定剂包括赛拉嗪、盐酸赛拉嗪注射液、赛拉唑、盐酸赛拉唑注射液4种；肌松性化学保定药包括氯化琥珀胆碱、氯化琥珀胆碱注射液2种。

(5)外周神经系统药物(共21种)，包括如下几类。

拟胆碱剂：包括氨甲酰胆碱、氨甲酰胆碱注射液、氯化氨甲酰甲胆碱、氯化氨甲酰甲胆碱注射液、硝酸毛果芸香碱注射液、甲硫酸新斯的明、甲硫酸新斯的明注射液，共7种。

抗胆碱剂：包括硫酸阿托品、硫酸阿托品片、硫酸阿托品注射液、氢溴酸东莨菪碱、氢溴酸东莨菪碱注射液，共5种。

拟肾上腺素：包括重酒石酸去甲肾上腺素、重酒石酸去甲肾上腺素注射液、肾上腺素、盐酸肾上腺素注射液，共4种。

局部麻醉剂：包括盐酸普鲁卡因、盐酸普鲁卡因注射液、盐酸利多卡因、盐酸利多卡因注射液、盐酸丁卡因，共5种。

(6)解热镇痛抗炎药(共40种)，包括如下几类。

解热镇痛抗炎剂：包括阿司匹林、阿司匹林片、对乙酰氨基酚、对乙酰氨基酚片、对乙酰氨基酚注射液、安乃近、安乃近片、安乃近注射液、安替比林、氨基比林、安痛定注射液、复方氨基比林注射液、萘普生、萘普生片、萘普生注射液、水杨酸钠、水杨酸钠注射液、复方水杨酸钠注射液、氟尼辛葡甲胺、氟尼辛葡甲胺颗粒、氟尼辛葡甲胺注射液、替泊沙林、替泊沙林冻干片，共23种。

糖皮质激素类药物：包括氢化可的松、氢化可的松注射液、醋酸氢化可的松、醋酸氢化可的松注射液、醋酸可的松、醋酸可的松注射液、醋酸泼尼松、醋酸泼尼松片、醋酸氟轻松、醋酸氟轻松乳膏、地塞米松磷酸钠、地塞米松磷酸钠注射液、醋酸地塞米松、醋酸地塞米松片、倍他米松、倍他米松片、注射用促皮质激素，共17种。

(7)消化系统药物(共29种)，包括如下几类。

健胃药与助消化药：包括人工矿泉盐、胃蛋白酶、稀盐酸、氢氧化铝、干酵母、干酵母片、乳酶生、乳酶生片、稀醋酸，共9种。

瘤胃兴奋药：浓氯化钠注射液，1种。

制酵药与消沫药：包括芳香氨醑、乳酸、鱼石脂、二甲硅油、二甲硅油片、薄荷油、薄荷脑，共7种。

泻药与止泻药：包括干燥硫酸钠、硫酸钠、硫酸镁、液状石蜡、蓖麻油、鞣酸、鞣酸蛋白、碱式硝酸铋、碱式碳酸铋片、药用炭、白陶土、氧化镁，共12种。

(8)作用于呼吸系统药物(共7种)，包括如下几类。

祛痰镇咳药：包括氯化铵、碳酸铵、碘化钾、碘化钾片，共4种。

平喘药：包括氨茶碱、氨茶碱片、氨茶碱注射液，共3种。

(9)血液循环系统药物(共25种)，包括如下几类。

强心药：包括洋地黄毒苷注射液、洋地黄酊、毒毛花苷K、毒毛花苷K注射液，共4种。

止血药：包括亚硫酸氢钠甲萘醌、亚硫酸氢钠甲萘醌注射液、维生素K_1、维生素K_1注射液、酚磺乙胺、酚磺乙胺注射液、安络血、安络血注射液、明胶、吸收性明胶海绵、三氯化铁，共11种。

抗凝血药：包括枸橼酸钠、枸橼酸钠注射液，共2种。

抗贫血药：包括硫酸亚铁、右旋糖苷铁、右旋糖苷铁注射液、右旋糖苷铁钴注射液、维生素B_{12}、维生素B_{12}注射液、叶酸、叶酸片，共8种。

(10)体液补充药与电解质、酸碱平衡调节剂(共20种)，包括如下几类。

体液补充药：包括右旋糖苷40、右旋糖苷40葡萄糖注射液、右旋糖苷40氯化钠注射液、右旋糖苷70、右旋糖苷70葡萄糖注射液、右旋糖苷70氯化钠注射液、葡萄糖、葡萄糖注射液、葡萄糖氯化钠注射液、无水葡萄糖，共10种。

电解质与酸碱平衡调节药：包括氯化钠、氯化钠注射液、复方氯化钠注射液、氯化钾、氯化钾注射液、碳酸氢钠、碳酸氢钠片、碳酸氢钠注射液、乳酸钠、乳酸钠注射液，共10种。

(11)泌尿生殖系统药物(共44种)，包括如下几类。

利尿药与脱水药：包括呋塞米、呋塞米片、呋塞米注射液、氢氯噻嗪、氢氯噻嗪片、甘露醇、甘露醇注射液、山梨醇、山梨醇注射液，共9种。

子宫收缩药：包括缩宫素注射液、垂体后叶注射液、马来酸麦角新碱、马来酸麦角新碱注射液，共4种。

性激素：包括丙酸睾酮、丙酸睾酮注射液、苯丙酸诺龙、苯丙酸诺龙注射液、苯甲酸雌二醇、苯甲酸雌二醇注射液、黄体酮、黄体酮注射液、复方黄体酮缓释圈、黄体酮阴道缓释剂、醋酸氟孕酮、醋酸氟孕酮阴道海绵、绒促性素、注射用绒促性素、血促性素、注射用血促性素、注射用垂体促卵泡素、注射用垂体促黄体素、促黄体素释放激素 A_2、注射用促黄体素释放激素 A_2、促黄体素释放激素 A_3、注射用促黄体素释放激素 A_3、醋酸促性腺激素释放激素注射液，共 23 种。

前列腺素：包括甲基前列腺素 F_{2a}、甲基前列腺素 F_{2a} 注射液、氨基丁三醇前列腺素 F_{2a} 注射液、氯前列醇、氯前列醇注射液、氯前列醇钠、氯前列醇钠注射液、注射用氯前列醇钠，共 8 种。

(12)调节组织代谢药物(共 48 种)，包括如下几类。

脂溶性维生素：包括维生素 A、维生素 AD 油、维生素 AD 注射液、鱼肝油、维生素 D_2、维生素 D_2 胶性钙注射液、维生素 D_3、维生素 D_3 注射液、维生素 E、维生素 E 注射液，共 10 种。

水溶性维生素：包括维生素 B_1、维生素 B_1 片、维生素 B_2、维生素 B_2 片、维生素 B_2 注射液、维生素 B_6、维生素 B_6 片、维生素 B_6 注射液、复合维生素 B 溶液、复合维生素 B 注射液、维生素 C、维生素 C 片、维生素 C 注射液、泛酸钙、烟酰胺、烟酰胺片、烟酰胺注射液、烟酸、烟酸片，共 19 种。

钙、磷与微量元素：包括氯化钙、氯化钙注射液、氯化钙葡萄糖注射液、葡萄糖酸钙、葡萄糖酸钙注射液、硼葡萄糖酸钙注射液、碳酸钙、磷酸氢钙、乳酸钙、亚硒酸钠、亚硒酸钠注射液、亚硒酸钠维生素 E 预混剂、亚硒酸钠维生素 E 注射液、复方布他磷注射液，共 14 种。

其他：包括二氢吡啶、盐酸甜菜碱、盐酸甜菜碱预混剂、氯化胆碱、氯化胆碱溶液，共 5 种。

(13)抗过敏药(共 8 种)，包括盐酸苯海拉明、盐酸苯海拉明注射液、盐酸异丙嗪、盐酸异丙嗪片、盐酸异丙嗪注射液、马来酸氯苯那敏、马来酸氯苯那敏片、马来酸氯苯那敏注射液，共 8 种。

(14)局部用药物(共 29 种)，包括如下几类。

刺激药：包括浓碘酊、松节油、松节油搽剂、樟脑、樟脑醑、复方樟脑搽剂、浓氨溶液、稀氨溶液、桉油，共 9 种。

保护药：包括白陶土、滑石粉、明矾，共 3 种。

乳房内用药：包括注射用氯唑西林钠、头孢氨苄乳剂、苄星氯唑西林注射液、苄星氯唑西林乳房注入剂(干乳期)、氨苄西林苄星氯唑西林乳房注入剂(干乳期)、氨苄西林苄星氯唑西林乳房注入剂(泌乳期)、氯唑西林钠氨苄西林钠乳剂(干乳期)、氯唑西林钠氨苄西林钠乳剂(泌乳期)、复方阿莫西林乳房注入剂(泌乳期)、盐酸林可霉素硫酸新霉素乳房注入剂(泌乳期)，共 10 种。

子宫腔内用药：包括露它净溶液、复方黄体酮缓释圈，共 2 种。

眼科用药:包括硫酸新霉素滴眼液、硫酸锌、醋酸氢化可的松滴眼液、醋酸泼尼松眼膏、四环素醋酸可的松眼膏,共5种。

(15)解毒药(共16种),包括如下几类。

金属络合剂:包括二巯丙醇、二巯丙醇注射液、二巯丙磺钠、二巯丙磺钠注射液,共4种。

胆碱酯酶复活剂:包括碘解磷定、碘解磷定注射液、氯磷定、氯磷定注射液,共4种。

高铁血红蛋白还原剂:包括亚甲蓝、亚甲蓝注射液,共2种。

氰化物解毒剂:包括亚硝酸钠、亚硝酸钠注射液、硫代硫酸钠、硫代硫酸钠注射液,共4种。

氟乙酰胺解毒剂:包括乙酰胺、乙酰胺注射液,共2种。

(16)禁用药物(共30种),包括氯霉素及其盐、酯(包括琥珀氯霉素),克伦特罗及其盐、酯,沙丁胺醇及其盐、酯,氨苯砜,己烯雌酚及其盐、酯,呋喃它酮,呋喃唑酮,林丹,呋喃苯烯酸钠,安眠酮,洛硝达唑,玉米赤霉醇,去甲雄三烯醇酮,醋酸甲孕酮,硝基酚钠,硝呋烯腙,毒杀芬(氯化烯),呋喃丹(克百威),杀虫脒(克死螨),双甲脒,酒石酸锑钾,锥虫砷胺,孔雀石绿,五氯酚酸钠,氯化亚汞(甘汞),硝酸亚汞,醋酸汞,吡啶基醋酸汞,甲基睾丸酮,群勃龙等31种(类)。

2.兽药使用过程中存在的主要问题

(1)兽药生产方面。兽药生产质量存在如下问题。

①产品偷工减料,造成含量低下。

②中药类产品改变组方,表现在性状、鉴别项不合格。

③伪造、套用兽药产品批准文号。

④废止兽药标准的产品仍有个别企业生产销售。

⑤隐性成分:《兽药管理条例》明确规定,标签必须写明兽药的主要成分及其含量等。但有些兽药企业为了逃避报批,在产品中添加一些化学物质(隐性成分),标签上却不显示。

⑥一些科研院所研制生产的未取得批准文号的中试产品就开始销售。由于采取隐蔽的销售方式,无购销和出入库记录,查处难度较大,严重扰乱了兽药经营秩序。

⑦兽药标签、说明书不规范。随意更改产品说明书的现象比较普遍,市场需求什么,企业就写什么,夸大疗效、包治百病,延误疫病防治。

(2)销售方面。流通环节经营秩序还欠规范,经营流通的门槛较低,缺乏一套严格、完整并具有约束力的监督管理办法。

①唯利是图，售卖假、劣兽药。许多兽药经营人员对那些利润高而来源不明的假、劣兽药甚至违禁药品，采取极为隐蔽的销售方式，并对检查极不配合或敷衍了事，严重扰乱了兽药经营秩序。

②走街串巷，流动售药。一些兽药批发商和小兽药生产厂家，用微型面包车或厢式运输车直接给县乡的畜禽技术服务部、兽药批发部及兽药店以及养殖场不定时的送货上门。他们没有规律，随意性大，流动性很大，增加了兽药市场整顿治理的难度。

③许多兽药店为了扩大服务面，追求较高的利润，违法经营生物制品。他们多采用存放在邻居家的冰箱中、商店的冰柜中，更有甚者还和一些小饭店的冷藏食品存在在一起或其他更为隐蔽的手段。还有疫苗厂家直接给养殖场送货(流动性大)，难辨疫苗的真伪。

(3)兽药使用方面，存在随意性、盲目性、凭经验乱用、滥用、使用禁用兽药等问题。

①非法使用违禁或淘汰药物。我国农业部在 2003 年(265)号公告中明文规定，不得使用不符合《兽药标签和说明书管理办法》规定的兽药产品，不得使用《食品动物禁用的兽药及其他化合物清单》所列 21 类药物及未经农业部批准的兽药，不得使用进口国明令禁用的兽药，畜禽产品中不得检出禁用药物。但事实上，养殖户为了追求最大的经济效益，将禁用药物当作添加剂使用的现象相当普遍，如饲料中添加盐酸克仑特罗(瘦肉精)引起的猪肉中毒事件等。

②不遵守休药期规定用药、未按规定饲喂饲料添加剂和添加剂预混合饲料等现象。

休药期的长短与药物在动物体内的消除率和残留量有关，而且与动物种类，用药剂量和给药途径有关。国家对有些兽药特别是药物饲料添加剂都规定了休药期，但是大部分养殖场(户)使用含药物添加剂的饲料时很少按规定施行休药期。

③滥用药物。在养猪过程中，普遍存在长期使用药物添加剂，随意使用新或高效抗生素，大量使用医用药物等现象。此外，还大量存在不符合用药剂量、给药途径、用药部位和用药动物种类等用药规定以及重复使用几种商品名不同但有效成分相同的药物的现象。所有这些因素都能造成药物在体内过量积累，导致兽药残留。

④屠宰前用药。屠宰前使用兽药来掩饰有病畜禽临床症状，以逃避宰前检验，这也能造成肉食畜产品中的兽药残留。

⑤人用药替代兽用药。因为人用药物缺乏对各种动物的用药量、易感性、用药周期、药物残留等方面的研究，人和动物本身在各个方面差异都是很大的，因此国

家规定人用药禁止在食用动物方面应用是十分有科学依据的。

⑥使用激素类药物。现在主要有β兴奋剂(盐酸克仑特罗、沙丁胺醇、莱克多巴胺),性激素类药物(己烯雌酚、睾丸酮及其盐、酯及制剂)等。

⑦一部分规模养殖场存在使用过期兽药、禁用兽药、无GMP标识兽药的现象,有的规模养殖场的兽医室建设很不规范;多数规模养殖场无专门的兽医治疗室,药品堆码不整齐,乱堆乱放现象严重。

(4)监管方面,存在如下问题。

①兽药监督管理人员对兽药经营企业进行检查时,只是检查有无批准文号(不知文号真假)、是否在有效期、是否经营国家违禁药物等。兽药的真假难以肉眼鉴别,而监管部门抽样送检次数和抽检样品数量太少,从而使兽药监督管理工作往往流于形式,直接影响着兽药市场的监督管理工作。执法手段落后,没有专项经费,使监督工作难以开展。

②监管人员装备落后,手段不足,带来立案难、取证难等问题,使兽药执法工作不能得到有效开展。

③在兽药的执法检查工作中,由于没有工作经费,而兽药店和畜禽技术服务部大部分都在乡镇尤其是养殖场路远偏僻,严重影响着兽药监管工作的顺利进行。部分被管理人员法律意识淡薄,拒绝办证、抽检等现象时有发生。有些兽药经营者甚至殴打辱骂执法人员,阻挠执法工作,使兽药监管工作非常艰难。

(5)化学投入品的应用,应严格遵照使用说明书进行。同时养殖场(户)应当建立生产记录,如实记载下列事项。

①使用化学投入品的名称、来源、用法、用量和使用、停用的日期。

②动物疫病的发生和防治情况。

③屠宰的日期。

第二节　基于数据库存的中国GAP生产化学投入品选用智能咨询系统

在农业生长中涉及多种化学投入品,绝大部分投入品对所生产食品无害,对生态环境安全,但还有一部分投入品属于非法使用,对食品生产和环境安全造成一定的危害。“中国GAP生产中化学投入品风险评估咨询系统”以化学投入品的基本数据作为基础数据,并建有计算、智能推理等模块,构建该系统的目标是为GAP的认证提供参考数据、模型和咨询。

一、数据库

“基于数据库的中国GAP生产化学投入品选用智能咨询系统”中包含四部分数据:化学投入品的基本信息、各种GAP标准中允许使用化学投入品信息、商用农药投入品信息表、商用兽药投入品信息表,分别记录不同的信息。

(一)化学投入品基本信息库

化学投入品基本信息库列出了农业生产中所涉及农药和兽药的基本信息,包括:①化学投入品通用名称(ID)。② 所属化学投入品类别。③英文名称。④别名。⑤化学名称。⑥英文名称。⑦ 分子式。⑧分子量。⑨结构式。⑩理化性质(物态、气味、溶解性、光稳定性、耐酸、耐碱等)。⑪毒性(致死中量、对鼠、鱼、蜂等的毒性)。⑫慢性毒性及潜在危害(致癌、致畸变、刺激作用、其他不良作用等)。⑬作用方式与靶标(作用方式与靶标)。⑭作用谱(特效对象,一般作用对象,无作用的对象)。⑮常见剂型。⑯是否被禁用或限用。⑰禁用文件编号及全文。⑱资料来源。每一个字段都需要有一个规范的描述作为默认值。目前该库已有600条记录。

从化学投入品基本信息库,用户可以了解某一种化学投入品的结构、理化性质、毒性等基本信息。

(二)化学投入品最低残留限量数据库

化学投入品最低残留限量信息库中,包括中国、欧盟、美国、日本、韩国等国家和地区允许使用的各种化学投入品列表,及其最低残留限量标准。该信息表中包含以下内容:①序号(ID)。②中国及世界各国或各地区农业生产所采用的化学农药残留标准(ID)。③化学投入品的通用化学名称(ID)。④农作物或食品中文名称。⑤农作物或食品的英文名称。⑥残留限量。⑦备注。目前该库中已收录了中国、日本、欧盟、美国和韩国5个国家和地区的农药残留限量标准。

从化学投入品最低残留限量数据库中,用户可以了解中国和世界上其他国家所允许使用的化学投入品及其残留限量。

(三)商用化学投入品数据库

商用化学投入品数据库收集了在农业部登记的所有农药和兽药,库中内容包括:①序号(ID)。②产品名称。③登记号。④有效成分。⑤有效成分含量。⑥登记作物。⑦防治对象。⑧用量。⑨毒性。⑩使用方法。⑪生产厂家。⑫登记日期。⑬资料来源。目前,该数据库中已收入2万余条记录。

从商用化学投入品数据库中,用户可以了解某种化学投入品是否属于正式登记的合法产品,以及是否允许用到该种作物上。根据该产品的有效成分,可以查询有效成分的理化性质、毒性等相关信息；查询不同国家、不同地区对该种化学物质的允许的最大残留限量。

(四)商用兽药投入品数据库

商用兽药投入品数据库收集了所有兽药的信息，库中内容包括：①序号(ID)。②产品名称。③制剂与规格。④主要成分。⑤主要成分含量。⑥用法用量。⑦适应症。⑧药理毒理。⑨药理作用。⑩药代动力学。⑪不良反应。⑫禁忌症。⑬注意事项。⑭药物相互作用。⑮孕期与哺乳期用药。⑯资料来源。目前已收集数据1万余条。

从商用兽药数据库中，用户可以了解某种兽药的基本性质，如药理作用、药理毒理、不良反应、禁忌症等。根据该产品的有效成分，可以查询有效成分的理化性质、毒性等相关信息；查询不同国家、不同地区对该种化学物质的允许的最大残留限量。

二、数据库提供的功能

(1)查询不同国家和地区所允许使用的化学投入品的种类和最大残留浓度。根据作物、食品或家畜的种类，可以从数据库中查询不同国家和地区，不同作物、食品或畜类上所许使用的化学投入品的种类，及其最大残留限量。

(2)查询各种化学投入品的基本信息。根据化学投入品的名称，可以在化学投入品基本信息库中，查询到各种化学投入品的基本信息。

(3)安全间隔期的推算模型。该数据库有安全间隔期推算模块，该模块能利用各种化学用药的最低残留限量、该种化学农药的半衰期和用量，近似地推算农药的安全间隔期，为化学投入品的风险评估提供参考。

(4)化学投入品风险辅助评估。根据化学投入品的商用名称，从“商用化学投入品数据库”中查询该种化学用品的有效成分和登记作物，根据化学投入品的有效成分和登记作物，初步判定该种化学投入品在某种作物上应用是否合法。然后，从“化学投入品最低残留限量数据库”查询该种产品中所含的有效成分在某种作物上使用时的最大残留限量，查询使用该种产品的安全间隔期，根据最大残留限量和安全间隔期，判断该种产品是否在安全间隔期内使用，以及是否安全，若在安全间隔期内使用，且安全，则符合 GAP 操作规程，否则不符合 GAP 操作规程。如果该种产品没有登记在该种作物上使用，则从“化学投入品基本信息库”中查询该种有效成分的详细信息，根据有关信息，对所投入化学品的安全性做出安全性评估。

三、数据录入和更新

“基于数据库的中国 GAP 生产中化学投入品风险评估咨询系统”是一个开放

的数据库。数据库中设置数据录入模块，以便使数据录入者在数据库建库初期大量录入数据。数据库另设更新模块，授权管理者在数据库的使用过程中随时更新数据。

数据库建在服务器上，不同的操作者授予不同权限，其操作在客户端完成，用户上网可获得相关信息。

第三节　植物保护中化学投入品(农药)危害关键点控制

一、农药使用流程

无论何种农作物生产，都离不开植物保护，化学防治是植物保护中的关键措施，也是 IPM 重要手段之一。化学防治就是利用农药来预防或控制农业、林业生产中病、虫、草、螨、鼠等有害生物的危害。图 4-5 是农药使用流程中的关键步骤，也是危险化学投入品控制的关键点。农药使用流程包括农药购买、农药运输与贮藏、农药品种和剂型的选择、植保器械的选择、剂量选择和计算、农药配制、农药喷洒、剩余药液及施药后药械处理、农药空容器及包装袋的处理。无论是何人在何时接触农药，都要作好安全防护，避免接触吸收农药引起农药中毒。最后，农药要做好农药安全使用记录表。

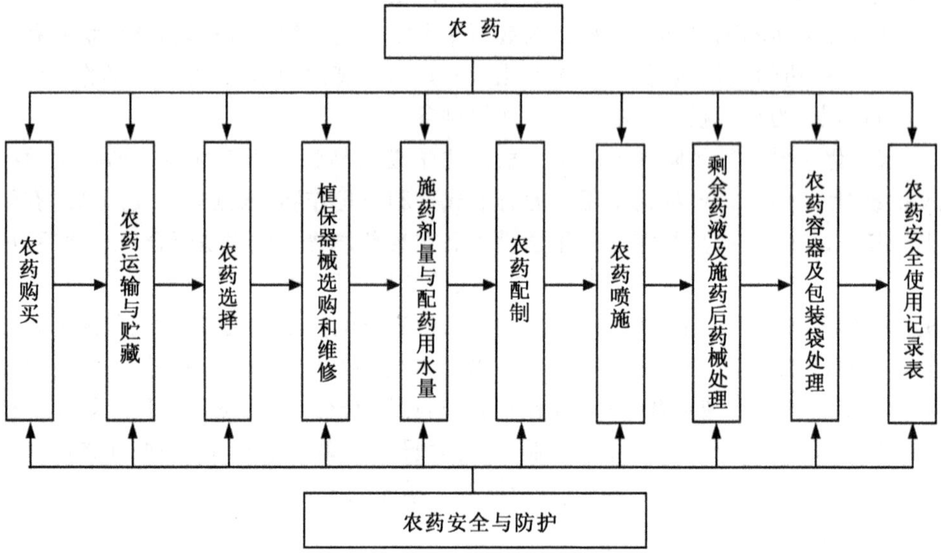

图 4-5　农药使用流程

二、农药使用过程中危害关键点及其控制措施

表 4-6 给出了农药使用过程中危害关键点及其控制措施。化学防治具有高效、速效、经济效益高、使用简便等优点。但如果农药使用不当，则可能引起人畜中毒，杀伤天敌和其他有益昆虫，杀伤有益微生物（破坏生态平衡），导致有害生物产生抗药性，伤害被保护植物（药害），农产品农药残留超标以及造成环境污染。可以说伴随着农药使用的全过程，即从购买到最终施到田间到农产品收获，每一步都存在风险。

表 4-6　农药危害关键点及其控制措施

农药操作	农药危害关键点	关键点控制措施
农药购买	假冒、伪劣、过期、不合格农药；原包装破损	检查是否正规厂家、“三证”齐全的产品；检查原包装是否完好无损
农药运输	无人看管；与食品等其他日用品混放；包装破损，泄漏，造成严重污染	原包装是否完好无损，密封盖严密不松动；农药是否盛放在带锁的箱子里并上锁；一旦泄漏，用土或沙子充分吸附农药，收起，远离居民区、地下水深埋
农药贮藏	影响人的健康；影响环境；影响药效；农药品种间相互污染；与其他物品堆放一起	是否有专用的化学品仓库，上锁的建筑物，带锁的箱子或盒子；农药是否贮存在原始包装物中且包装完好；准备吸附性好的材料，泄漏应急用
农药选择	药不对症；农药剂型不符；农药毒性不符；农药登记作物不符；农药安全间隔期不符	认识农药、认识有害生物（加强培训和学习），根据有害生物种类特点、农药登记作物、安全间隔期及毒性选购合适的农药
植保器械（便携式喷雾器）	质量不合格（塑料药桶易碎，药桶盖不密封，输药软管跑冒滴漏），操作人员易接触中毒；雾化程度不合格（雾滴粗）；烟雾机无相应农药剂型	检查喷雾器是否符合 FAO 标准，是否正规厂家的合格产品；研发相应的适合烟雾机使用的农药剂型，制定相关的剂型标准
施药剂量和次数	滥用、过量、多次用药造成抗药性、环境污染、殃及非靶标生物或农产品农残超标	以经济阈值制定防治指标，根据防治指标在有害生物防治适期用药。检查是否严格按照推荐剂量使用；用药是否是不同作用靶标的农药轮换使用或混用

续表 4-6

农药操作	农药危害关键点	关键点控制措施
农药配制	错拿错配农药;取药量不准(瓶盖作量器量取农药或根据经验倾倒);徒手配制,使操作人员中毒;污染河流和水井;农药混合配制发生不相容,药液分层,上有浮油下有沉淀(这种药液易产生药害);水质差;空包装容器不清洗	检查询问农药配制前是否仔细阅读过标签,量取药时是否用标准量器;做好个人安全防护;准备足够的清水、毛巾和肥皂,以便及时清洗被污染的皮肤和眼睛;配药现场严禁儿童、动物接近;准备足够配药用水(水质适合),远离河流和水井;检查农药相容性;两步配药法:先加固态农药后加液态农药;空包装容器是否用清水冲洗 3 遍,并入药桶中;用棍子搅拌混匀;及时清理农药配制时泄漏的农药
农药喷施	喷雾器喷雾量不准;操作人员中毒;操作人员操作不当,造成药效差或药效不均匀;药害;施药后无标识;喷粉引起飘移污染	喷雾器在使用前是否进行校准;个人安全防护;操作人员是否了解喷雾器性能,正确操作,施药均匀周到;防护隔离带;施药后(特别是剧毒、高毒农药),要有标识,标明“农药,有毒”等字样;粉剂在保护地使用
剩余药液及药械处理	剩余药液随意倾倒,污染环境,或喷施回田里(除草剂易造成药害);药械不处理或在河流、池塘、井边清洗,造成环境污染及对非靶标生物的伤害;药械清洗不彻底,造成药害	剩余药液:若是杀虫剂或杀菌剂,可以再喷回田里,直到喷完为止;若是除草剂,若要回喷,必须保证全田均匀喷洒一遍,否则严禁回喷;喷雾器:要在喷雾现场备足清水,喷雾完成后,及时清洗喷雾器,一般要清洗 3 遍,远离河流、池塘和地下水
空容器处理	空容器、包装袋随意丢弃在田间地头或河边、池塘边、井边,造成二次污染	检查塑料空容器和包装袋是否用刀子划破;玻璃容器是否摔碎,是否收集起来远离村庄和地下深埋或烧毁;金属容器是否彻底清洗后回收
使用记录表	无或不全	检查填写完整的农药贮存、使用记录表
安全防护品	无、不全或质量不合格	最低防护:长衣长裤(最好透气不透水),橡胶靴子,丁腈橡胶手套,风镜或面罩

1. 农药购买

在购买农药之前，通过培训和学习，掌握农药剂型的特点及其质量标准；能正确阅读和理解农药标签，检查农药“三证”号（农药登记证号、生产许可证号、产品标准号），了解农药毒性、安全间隔期和安全防护措施。然后根据有害生物类型、为害特点进行选择，同时还要考虑作物种类。购买和使用农药时还要参照国家有关法律法规，正确购买和使用农药。高毒、高残留农药禁止在蔬菜、果树、中草药和茶叶田里使用。农药标签上给出了农药的使用范围和防治对象。

购买农药时，要选择正规且信誉良好的厂家的产品；检查农药包装（是否破损、泄漏）、生产日期；从外观上判断农药的质量，粉剂、可湿性粉剂、水分散性粒剂、可溶性粉剂等固体剂型如果分散性不好，有结块，说明该农药产品已经受潮，有效成分含量可能发生了变化或者变质。另外，如果粉末的色泽不均匀，颗粒感强，可能也存在质量问题。乳油、乳剂或水剂等液态剂型，外观要求均匀，不分层或者透明，如有分层、混浊或有结晶析出，而且在常温下结晶不消失，就说明存在一定的质量问题。颗粒剂要求颗粒完好率在 85% 以上，如果破碎多，呈粉末状，可能已失效；根据标签信息、结合生产需要选购农药和农药购买量。选购农药时，永远不要购买散装农药产品。

2. 农药运输

农药运输途中不要置于无人看管的状态，这可能被儿童或其他没有民事行为能力的人接触到；食品、其他日用品可能被农药污染，尤其是食品被污染后可能引起严重后果；农药随意丢放，可能导致农药包装破损，引起泄漏，造成严重污染。正确的做法如下。

(1)农药在运输过程中要上锁。在农药运输过程中，首先要确保农药原包装完好无损，密封盖严密不松动，以免在运输途中发生泄漏或喷溅。最简单有效的方法是将要携带的农药产品用带锁的箱子（材质可以是木质、铁质或塑料）盛放，并上锁，置于远离食品处。这样可以使农药与其他物品隔开，避免儿童或他人接触到，同时还可保证农药包装不被损坏，即使农药发生泄漏也可将泄漏农药局限在很小的空间，不扩散。所以大小合适的带锁的箱子应该成为农村农药使用者家里的必备品，既可用来运输农药，又可用来贮藏农药。

(2)农药泄漏后的应急处理。一旦发生农药泄漏，不要慌乱。首先用吸附性良好的土或沙子将泄漏的农药围起来，并小心向内添加土或沙子，让土或沙子充分吸附农药，然后将其收起装入一结实的塑料袋中，并用标签标记清楚——农药泄漏物，咨询农药销售商或其他专业人士，用正确的方法进行处理。一般应带到偏僻的地方，远离村庄、地下水，深埋。

3. 农药贮藏

正确、安全地贮藏农药，可以保护家人及他人的健康；保护环境；保持农药包装完好无损，保证药效。购买农药时，尽可能购买合适的量，以减少农药贮藏量。农药贮存时应该做到以下几点。

(1)阅读标签。标签上给出了一些贮藏农药的信息，要确保完全了解标签上标明的中毒风险。许多农药标签上要求农药贮藏时要上锁；按照标签上的说明贮藏，有的农药要求与其他农药分开贮藏；牢固的贮藏地点可以保证农药包装完好无损，并且可防止被盗窃；时刻牢记标签上警告的贮藏过程中可能存在的风险。

(2)贮存室的类型。一是专业化学品仓库，主要用于大型农场、农药销售公司、农药公司等的仓库，需要建在远离住宅区、学校、医院、水井和河道等地方，并设有安全通道，一旦发生意外，便于进货者和出货者及时撤离；二是上锁的建筑物，农村不住人的旧屋、厢房、平房等可以用来贮藏农药，但必须上锁；三是带锁的箱子、盒子等，中国农村现有的一家一户耕作模式，耕地不多，农药使用量也不多，一个简易的、带锁的箱子，镶嵌到墙上，用来贮存农药，可以有效地保护儿童和宠物及其他家禽家畜。

(3)贮存农药时注意事项。检查标签上农药有效期，对于过期农药，询问销售者是否能收回，如果不能，则要按照废弃农药进行处理；农药必须贮存在原始包装物里；农药贮藏时，不要将液态剂型放在干剂型之上；任何时候不要将农药置于没有上锁和无人看管的状态。农药上锁后，钥匙要让家里经过培训的或最有责任心的人保管；不要将个人防护用品与农药贮存在一起；不要将农药放在接近食品、动物食品、种子、肥料、汽油或医药的地方；不要在农药贮藏室吸烟、喝水和吃东西；准备吸附性好的材料，放在农药箱附近，如锯末、沙子、泥土等，一旦农药有泄漏，可以立即吸附干净。

(4)做好农药贮存记录。记录所有农药产品，并记录提供者(销售者或公司)和农药用途，将记录内容放在安全的地方，以备急时所需。记录内容详见表4-7。

表4-7　农药贮存记录表

农药产品名：　　　　性　　能：　　　　生产批号：

保质期：　　　　农药用途：

作物	地块名	用药量	施药者	日期	剩余量

4. 植保器械

中国目前喷雾器械质量良莠不齐。质量好的产品，价格相对较贵一些；虽然有些产品可能很便宜，但喷雾器药桶及其他塑料部件很多是再生塑料制成，应用寿命很短，往往使用一年就发生泄漏，对操作者和环境不安全。所以在购买喷雾器时，要认真仔细挑选，购买质量可靠的产品。选购喷雾器时可参考联合国粮农组织(FAO)对便携式喷雾器的质量指导指南。

(1)喷雾桶要经久耐用、抗压、抗冲击、抗紫外线腐蚀；表面光滑，不存积液体；内部没有狭窄尖削的棱角，便于清洗；对背负式喷雾器来说，药桶容积不少于 5 L；药桶上要有计量刻度，以便看清药桶内药液的体积，便于配药和喷洒；从 1 m 高处掉下，喷雾器各部件不松动，不泄漏。

(2)喷杆从喷嘴到开关距离不低于 50 cm；管子长度不影响行走；开关工作正常，关闭位置能够锁定。

(3)输药管输药软管在没有支撑物的情况下以半径 5 cm 折弯 180°，不呈扁平状；软管连接点要有螺母，以便可以用戴手套的手进行调节；重复使用时，软管连接点无跑冒滴漏现象。

(4)背带材质无吸附性；至少 5 cm 宽；喷雾器满载时，能够轻便地背起和放下，并且易于操作(容量适中)；抗紫外老化和化学腐蚀；具有腰带。

(5)药桶盖口径大(装入药液时，允许流量为 1.6 L/min)；滤网离药桶口有一定的深度；密封性好(压杆式和机动背负式喷雾器，有通气阀门)；中间凸起，确保桶盖上不会有药液积存。

(6)重量喷雾器满载时，总重量不应超过 25 kg。

(7)备用件应有一个备用件箱子，内装易于磨损的部件备用件，且提供通俗易懂的备用件说明书。

(8)所有喷雾器都要附带一个详细介绍产品功能和使用的说明书。

便携式喷雾器使用后，要及时清洗喷雾器；及时维修跑冒滴漏部位，特别是一些接口处，必要时更换垫圈；及时更换损毁部件；经常校准喷雾器的喷洒容量，并且做好所有喷雾记录；将喷雾器保存在安全的地方，远离儿童、食物和动物。

在植保器械中，烟雾机的问题最大。烟雾法施药是近年来新兴的一种施药方法，各地涌现出很多烟雾机厂家，烟雾机也是农机下乡政府补贴机具之一。烟雾机应该使用特定的农药剂型，常规喷雾用剂型不适合烟雾机喷洒，但是目前我国尚未有适合烟雾机的剂型技术标准。而目前在生产上烟雾机使用的就是常规喷雾用农药剂型，这很容易引起农药中毒和环境污染。因此应该研发具有明确技术规格的油溶剂专供烟雾机使用，才能使烟雾机施药技术达到标准化。

5. 农药剂量及用水量的计算

盲目、滥用或过量用药易造成抗药性、药害、污染、伤害非靶标生物、残留等。使用某种农药防治某种有害生物时，要根据标签上的推荐剂量确定制剂用量；根据校准后喷雾器每分钟的喷雾量或者单位面积上的喷雾量(如 600 L/hm^2)确定配药用水量。

制剂用量＝推荐用量(g/hm^2 或克/亩)×土地面积(hm^2 或亩)

用水量＝喷雾器喷洒容量(L/hm^2)×土地面积(hm^2)

6. 农药配制

中国农村各地在使用农药时普遍缺乏准确的计量工具和手段，人们最普遍的做法是用瓶盖来量取液体农药制剂。对于固体农药如大包装的可湿性粉剂，也是凭经验取用配制。正确的做法应该使用标准的量器来称量农药制剂用量和稀释剂(水)用量。

农药配制前首先要准备以下工作：阅读农药标签，并确保理解了农药标签的含义；检查喷雾器是否有泄漏，不要使用有泄漏的喷雾器进行农药的配制和使用；要做好个人安全防护，不要在没有任何防护的情况下配制使用农药，以免增加个人中毒风险；如果感觉身体不舒服，不要进行农药的配制和使用工作，离开现场；准备足够的清水、毛巾和肥皂，以便及时清洗被污染的皮肤和眼睛；配药现场和施药现场不要让儿童接近，也不要让其他动物接近；准备足够的配药用水，远离河流和水井。

农药配制过程比喷药更危险，需要特别小心。因为配制农药时，直接接触的是高浓度的制剂，少量接触吸收就可能导致严重后果；而喷药过程接触的是已经稀释了的药液，相对的危险性降低了很多。

(1)农药量取与配制时需要的个人防护用品。个人防护用品，因所配农药制剂的物理形态(如液态农药制剂和固态农药制剂)不同而稍有差异。最低防护应该穿着长衣长裤，以免药剂溅到皮肤上；要穿橡胶靴子，防止脚面被污染；要戴丁腈橡胶手套，丁腈橡胶手套比乳胶手套防护性更好，抗化学物渗透及抗腐蚀；戴风镜或面罩保护眼睛，面罩比风镜保护性好，不仅可以保护眼睛，还可以保护整个面部，并且在天气炎热时比较凉爽。

量取农药时，特别是固态农药如粉剂、可湿性粉剂、粒剂、干悬浮剂等，农药粉尘容易飞扬，通过呼吸道进入体内。所以应该在上述防护的基础上，特别佩戴一只防尘口罩或防毒面具。农药标签上给出了应该佩戴的防护用品，为了保护个人利益和他人利益，任何时候接触农药或操作农药，都要按农药标签说明去做。

倾倒农药时要特别小心。液态农药向量杯里倾倒时，不要飞溅到量杯外面；固态农药制剂倒出时动作要缓和，以免使更多的粉尘飞扬起来，增加吸入危险。

保护手部皮肤。丁腈橡胶手套是必要的防护品，以保护手部不接触到农药。特别是在量取乳油等含有有机溶剂的液态剂型时，有机溶剂可以加快皮肤对农药的吸收，必须佩戴手套，同时要将衣袖塞入手套内。如果一时找不到合适的手套，要戴上一个小塑料袋保护手部，但是小塑料袋的使用是一次性的，不能重复利用。切记不要戴吸附性好的材料做成的手套，如棉线手套、毛线手套，更不要裸手进行农药的量取与混合。

保护眼睛。一个洁净的面罩、风镜是保护眼睛的良好防护品。可以自己动手做一个简单的面罩：取一个大的饮料瓶（2.5 L 左右），将上部、下部都剪去后，留下能护住自己面部高度的一个柱状体，然后将柱状体从中间纵向剪开，每一个都可以做成一个弧形面罩。在剪开后的半个柱状体上系两条线绳或一根松紧带固定即可。

身体其他部位防护。穿戴合适的防水、防化围裙，以保护身前不溅上农药。如果买不到合适的围裙，可以用一厚实的承重大的化肥袋子做成一围裙，可替代防化围裙的作用。在农村这种材料比比皆是，有心人完全可以自己做一些个人防护用品，在施药时使用。

（2）两步配制法配制农药。农药配制时乳油、微乳剂、浓乳剂兑水后配成的是乳状液，即油珠分散在水中。因油珠大小不同，乳状液可能是清澈透明的（微乳剂、可溶性乳油等），但大部分是乳白色的。可湿性粉剂、干水分散性粒剂、干悬浮剂、悬浮剂等兑水后配成的是悬浮液，即固体颗粒分散在水中。无论是配制乳状液还是水悬液，两步配制法效果较好。

两步配制法是先用少量水把农药制剂调成浓稠母液，然后再稀释到所需要浓度。这种方法可保证药剂在水中分散均匀。因为兑水使用的农药制剂中一般含有表面活性剂，如果开始就用大量水来稀释，可能使表面活性剂（如乳油中的乳化剂、可湿性粉剂中的润湿剂等）迅速溶于水中，使农药原药在水中分散不好。可湿性粉剂如果质量不好，粉粒往往团聚在一起成为粗团粒。若直接投入水中，则粗团粒尚未充分分散，旋即沉入水底，此时再进行搅拌就很困难。因此先用少量水配成较浓稠的母液，充分搅拌，此时湿润剂的浓度较大有利于粉粒的分散，然后再倒入药水桶中进行最后稀释。悬浮剂在贮放过程中会发生沉淀现象，即上层变清下层变浓稠，甚至下层结块、坚硬，不易再悬浮，但是这种情况一般不会影响药效。在配制悬浮剂时首先将沉淀部分再悬浮起来，用棍棒搅拌，直至全部分散均匀，才可取用配制稀释液。

（3）不同农药混合配制应遵循下列程序。

第一步：检查要混配的各农药单剂间的相容性。将少量农药混合配制，检查农药间是否相容。相容性好的制剂混合后配成的药液，物理性能稳定，乳化稳定性和悬浮稳定性好，不分层，上无浮油下无沉淀。

第二步：将药桶加入一半清水。

第三步：如果需要，加入相容剂（掺合剂）和消泡剂。

第四步：添加农药时，遵循“先加固态制剂，后加液态制剂”的原则。根据农药标签或农药包装，可以知道农药物理形态是液态的还是固态的。固态农药和液态农药添加的先后顺序如下。

先加固态农药。固态农药制剂添加顺序依次是：干悬浮剂、水分散性粒剂、可湿性粉剂。

其次加入液态农药。液态农药制剂添加顺序依次是：悬浮剂、悬乳剂、水乳剂、微乳剂、乳油、可溶性液剂、水剂、可溶性粉剂、喷雾助剂等。

添加农药制剂时应先配成母液，再加入药水桶里，即用两步配药法。

第五步：将清洗包装容器的水液并入药水桶中，然后将剩下的水加入药桶至标记的刻度。搅拌均匀即可喷洒。

第六步：用棍子搅拌，切记不要用手（即使戴防护手套也不行）直接搅拌。

及时清理农药配制过程中泄漏的农药。农药制剂在配制过程中不小心泄漏出来，要及时清理干净，不要置之不理。用沙子、细土或锯末等吸附性好的材料来吸附泄漏出来的农药，然后全部装入一个结实的塑料袋或容器中，在远离村庄、地下水处，深埋或焚烧。

7. 农药喷施

农药喷洒是农药使用最重要的环节，也是防治有害生物的关键环节，同时也最容易引起操作者及他人（周边人）农药中毒、污染环境、伤及非靶标生物、造成药害或因操作不当使防治失败等。要避免以下这些问题。

首先，农药施药人员必须经过培训，了解农药及喷雾器的性能，掌握安全防护知识，掌握如何安全、高效地喷施农药。

其次，农药操作人员应严格遵守农药安全高效使用规程，为自己的安全，同时也为他人和环境安全负责。施药时，施药人员置身于雾浪或粉尘中，很容易中毒，所以必须穿戴防护用品，包括透气不透水面料的长衣长裤、专用口罩（有条件的可戴防毒面罩，绝不能用棉质口罩如纱布口罩）、长袖丁腈橡胶手套、丁腈橡胶靴子、帽子。防护手套不能使用乳胶手套或棉质手套，衣服帽子等面料也不能是吸水性好的棉或其他材质。乳胶不透水但透药，不能起到防护作用；棉质等吸水性强的面料，能吸附药液并且随着水分蒸发农药浓度不断增大，极易引起农药经皮中毒。施药现场禁止儿童及其他无民事行为的人靠近，禁止动物靠近。有风天气不要施药，风可以使农药飘移到远方，引起污染；下雨天不要施药，雨水冲刷农药，可能引起防治失败。施药后要有清晰的标识——插牌子，写明“农药，有毒”字样。

第三，施药时根据喷雾器的性能及校准的喷雾量进行喷雾，不能随意改变行进速度和喷头摆幅。大容量喷雾的喷头要距离靶标 0.5 m 左右，这个位置农药雾化的最好，雾滴在靶面上的沉积比较均匀，有利于药效的发挥。

8. 剩余药液及施药后喷雾器的清洗

农药喷洒时，往往全田喷施一遍后，还剩下半桶药液，如果是杀虫剂或杀菌剂，因为一般没有药害，所以可再喷回田里。但是，如果是除草剂，则必须保证全田均匀喷洒一遍才可以，严禁回喷。因为即使是选择性除草剂，其选择性也是有限的，要在规定的剂量下使用，一旦超量，就会造成药害。另外，剩余药液不能随意倒掉，要保证不污染河流、地下水，不伤害其他非靶标生物。

喷雾器清洗时要远离河流、池塘和地下水，以免引起污染。使用一般杀虫、杀菌剂后，用清水反复清洗，倒置晾干即可；对毒性大的杀虫剂，用药后可用泥水反复清洗，倒置晾干。

除草剂可采用以下清洗方式：①清水清洗。在打完除草剂后，需马上用清水清洗桶及各零部件数次，然后将桶内灌满清水浸泡 24 h，再清洗 2～3 遍，便可放心使用。②泥水清洗。在使用百草枯、草甘膦后，根据这些除草剂遇土便可钝化、失去杀草活性的原理，只要马上用泥水将喷雾器清洗数遍，再用清水洗净即可。③硫酸亚铁洗刷。除草剂中，2,4-D 丁酯最难清洗。在喷完该除草剂后，需用 0.5%的硫酸亚铁溶液充分洗刷，然后再对作物进行安全测试方可再装其他农药使用。

9. 空容器处理

目前农村田间地头、河边、河道、池塘边或井边随处可见废弃的农药空包装物，易引起严重污染或中毒事故发生。正确做法：塑料空容器和包装袋要用刀子划破，玻璃容器摔碎，收集起来远离村庄和地下水深埋或烧毁。金属容器彻底清洗后回收。

10. 农药使用记录表

在一种作物上施药，每次用药都要有记录，记录表及内容见表 4-8。

表 4-8　农药使用记录表

使用时间	农药名称	登记证号	类型	剂型规格	防治对象	防护措施	使用方法	使用量	次数/生产周期	末次使用时间	安全间隔期

第四节　食品农产品质量安全区域化管理体系建立

一、政府、部门协调控制体系

为加强食品农产品质量安全区域化管理体系建设的组织领导和推进实施，应由政府牵头，整合行政管理资源，制定有关规章制度，各相关职能部门联动，充分发挥职能作用，以提升整个区域食品农产品质量安全管理水平。

政府、部门协调控制体系组织模式，详见图 4-6。

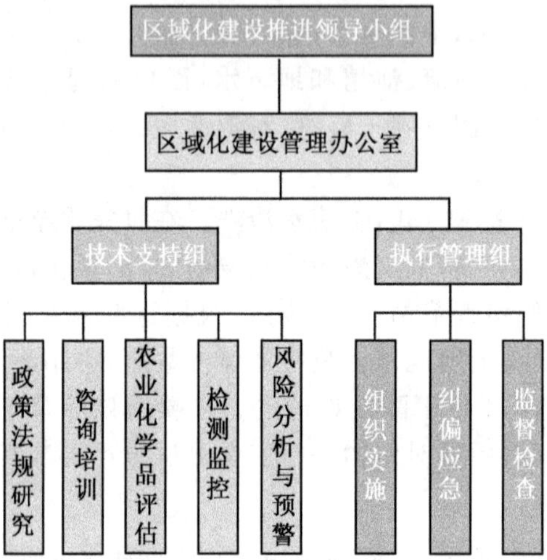

图 4-6　政府、部门协调控制体系组织模式

(一)区域化管理组织机构的建立

(1)地方政府牵头，成立区域化管理建设推进领导小组。

组长：市政府主要或分管负责人。

副组长：分管负责人。

成员：农业、畜牧、工商、公安、环保、技术监督、对外经贸等各部门负责人。

领导小组职能如下。

①负责区域化管理建设推进工作的组织领导和统一部署。

②形成定期联席机制，抽调各部门人员并协调工作。

③负责重大突发事件应对的指挥，并指导纠偏。

④审定技术支持组的政策法规制修订计划、草案，并上报政府部门发布 。

⑤负责对管理办公室工作进度和质量的督导检查等工作。

(2)区域化管理建设推进领导小组下设办公室，办公室为常设机构，办公地点设在地方政府。

①区域化管理建设管理办公室。

主任：政府分管负责人。

副主任：分管负责人。

成员：由农业、畜牧、工商、公安、环保、技术监督、对外经贸、龙头企业派员组成。

②区域化管理建设管理办公室职责如下。

A. 制定区域化管理建设的相关规章、制度及程序。

B. 按抽调人员特长组建执行管理组、技术支持组两个小组。

C. 负责两组人员的日常工作协调，形成责任明确、管理到位、协调统一的工作机制。

D. 负责监督、考核两个小组的日常工作。

E. 及时向推进领导小组汇报请示工作，协调区域化管理建设的进程及日常事务，安排部署阶段性工作。

F. 发生重大突发事件时及时汇报请示推进领导小组，并按指示进行纠偏。

(3)区域化管理建设管理办公室下设执行管理组、技术支持组。

①执行管理组。

组长：由政府派员担任。

成员：农业、工商、畜牧、检验检疫、公安等部门及龙头企业派员参加。

秘书：由政府派员(办公地点在管理办公室)担任，负责日常档案的整理、保存，后勤保障等。

执行管理组职责如下。

A. 由政府牵头，农业、畜牧、检验检疫部门配合，出台《区域化食品农产品种植养殖标准化建设推进计划》，并制定措施落实。

B. 由农业局、畜牧局、龙头企业人员配合，起草《区域内准入农业化学投入品生产企业登记备案管理办法》《区域内准入农业化学投入品销售专营单位登记备案管理办法》，并依据此办法对农业化学投入品生产企业、专营单位进行评审。

C. 由农业、畜牧、工商等部门配合，对农业化学品生产企业、专营店进行日常监督检查。

D. 由农业、畜牧部门牵头，指导建立农业投入品销售专营店。

E. 由政府牵头，各个职能部门人员配合，对整个区域化管理建设各项工作进行监督检查。

F. 由地方政府牵头，龙头企业人员配合，建立编号、编码(条形码)和其他信息追溯体系并实施运行。

G. 由组长牵头，负责突发事件处理，进行纠偏应急。

H. 由区领导对区域和企业预警后整改情况进行评估。

②技术支持组。

组长：由区领导派员担任。

成员：农业、检验检疫、工商、畜牧、龙头企业、外聘专家等技术人员。

秘书：由政府派员(办公地点在管理办公室)担任，负责日常档案的整理、保存，后勤保障等工作。

技术支持组职责如下。

A. 由组长牵头，各组员配合，对政策法规进行研究、分析，向推进领导小组提报政策法规制修订计划、草案。

B. 由质检牵头，农业、畜牧、龙头企业、外聘专家配合，对本区域化使用的农用化学投入品进行评估，形成推荐用药名单。

C. 由农业、畜牧部门牵头、质检、外聘专家配合，进行疫病、疫情通报。

D. 由质检牵头，农业、畜牧部门人员外聘专家配合，进行风险信息的分析，确定预警级别并实行预警。

E. 由质检牵头，农业、畜牧、龙头企业人员配合，整合各部门实验室，形成检测中心，汇总检测数据，得出监控结论，为追溯、预警、纠偏做好技术支持。

F. 由政府牵头，检验检疫、农业、畜牧人员、外聘专家配合，做好宣传培训和技术咨询工作。

G. 由质检部门对区域和企业实行预警。

(二)政府、部门协调控制体系有效运行机制

在建立区域化管理建设组织管理机构的基础上，制定有关管理规章制度、行政执法程序和执行措施。通过加强组织领导、提高管理执行能力和严格监督检查，形成适合区域化管理的定位准确、责任明确、监督到位的协调控制机制、工作长效机制和良好工作循环，以提高区域化执法管理的针对性、有效性和科学性。

二、政策法规控制体系

区域化管理建设政策法规控制体系是指在整合管理职能，形成执法主体的基础上，通过建立政策法规体系的有效执行机制、补充完善机制和执行监督机制，形

成适合区域化管理的持续改进的政策法规体系框架和高效的良性工作循环(图4-7),以提高区域化执法管理的针对性、有效性和科学性。

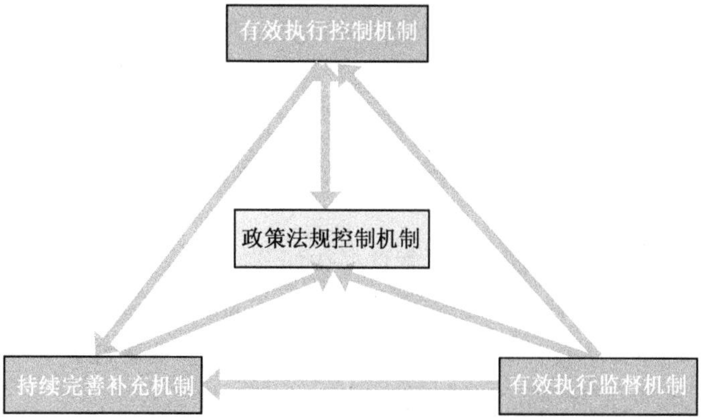

图 4-7　政策法规控制体系框架

(一)区域化管理建设政策法规有效执行控制机制

在形成区域化管理建设政策法规基本框架的基础上,针对区域化管理建设特点,整合行政执法资源,成立区域化的综合执法管理机构,制定执行办法,统一执法,形成合力,充分发挥职能作用,避免多头执法盲区和漏洞,提高管理执行力。

(1)由技术支持组对涉及食品农产品质量安全的现有法律法规政策进行收集整理和分析整合,形成区域化管理建设政策法规基本框架。

现有法律法规政策如下列所示。

《食品卫生法》《产品质量法》《农业法》《农产品质量安全法》《商检法》《动植物检疫法》。

《农药管理条例》《兽药管理条例》《饲料和饲料添加剂管理条例》。

《国务院关于加强食品等产品安全监督管理的特别规定》《无公害农产品管理办法》《农药限制使用管理规定》《高毒农药禁用管理规定》。

《国务院关于全面加强产品质量和食品安全工作的意见》。

(2)由技术支持组负责制定《区域化管理行政执法办法》,并上报推进领导小组审定。

(3)由执行管理组按照《区域化管理行政执法办法》,定期不定期组织由检验检疫、农业、畜牧、工商等行政执法部门,统一负责区域化法规政策的执行、农业化学投入品的综合治理、日常执法检查、行政处罚等各项工作。

(二)区域化管理建设政策法规持续补充完善机制

在对现有政策法规体系分析评估的基础上,按照区域化管理需要,结合执行和执法监督过程中发现的管理盲区和漏洞,制定政策法规、修订规划,形成区域化管理建设政策法规体系的持续补充完善机制。

(1)在现有政策法规基本框架的基础上,根据区域化管理的需要,由技术支持组制订政策法规修订计划,提出相关政策办法的新增或修改意见,制订草案,上报推进领导小组审定。

目前需新出台或修订的政策或管理办法如下。

××市政府:《××市关于加强食品农产品质量安全区域化管理建设的意见》《××市关于支持食品农产品质量安全区域化管理建设的措施》《××市食品农产品质量安全区域化管理建设管理办法》。

政府职能部门:《区域化食品农产品农业化学投入品管理办法》《区域化食品农产品农业化学投入品专营办法》《区域化食品农产品种植养殖标准化建设推进计划》《区域化食品农产品质量安全预警管理办法》《区域化食品农产品质量安全突发问题处理预案》。

《食品农产品种植养殖基地用药管理办法》《区域化准入农业化学投入品生产企业登记备案管理办法》《区域化准入农业投入品销售专营企业考核细则》等。

(2)推进领导小组对所提报的政策、管理办法修订草案初步审查后,按照职能权限划分,发各相关职能部门评议,按有关程序最终审定公布,并补充到区域化管理建设政策法规体系中。

(3)在日常执法管理和执行监督过程中发现的政策法规的不完善事项,统一汇总提交技术支持组,按上述操作程序持续补充完善。

(三)区域化管理建设政策法规有效执行监督机制

对区域化管理建设政策法规体系进行发布宣讲,制定执行监督管理办法、确定督察部门,对政策法规的执行和日常执法情况进行定期或不定期的监督检查、形成执行、监督、完善的良性工作循环机制。

(1)由技术支持组负责政策法规体系的发布宣讲。通过印发明白纸、专栏上墙、举办培训班等形式,在区域化发布、宣贯法规政策。

(2)由技术支持组负责制定《区域化管理行政执法监督管理办法》,并上报推进领导小组审定。

(3)由区域化管理建设管理办公室按照《区域化管理行政执法监督管理办法》,

负责对执行管理组和各级组织在对区域化各项政策法规的执行及日常执法情况进行督察，对违法违规行为进行处罚，规范执行和执法行为，定期向推进领导小组汇报情况，保证法律法规政策的有效执行。

在面向食品农产品质量安全管理区域化管理建设中，通过整合行政管理资源，加强政策法规体系的有效执行、补充完善和执法监督，形成工作长效机制和良好工作循环，提高区域化政策法规的有效执行和监督，为区域化管理建设和管理提供科学有效、持续完善、执行性强的政策法规体系支撑。

第五节　食品农产品质量安全区域化农业

一、农业化学投入品控制体系

为创造食品农产品生产良好的用药环境，由地方政府主导，质检与各职能部门协调配合，创新管理机制，严格控制农业化学投入品的供给渠道，规范农业化学投入品的使用。对农业化学投入品生产企业进行考核、实行登记备案；对农业化学投入品销售渠道进行清理，实行专营专供；对最终使用环节加强指导、规范用药，形成农业化学投入品产、销、用全程链式管理模式和有效控制机制，以保证农业化学投入品质量安全和规范科学使用，确保区域内出口食品、农产品的安全质量(图 4-8 和图 4-9)。

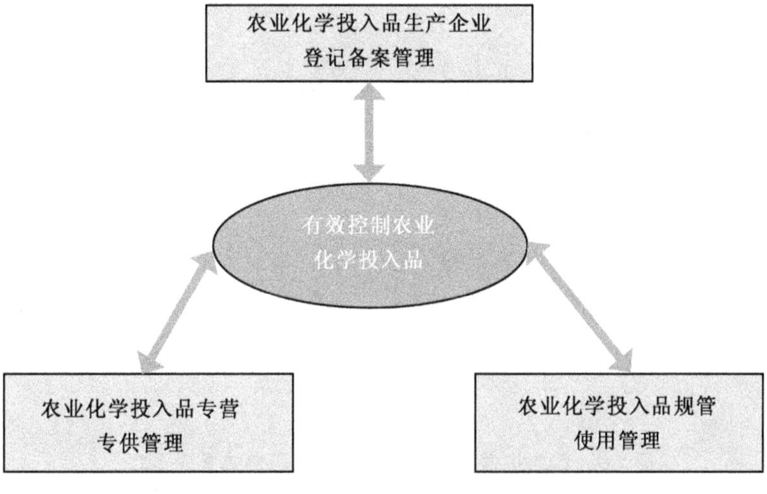

图 4-8　农业化学投入品控制体系

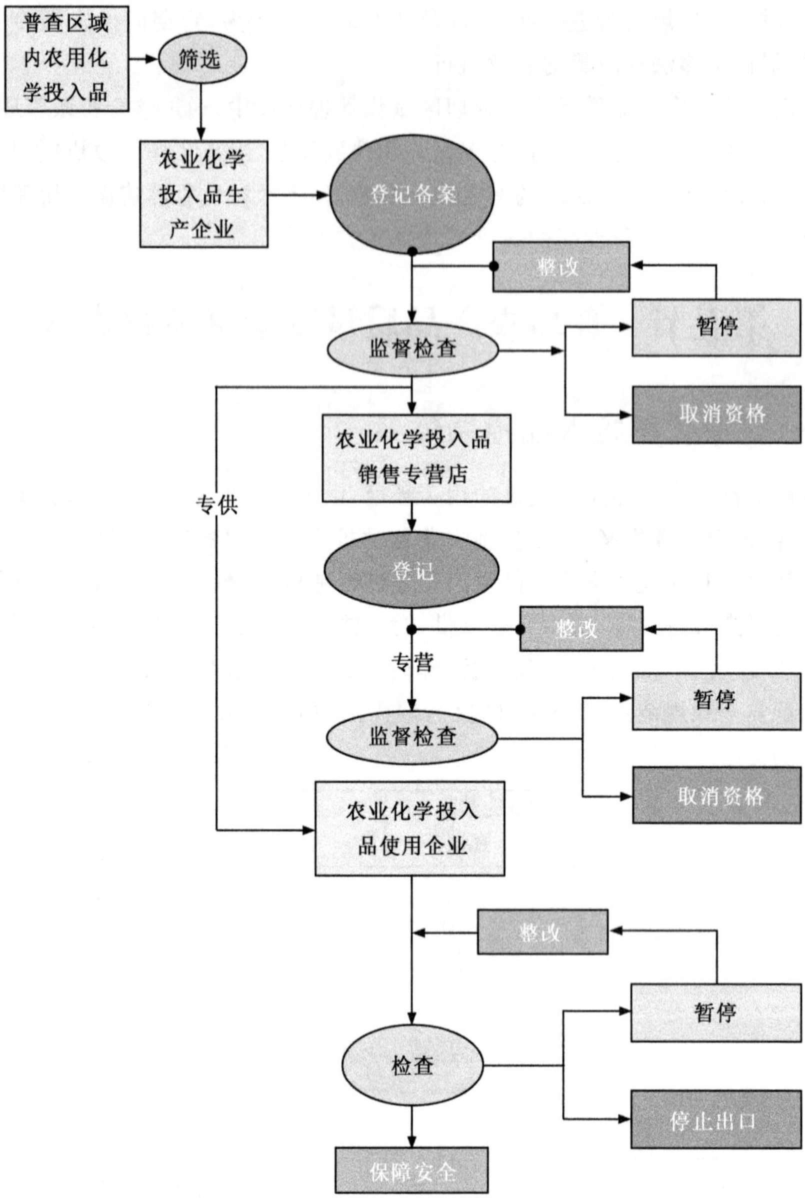

图 4-9　农业化学投入品产、销、用全程链式管理模式

(一)对农业化学投入品生产企业实行登记备案管理

对农业化学投入品及其生产企业实行登记备案管理的资格准入制度,可以提高区域内农业化学投入品生产企业的进入门槛,有效保证区域内用于出口农产品使用的农业化学投入品安全质量。

农业化学投入品生产企业登记备案制度是对农业化学投入品进行综合评估后,针对农产品使用的农业化学投入品及其生产企业的一种区域化的双重资格准入制度,是原有管理模式的改革创新,是全过程监管的延伸和发展,更科学,更有效,更有针对性。

1. 农业化学投入品生产企业登记备案办法的制定

制定《区域内准入农业化学投入品生产企业登记备案管理办法》。

2. 区域内农业化学投入品的名单确定

技术支持组人员汇总区域内农产品所需农业化学投入品名单,综合国内国外标准和使用效果进行筛选评估后确定推荐用药名单提交管理办公室,由管理办公室发布。

3. 农业化学投入品生产企业的申请和评审

(1)农业化学投入品生产企业提出准入资格申请,直销药品的生产企业由农产品生产企业汇总,申请时应提报相关文件资料。

(2)接受申请后,评审组应依据《区域化准入农业化学投入品生产企业登记备案管理办法》对农业化学投入品生产企业进行评审。初次评审时由检验检疫局对该企业产品免费检测。

(3)评审通过后颁发登记备案证书,并由管理办公室在区域进行公布。

4. 农业化学投入品生产企业的监督检查

(1)农业部门、畜牧部门依据《区域化准入农业化学投入品生产企业登记备案管理办法》对已登记备案的农业化学投入品生产企业进行监督检查。重点针对其产品中是否含有违禁药物、产品主要成分是否有变化等进行检查,一旦查出违反规定,立即撤销准入资格。

(2)农业化学投入品生产企业在原有备案品种的生产工艺、原料配比发生变化时应主动向检验检疫局申报,经检验检疫人员风险分析后决定是否允许本产品准入,不主动申报的一经查明撤销其准入资格。

5.农业化学投入品生产企业的追溯、纠偏、质量赔偿

(1)农业化学投入品生产企业按要求建立完善的生产、销售追溯体系,并做好记录。出现质量事故时进行追溯,查明原因并在第一时间进行纠偏。

(2)对准入的农业化学投入品生产企业实行质量赔偿制度,农产品企业与农业化学投入品企业签订经济责任合同,合同中要注明农产品质量连带责任,风险共担。

(二)对农业化学投入品实行专营专供管理

在实施农业化学投入品生产企业登记备案管理,净化供药环境的基础上,对农业化学投入品销售环节实行专营专供管理。农业化学投入品生产企业的产品经过专营店转销或者直接销售给农产品生产企业,可以在保证农业投入品安全质量的前提下,减少销售环节,降低流通环节产生的风险,更直接、更简洁、更能提高管理的有效性。

1.农业化学投入品的专营管理

(1)农业化学投入品专营专供管理办法的制定。由检验检疫机构牵头起草制定《区域化准入农业化学投入品销售专营管理办法》。

(2)农业化学投入品销售专营店的建立。农业化学投入品销售专营店是由地方政府资金扶持,根据出口基地的区域分布特点确定地点,由农业、畜牧部门指导建立的面向区域化出口农产品加工企业销售的连锁经营机构。农业化学投入品销售专营店必须按《区域化准入农业化学投入品销售专营管理办法》要求建立。

(3)农业化学投入品销售专营店的专营。专营店供货渠道来自农业化学投入品登记备案企业,销售对象是区域化农产品种植加工企业。店内销售人员需经过技术支持组严格的专业培训后持证上岗。专营店须按要求形成完备的台账制度,建立质量赔偿制度,执行有效的追溯程序。

(4)农业化学投入品销售专营店的登记及监督。专营店建立后,应向区域化管理办公室提出登记申请,由检验检疫局组织形成评审组,依据《区域化准入农业化学投入品销售专营管理办法》进行评审,通过后由农业、畜牧部门登记,在检验检疫部门备案。由工商、农业、畜牧等部门对销售专营店进行监督检查,并将检查结果汇总管理办公室。

2.农业化学投入品的专供管理

农产品企业按要求建立完善的采购程序后,可以根据推荐用药名单从获准登记备案企业直接购买农业化学投入品,同时按要求建立完备的追溯体系、台账档案、质量赔偿制度,购买时应做好记录。由检验检疫机关联合农业、畜牧部门对其进行定期监督检查,检查结果汇总至管理办公室存档。

(1)对农业化学投入品实行规范使用管理。通过对农业化学投入品生产企业实行登记备案管理,对农业化学投入品实行专营专供管理,农产品生产企业的供药环境得到了有效净化。在出台用药规范的基础上,对农业化学投入品实行规范使用管理,可以解决由于农业生产者整体知识技术水平不高引起的超标用药、不按安全停药期用药等问题。同时实行农业化学投入品规范使用管理可以使整个农业化学投入品控制体系更完善,更科学,更具有操作性和可持续性。

起草《区域化农产品加工企业基地用药管理规定》。农业、畜牧部门对化学投入品的使用进行技术指导,起草制定《农业化学投入品使用技术规范》。农产品企业应按规定制定选用、购买、保管、发放、使用程序并严格执行,保证用药安全。

(2)农业化学投入品的选用、购买程序。农产品加工企业经植保员、兽医申请,技术支持组的专家推荐,在已登记备案的农业化学投入品企业直接购买或者到农业化学投入品专营店购买农业化学投入品。购买时要做好相关记录,以备检查、追溯。

(3)农业化学投入品的保管、发放程序。农产品加工企业应设立基地办公室,专人专库上锁保管农业化学投入品,建立农业化学投入品专用台账,在入库 、领用时做好记录。

(4)农业化学投入品的使用程序。农产品加工企业应依据《区域化农产品加工企业基地用药管理规定》科学、规范地使用农业化学投入品,做好配比记录、使用记录、核销记录,并做好空瓶、废液的回收核销,定点处理。

农产品加工企业必须严格遵守安全停药期,在收获前 15 d 停用任何药物。

合同基地也应按要求分区域建立统一的配药点,统一配药使用并核销。

(5)农业化学投入品使用效果的监督。农产品企业应定期对农业化学投入品的杀虫、杀菌效果进行评估,形成报告用以指导调整区域化推荐用药名单,并报农业部门。

二、种植养殖基地控制体系

通过政府推进，相关部门指导，依托龙头企业带动，建立具有符合食品农产品产地环境要求、按良好农业规范操作、有效控制农业投入品使用、全程监控种植养殖过程，形成具有一定规模、符合食品农产品质量安全要求的种植区域或养殖区域；并通过进一步推广，将区域规模逐步扩大，最终形成整个行政区划内与国际标准相一致的种植养殖标准区，实现区域GAP认证，达到与国外对接的要求。

（一）种植养殖基地标准化建设推进计划

在对现有种植养殖基地进行备案的基础上，由政府牵头、相关部门指导，制定区域化种植养殖基地标准化推进方案。因地制宜，优化农产品结构，形成规模化种植养殖，实行种植养殖基地标准化区域管理。由点到面、由小到大，引领和带动种植养殖基地标准化建设的发展，全力推进区域化基地标准化的建设。

(1)由地方政府出台《关于加快推进出口种植养殖基地标准化建设实施意见》，制定各项扶持政策，主要包括资金补贴、土地政策调整、加强服务支持体系建设等管理办法，对种植养殖基地标准化建设提供政策支持。

(2)由相关部门出台区域化基地标准化建设的指导意见。

①农业部门起草种植养殖基地生产技术操作规范，根据需要对基地配备生产技术推广员，负责技术指导和生产操作规程的制定落实。制定培训计划，加强对基地生产管理人员、技术推广人员培训工作。保证基地管理者掌握各种生产技术标准，根据当地实际情况，合理选择适宜品种特点的种植基地。

②环保部门负责对基地的产地环境进行免费的检测评估，提供农药废弃物处理、存放场所。

③检验检疫部门对种植养殖基地实施农业投入品安全卫生管理，加强日常监督，提供相关技术指导和出口优惠政策。

④镇、村负责出台基地基础设施保护管理办法。

(3)具体实施如下。

①执行管理组下设种植养殖基地标准化建设办公室，负责区域化基地管理工作，地点设在村镇区域化备案地。

成员：以企业人员为主组成，农业部门、检验检疫部门等负责指导。

②制定各部门职责。

政府：出台相关支持政策，积极倡导推进区域化管理建设。

农业部门：负责制定出口农产品生产技术标准规范。具体承担基地农产品病虫害的预测预报、基地病虫害防治的技术指导，配备区域化技术人员，负责培训工作。

企业：负责农业投入品管理，制定农药的采购、储存、使用管理办法，基地的日常管理，负责配备符合要求、具备资质的植保员。

镇村组织：负责基地的安全保卫工作，确保人为因素不会对出口蔬菜种植基地造成农药污染。

③在做好现有基地标准化建设管理的基础上，通过政策扶持下，将基地管理规模逐步扩大，由点到片，逐步扩大到整个区域（村镇），实施对整个区域的标准化管理，最后达到基地标准化建设内外一致，并进行区域化 GAP 认证。

（二）基地的考核验收及日常管理

(1)由区政府部门牵头负责种植养殖基地标准化建设的实施情况进行验收，并制定验收的标准。

(2)基地办公室对基地建设的具体实施情况经自查合格后，向执行管理组提报验收资料。包括田间生产管理记录，基地生产管理制度、农业投入品管理制度、培训制度、基地环境保护制度、检测报告等，由执行管理组向检验检疫部门提出备案申请。

(3)验收条件及工作程序。

制定验收条件：包括组织管理情况、技术规范执行情况、农业投入品管理情况、基础设施要求、检验检疫部门出口基地备案管理要求等。

制定验收程序：听取汇报、资料审查、区域化管理小组审查基地建设的各种文件、管理制度、技术档案、生产管理记录等，实地检查。

验收部门：政府部门负责对基地标准、农业投入品使用情况的考核验收。农业部门负责根据农业生产技术规范的要求，对种植养殖基地标准化建设推进过程中的执行情况进行检查。

(4)验收合格，纳入区域化种植养殖基地备案管理，并将规模进一步扩大推广。

(5)监督管理。区政府部门对食品农产品种植养殖基地备案实施动态管理，对备案合格的基地，实施在食品农产品追溯信息平台的网上公布。区域化种植养殖基地标准化管理模式如图 4-10 所示。

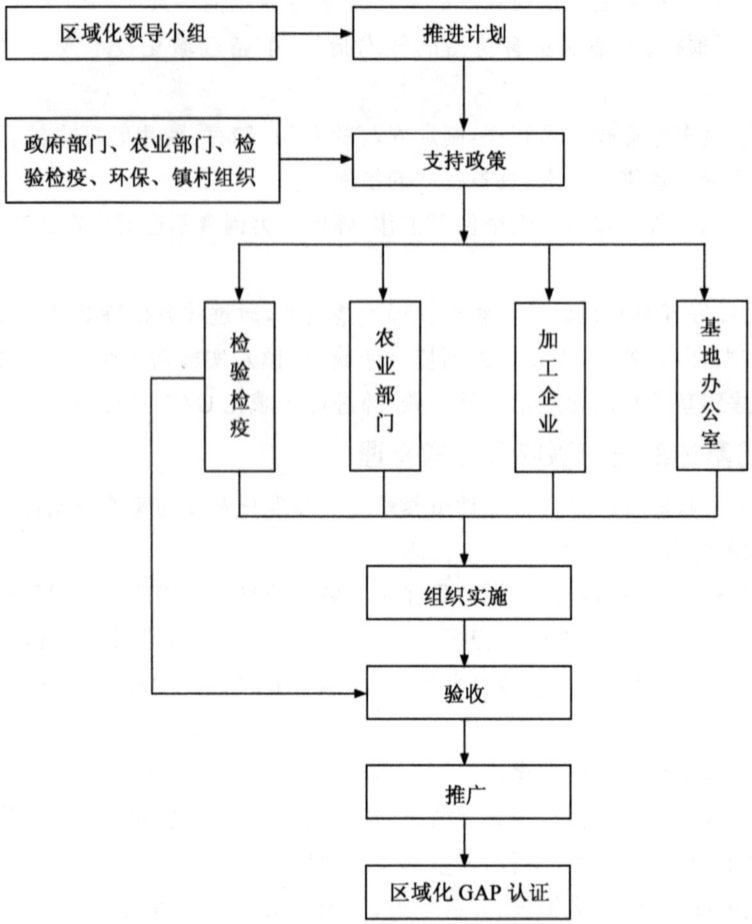

图 4-10　区域化种植养殖基地标准化管理模式

第五章　我国良好农业规范可追溯体系建立

第一节　国内外农产品追溯体系现状

一、追溯体系的定义

T. Moe(1998)认为可追溯体系包括产品路线和有效追溯范围两部分，理想的可追溯体系应包括对产品及相关活动的追溯，又可按实施范围划分为企业间可追溯体系和企业内可追溯体系。E. Golan(2003)认为可追溯体系指在整个加工过程或供应链中跟踪产品或产品特性的记录体系，追溯体系的衡量标准为广度、深度和精确度。方炎(2005)认为中国追溯体系建设的主要内容应包括记录管理、查询管理、标识管理、责任管理及信用管理。Liddell 和 Bailey(2001)对畜产品追溯系统的追溯性(traceability)、透明性(transparency)、质量保证(quality assurance)做了区分，并对 6 个主要猪肉出口国和进口国的畜产品追溯系统做了比较。虽然概念界定还存在一些差异。但各国食品追溯体系都在发展之中(Diogo，2004)。

本文引用 GB/T 20014.1《良好农业规范　第 1 部分：术语》的相关定义如下。

(一)产品追踪(product tracking)

产品在供应链的不同机构中传递时，其特定部分可被跟踪的能力。

(二)产品追溯(product tracing)

根据供应链前段的记录，来确定供应链中特定个体或产品批次来源的能力。追溯产品的目的包括产品召回和顾客投诉调查等。

注 1：从使用者的角度，产品的可追溯性可以定义为在一定时间和空间内对产品的质量和数量的追踪。

注 2：从信息管理的角度看，在供应链中实行产品可追溯系统包括将信息流与实体流联系起来。目的是能够获得关于一批或一组产品在给定时间使用一个或更多的标识符的预先确定信息。

(三)可追溯性(traceability)

通过记录证明来追溯产品的历史、使用和所在位置的能力(即材料和成分的来源、产品的加工历史、产品交货后的销售和安排等)。

二、国内外农产品追溯体系

(一)美国

美国等发达国家要求对出口到当地的食品均必须能够进行跟踪和追溯。美国食品药品监督管理局(FDA)要求在美国国内从事生产、加工、包装或动物消费的食品部门于2003年12月12日前向FDA进行登记,以便进行食品安全跟踪与追溯。为了提高消费者的安全信心以及畜产品的地区和品牌优势,世界各国争相发展和实施家畜标识制度和畜产品追溯体系,有的已立法强制执行。

2002年美国国会通过了《生物性恐怖主义法案》,将食品安全提高到国家安全战略高度,提出"实行从农场到餐桌的风险管理",国家对食品安全实行强制性管理。在该法案的指导下,FDA制定了《记录建立和保持的规定》《生产设施注册及进口食品运输前通知的规定》和《管理性扣留的规定》等法规,为企业和执法者提供了实施食品追溯的技术和执法依据。2004年FDA又公布了《食品安全跟踪条例》,要求所有涉及食品加工、运输、配送和进口的企业建立并保存相关食品流通全过程记录,并要求到所有与食品生产有关的企业2006年底都必须建立食品质量可追溯制度。此外,FDA和USDA-FSIS制定了食品召回规定和规范市场的《联邦安全和农业投资法案》。在市场经济高度发达的美国,农产品可追溯体系的建立遵循企业自愿原则,政府主要起推动作用,同时,行业协会也在食品安全追溯体系建设中发挥着促进作用。美国的食品安全追溯体系比较健全,在农业生产环节,能够追溯农产品生产管理过程中的所有信息,甚至能够追溯跨国生产基地的信息;在加工环节,能够追溯产品的名称、生产日期、保质期、等级、生产者、生产工艺、生产标准、认证情况、添加剂使用及包装材料等信息。2011年美国已发布《食品现代化法案》及其配套法规,对产品追溯的要求更为严格。

(二)加拿大

2008年,加拿大有80%的农业食品联合体实行农产品可追溯行动,推进"品牌加拿大"战略。加拿大强制性的牛标识制度2002年7月1日正式生效,要求所有的牛采用29种经过认证的条形码、塑料悬挂耳标或两个电子纽扣耳标来标识初始牛群。据报道,加拿大有1 300万头牛,生产商已经售出1 200万只耳标。

(三)日本

日本政府已通过新立法，要求肉牛业实施强制性的零售点到农场的追溯系统，系统允许消费者通过互联网输入包装盒上的牛身份号码，获取他们所购买的牛肉的原始生产信息，作为对疯牛病的反映，该法规要求日本肉品加工者在屠宰时采集并保存每头家畜的 DNA 样本。但是，日本政府没有要求进口肉类的可追溯。

2001 年日本农林水产省决定建设牛的追溯体系，要求肉牛业实施强制性的追溯制度。2002 年 6 月，日本农林水产省决定将食品追溯系统推广到牡蛎等水产养殖产业。2004 年底，日本出售的每一块牛肉均有标记相应动物来源号码的标签，牛肉来源的追溯成为可能。同时，日本开始了实施牛肉以外食品的追溯制度。2005 年底建立了粮农产品认证制度，对进入日本市场的农产品要进行“身份”认证。2008 年 12 月 22 日，日本农林水产省宣布拟建立大米的可追溯体系。日本的食品安全追溯系统在恢复消费者对食品安全的信心方面发挥了重要作用。日本消费者希望购买到可追溯的食品，并且愿意支付较高的价格。同时作为一种竞争手段，日本的食品企业积极建立食品安全追溯体系。目前，日本已逐渐建立起对所有农产品实施可追溯管理的模式。日本农业协同组合(农协)下属的各地农户，必须记录果蔬、肉制品和乳制品等农产品的生产者、农田所在地、使用的农药和肥料、使用次数、收获和出售日期等信息。

(四)澳大利亚

澳大利亚 70%的牛肉产品销往海外，对欧盟市场外贸出口值 5 200 万澳元。国家牲畜标识计划(NLIS)是澳大利亚的家畜标识和可追溯系统，它是一个永久性的身份系统，能够追踪家畜从出生到屠宰的全过程。

(五)荷兰

荷兰建立了禽与蛋商品理事会的综合质量系统(IKB)，它是一种质量控制系统，其目的是保证生产链中所有重要活动都在受控情况下进行。为此，在 IKB 范围内的所有涉及禽肉和禽蛋生产、加工和销售的部门都必须为其业务操作方式提供保证。这点适用于家禽饲养场、饲料供应商、兽医师和产品加工商。每一生产链各自都有专门的 IKB 规章制度。IKB 最终目的是为了向消费者保证产品的安全性，其核心在于贯穿整个生产链的信息交换。IKB 有关家禽的各种情况(一般和特殊)都有书面记录。参加 IKB 的公司必须在所有时间都能体现出他们是根据 IKB 规章制度进行操作的，这就是说他们应有记录在案，必须在任何时候接受检查。参加 IKB 的畜牧场只准使用来自于 GMP 认证的供应商和动物饲料良好生产操作规范的饲料和只准聘用认可的兽医师。兽医师应根据良好兽医操作规范指南开展工作。屠宰厂则必须把良好卫生操作规范标准与有关转运中动物福利特别条款相结合起来。

(六)英国

英国政府建立了基于互联网的家畜跟踪系统(CTS),这套家畜跟踪系统是家畜辨识与注册综合系统的四要素之一。在CTS系统中,与家畜相关的饲养记录都被政府记录下来,以便这些家畜可以随时被追踪定位。家畜辨识与注册综合系统的四要素是:标牌、农场记录、身份证、家畜跟踪系统。①标牌:每头家畜都有唯一的号码,家畜号码一般通过两只耳朵的耳标来进行记录。②农场记录:农场必须记录有关家畜出生、转入、转出和死亡的信息。③身份证:1996年7月1日出生后的家畜必须有身份证来记录它们出生后的完整信息,在此之前的家畜由CTS来颁发认证证书。④家畜跟踪系统:它记录了获得身份证的家畜从出生到死亡的转栏情况。农场主可以通过CTS在线网络来登记注册他们新的家畜,也可以查询他们拥有的其他家畜的情况。CTS系统可以查询如下信息:查询目前在栏的家畜情况;查询任意一头家畜的转栏情况;对处于疾病危险区的家畜进行跟踪;为家畜购买者提供质量担保,并以此来提高消费者对肉制品的信心。

(七)欧盟

最早开展食品安全追溯的是欧盟。1997年为应对疯牛病事件,欧盟开始建立食品安全追溯体系,尤其是牛肉制品的追溯体系。2000年1月12日欧盟发表了《食品安全白皮书》,将食品安全作为欧盟食品法的主要目标,形成一个新的食品安全体系框架。其中提出的一项根本性改革就是首次把“从田间到餐桌”的全过程管理原则纳入卫生政策,强调食品生产者对食品安全所负的责任,并引进HACCP体系,要求所有的食品和食品成分具有可追溯性。2000年1月欧盟颁布了178/2002号法令,要求从2004年起,在欧盟范围内销售的所有食品都能够进行跟踪与追溯,否则就不允许上市销售。按照欧盟的规定,食品、饲料及供食品制造用的家畜以及与食品、饲料制造相关的物品,其在生产、加工及销售的各个阶段必须确立食品安全可追溯制度。欧盟的食品安全追溯比较成功,一个重要原因是相关主体的合理分工与密切合作。政府食品主管部门负责检验检测工作,并管理国家数据库;相关科研机构承担质量追溯相关技术的研究和标准制定以及人员培训等工作;食品供应链上的各主体负责完成追溯信息的记录和传递工作。

欧盟要求大多数国家对家畜和肉制品开发实施强制性可追溯制度。欧盟的畜体身份和登记系统由包含唯一的个体注册信息的耳标、出生、死亡和迁移信息的计算机数据库、动物护照以及农场注册机构组成。此外,从2002年1月1日起,要求所有店内销售的产品必须具有可追溯标签的规定开始生效，要求所有欧盟牛肉产品的标签必须包含如下信息：出生国别、育肥国别与牛肉关联的其他畜体的引用数码标识、屠宰国别以及屠宰厂标识、分割包装国别以及分割厂的批准号和是否欧盟成员国生产等重要信息。在欧盟，家畜标识和注册系统已经实施，提供动物产品源头追踪，饲料和饲养操作透明公开。

(八)中国

为加强对食品的质量安全管理，适应国际食品领域发展的趋势，我国政府也在积极推广食品生产追溯体系，国家有关部门相继出台了鼓励食品企业实施农产品安全可追溯体制的规定。《中华人民共和国食品安全法》《中华人民共和国农产品质量安全法》等相关法律也对建立可追溯体系规定了明确要求。

1.制定相关法规和标准

自2002年以来，在研究和实施农产食品追溯体系的过程当中，我国政府逐步制定了一些相关的标准和指南。如为了应对欧盟在2005年开始实施水产品贸易可追溯制度，国家质检总局出台了《出境水产品溯源规程(试行)》，中国物品编码中心会同有关专家在借鉴了欧盟国家经验的基础上，相继制定了《牛肉制品溯源指南》《水果、蔬菜跟踪与追溯指南》《我国农产品质量快速溯源过程中电子标签应用指南》，主要有如下标准和规定。

(1)2002年，农业部出台“动物免疫标识管理办法”。

(2)2003年，发布《跟踪与追溯指南》(牛肉、果蔬)。

(3)2004年9月1日，国务院要求建立农产品质量安全例行监测制度和农产品质量安全追溯制度。

(4)2007年，发布国标ISO 22005、《食品召回管理规定》。

(5)2008年，农业部发布《农产品质量安全追溯操作规程通则》。

(6)2009年2月28日《中华人民共和国食品安全法》出台，该法律明确了食品安全追溯的要点。规定企业在食品生产环节、加工环节、流通环节都要有能够实现追溯所有记录的内容，强化了“从农田到餐桌”的全程监管。

(7)2009年12月，食品追溯国家标准审定。

(8)2010年，《中央一号文件》明确指出“推进农产品可追溯体系建设”。

(9)2010年，国家标准《农产品追溯要求》(水产、果蔬、蜂蜜、乳制品)。

(10)2010年，《肉与肉制品的射频识别(RFID)追溯技术要求》。

(11)2010年，地方标准《罗非鱼产品可追溯规范》等。

(12)GB/T 20014.2《良好农业规范 第2部分：农场基础控制点与符合性规

范》的 4.7 提出建立产品可追溯体系，并实施产品召回演练。

2. 开展农产品追溯试点

2004 年，北京市农业局和河北省农业厅共同承担了农业部的“进京蔬菜产品质量追溯制度试点项目”。2005 年，北京市开展了自产蔬菜产品质量追溯试点。北京市农业局与河北省农业厅建设完成的北京市农产食品质量安全追溯管理信息平台，对农产食品质量安全的管理横跨生产、包装、加工及零售等各个环节，并覆盖蔬菜、水果、畜禽和水产等多个领域，有效支撑了北京奥运会食品安全的管理。

2008 年奥运会的成功举办为中国食品可追溯机制建设提供了巨大的动力，以奥运食品安全追溯系统为契机，首都食品安全追溯系统正逐步走进普通市民的生活。与此同时，其他省市也在大力推动建立食品追溯体系的进程。上海市农委于 2000 年 12 月将农产品溯源工作列为市科技兴农重点攻关项目，并于 2007 年基本建成全覆盖的农产品身份网上查询系统。天津市率先实施猪肉安全追溯制度的同时，还实行了无公害蔬菜可溯源制，推出网上无公害蔬菜订菜服务。江苏省南京市借鉴国外农产品质量安全管理中产品实行产地编码的先进管理模式，以优质安全农产品标志为质量溯源的重要载体，以南京市农产品质量安全网站为监管平台，启动农产品质量 IC 卡管理体系。甘肃省兰州市通过建立经营户档案，加强渔用投入品管理，推行产地品种准出制度等，建立了水产品质量安全追溯制度。黑龙江垦区以稻米和畜产品为重点，实施了农产食品质量安全信息可追溯管理。海南省有关部门通过采用 EAN・UCC 系统，对该省水产品生产、包装、贮藏、运输及销售的全过程进行标识，利用条码和人工可读方式使其相互连接，一旦水产品出现卫生安全问题，即可通过这些标识追溯水产品源头。国家条码推进工程办公室自 2004 年 6 月起在山东省潍坊市寿光田苑蔬菜基地和洛城蔬菜基地实施“蔬菜安全可追溯性信息系统研究及应用示范工程”，建立无公害蔬菜质量安全追溯系统。

三、实现农产品可追溯性的技术组织

(一)国际物品编码协会

国际物品编码协会(EAN International，简称 EAN)成立于 1977 年，是基于比利时法律规定建立的一个非营利性质的国际组织，总部设在比利时首都布鲁塞尔。EAN 自建立以来，始终致力于建立一套国际通行的全球跨行业的产品、运输单元、资产、位置和服务的标识标准体系和通信标准体系，即“全球商务语言—— EAN・UCC 系统”(在我国称为 ANCC 全球统一标识系统，简称 ANCC 系统)。国际物品编码协会(EAN)与美国统一代码委员会(UCC)共同开发和维护了 EAN・UCC

系统，是对全球多行业供应链实施有效管理的一套开放性国际标准。

（二）中国物品编码中心

中国物品编码中心于1988年经国务院同意成立，是统一组织、协调、管理全国的物品编码与自动识别标识工作的专门机构，隶属于国家质量监督检验检疫总局。1991年4月代表我国加入国际物品编码协会（GS1，原名EAN International），致力于推广全球通用的、开放的、跨行业的供应链管理标准——GS1全球统一标识系统，建立和健全了我国的物品编码与标识体系，开拓了二维条码、产品电子代码（EPC）、全球数据同步（GDS）、产品质量追溯、电子商务、物流信息标准化等新的研究领域，中国物品编码中心在全国设有46个分支机构。

四、全球统一标识系统（EAN·UCC系统）

EAN·UCC系统的基础是在任何供应链中用于标识物品或服务的一个明确的编码模式。采用自动数据采集技术，这一编码体系成功地用于生产、运输和配销的各个阶段。EAN·UCC系统最常见的应用是商品条码（在超市结算时扫描的EAN-13或UPC条码），而条码只是机器识读的代码。

EAN·UCC系统通过对供应链中任意一点的贸易产品、物流单元、资产、位置与服务等提供全球唯一的标识，从而简化电子商务过程，改善供应链管理和其他商务处理，降低成本，为产品与服务增值。

应用领域已经遍及商业、工业、医疗卫生、出版、运输、金融保险、软件、物流等诸多领域。目前全球共有100多个国家和地区加入了EAN组织并采用这一标识系统，已经成为名副其实的全球统一标识系统和通用的商业语言。EAN·UCC系统还将随着科技的进步而进一步发展。EAN·UCC系统提供了一个采用国际统一和通用的编码与条码系统对水果、蔬菜进行跟踪与追溯的方法，依据来自种植者的有关水果、蔬菜连续准确的信息，对从农场种植到零售进行有效地跟踪与追溯。

五、国内外农产品追溯方面的相关法律法规

（一）欧盟

1. 食品可追溯法规要求

欧盟（EC）No. 1760/2000号、（EC）No. 1825/2000号、（EC）No. 178/2002号等法规，对在市场销售，包括进口的食品提出了可追溯性要求。

EU Regulation 178/2002从法律上确定了食品的可追溯性，2005年1月1日

在欧盟生效。其第十八条:食品可追溯性原则/召回制度,要求如下。

(1)在所有的食品生产加工环节都要建立食品可追溯性性体系。

(2)食品可追溯性体系要保证做到在整个食品供应链中,从前向后、从后向前都可追溯。

(3)所有的食品或者市场出售的食物都必须有足够的标识,保证食品可追溯性。

(4)食品生产者要立即召回生产的食品,并通知相关的监管部门和消费者。

(5)食品的销售商要在其可控的范围内,按照食品安全的有关法规,启动食品召回程序,召回食品。

2.新牛肉标签法规要求

自2002年1月1日起,所有在欧盟成员国上市销售的牛肉产品必须要具备可追溯性,否则不允许上市销售。

3.欧盟相关法律法规对记录的要求

应该在适当的时期内保留文件和记录,但没有通用的企业导则;对于新鲜产品加工而言,典型的保留期限2～3年;对任何情况的检索时限在2～24 h。

(二)美国

2002年6月12日布什总统签发《生物恐怖应对法》(《The Bioterrorism Act》)。对追溯记录要求:保存期不超过2年,易腐食品为1年;必须在4或8 h内提供记录,检索点到某天的具体时间或某周的具体某天。

(三)日本

食品卫生法、食品安全基本法,2002年6月颁布了《反疯牛病对策法》,2003年初发布了《牛的可追溯法》。

(四)中国

《中华人民共和国食品安全法》对食品的生产、加工、包装、采购等供应链各环节提出了建立信息记录的法律要求,以便于日后的追溯与召回。《中华人民共和国食品安全法》对追溯记录的要求如下。

(1)生产企业应如实记录食品生产过程的安全管理情况,记录的保持期限不得少于2年。

(2)食品批发企业应如实记录批发食品的名称、购货者名称及联系方式等,记录、票据的保存期限不得少于2年。

《中华人民共和国食品安全法实施条例》对追溯记录的要求如下。

(1)食品生产经营者为食品安全第一责任人。

(2)生产企业应如实记录食品生产过程的安全管理情况，记录的保持期限不得少于2年。

(3)食品批发企业应如实记录批发食品的名称、购货者名称及联系方式等，记录、票据的保存期限不得少于2年。

(五)国际标准化组织(ISO)

1. ISO 9001:2008 7.5.3 标识和可追溯性

(1)适当时，组织应在产品实现的全过程中使用适宜的方法识别产品。

(2)组织应针对监视和测量要求标识产品的状态。

(3)在有可追溯性要求的场合，组织应控制并记录产品的唯一性标识。

注：在某些行业，技术状态管理是保持标识和可追溯性的一种方法。

2. ISO 22000:2005 7.9 可追溯性系统

(1)组织应建立可追溯性系统。

(2)确保能够识别产品批次及其与原料批次、加工和分销记录的关系。

(3)可追溯性系统应能够识别直接供方的进料和终产品分销至直接分销方的情况。

(4)应按规定的时间间隔保持可追溯性记录。

(5)进行体系评价，使潜在不安全产品能够处置和召回。

(6)可追溯性记录保存时限可以基于终产品的保质期，并应符合顾客、法律法规要求。

(六)国际物品编码协会(GS1)

GS1 开发了采用现有的全球统一标识系统(EAN·UCC 系统)，相继出版了可追溯性应用指南和标准。可查阅到的指南包括如下几种。

(1)《牛肉产品追溯指南》。

(2)《生鲜农产品追溯指南》。

(3)《鱼类产品追溯指南》。

(4)《香蕉供应链追溯指南》。

(5)《葡萄酒供应链追溯指南》。

(6)《GS1 可追溯性实施指南》。

(7)《GS1 可追溯性标准》。

六、国内外农产品追溯方面的相关标准

(一)追溯体系总则要求

(1)《全国肉类蔬菜流通追溯体系建设规范(试行)》。

(2)《食品可追溯性通用规范》国家标准(征求意见稿)。

(3)《食品冷链物流追溯管理要求》国家标准(征求意见稿)。

(4)《GB/T 22005—2009 饲料和食品链的可追溯性　体系设计与实施的通用原则和基本要求》。

(5)《GB/Z 25008—2010 饲料和食品链的可追溯性　体系设计与实施指南》。

(6)《CAC/GL 60—2006 可追溯性　产品追踪作为一项工具在食品检查和认证体系中的一般原则》。

(二)追溯实现技术方法的要求

(1)《肉类蔬菜流通追溯体系编码规则(试行)》。

(2)《肉类蔬菜流通追溯体系专用术语标准(试行)》。

(3)《肉与肉制品的射频识别码(RFID)追溯技术要求(征求意见稿)》。

(4)《GB/T 7027—2002 信息分类和编码的基本原则与方法》。

(5)《GB/T 10113—2003 分类与编码通用术语》。

(6)《GB/T 10114—2003 县级以下行政区划代码编制规则》。

(7)《GB/T 12905—2000 条码术语》。

(8)《GB/T 14258—2003 信息技术自动识别与数据采集技术条码符号印制质量的检验》。

(9)《GB/T 15425—2002 EAN·UCC 系统 128 条码》。

(10)《GB/T 16827—1997 中国标准刊号(ISSN 部分)条码》。

(11)《GB/T 16829—2003 信息技术　自动识别与数据采集技术　条码码制规范　交插二五条码》。

(12)《GB/T 16986—2009 商品条码应用标识符》。

(13)《GB/T 18127—2009 商品条码物流单元编码与条码表示》。

(14)《GB/T 26820—2011 物流服务分类与编码》。

(15)《NY/T 1430—2007 农产品产地编码规则》。

(16)《NY/T 1431—2007 农产品追溯编码导则》。

(17)《NY/T 1761—2009 农产品质量安全追溯操作规程通则》。

(18)《DB34/T 807—2008 农产品质量安全追溯生产单位代码规范》。

(19)《YC/T 209.2—2008 烟用材料编码第 2 部分:烟用材料物流单代码与条码标签》。

(20)《YC/T 400—2011 烟草商业企业卷烟物流运输管理系统移动通信用户身份识别卡代码编码规则》。

(三)水果蔬菜

(1)中国物品编码中心——《水果、蔬菜跟踪与追溯指南》1.0 版。

(2)《新鲜果蔬追溯指南 EAN》。

(3)《蔬菜流通追溯体系基本要求(试行)》。

(4)《NY/T 1762—2009 农产品质量安全追溯操作规程　水果》。

(5)《NY/T 1763—2009 农产品质量安全追溯操作规程　茶叶》。

(6)《DB13/T 1159—2009 果品质量安全追溯　产地编码技术规范》。

(四)畜肉

(1)《GS1 牛肉追溯指南》。

(2)《牛肉产品跟踪与追溯指南》中国物品编码中心 2005 年 3 月。

(3)《NY/T 1764—2009 农产品质量安全追溯操作规程　畜肉》。

(五)水产品

(1)《EAN · UCC 系统在鱼类产品跟踪与追溯上的应用》。

(2)《加拿大新鲜产品追溯指南》。

(3)《水产追溯指南 EAN · UCC 2002》。

(六)谷物

(1)《NY/T 1765—2009 农产品质量安全追溯操作规程　谷物》。

(2)《NY/T 1994—2011 农产品质量安全追溯操作规程　小麦粉及面条》。

(七)包装、储运

(1)《GB/T 18283—2008 商品条码　店内条码》。

(2)《食品冷链物流追溯管理要求》国家标准(征求意见稿)。

七、果蔬产品成熟追溯系统案例说明

本案例研究对象为苹果、蔬菜、生猪,但是由于生猪产品为活畜,其销售对象并不直接面对消费者。因此,相关组织的研究生猪产品的追溯体系很少,与畜产品相关的追溯体系案例多数是以屠宰产品为主,我们在列举相关产品成熟追溯系统案例时仍以果蔬产品为主,其案例的研究对我们研究内容的开展有很强的借鉴和指导意义。

(一)EAN·UCC 鲜农产品追溯指南

根据 GS1 制订的《EAN·UCC 系统通用规范》和《生鲜产品追溯指南》,EAN·UCC 系统为水果和蔬菜的识别与追溯提供了一套标准的解决方案,有助于增强水果和蔬菜来源信息的可靠性和提高信息传输处理的速度。它要求供应链中的每个作业者对水果和蔬菜进行唯一标识,并把目的地的位置、产品的进入与输出之间的连接,记录在数据库中,每个作业者负责将这些数据准确地传递给供应链的其他伙伴,从而实现供应链间的无缝链接,达到对蔬菜、水果产品跟踪与追溯的目的。

水果和蔬菜的整个跟踪与追溯系统分为种植,拍卖、包装、进货,分销、零售三个阶段。下面是对方案实施的详细说明。

1. 种植

跟踪与追溯要求,供应链中的每个作业者采用上游参与方提供的信息对产品进行标签标注。种植者是每个生产或收获种植产品的作业者,也是在水果和蔬菜供应链中使用 EAN·UCC 标准的第一个作业者。种植者能够为其产品分配一个批号,这样结合批号和种植者标识就能确保追溯。如果在这个阶段不给批号,通常由后面的拍卖者/包装者/进货商分配批号。同时,为了识读方便,种植者也应当在标签上标出人工可识读的产品信息,见表 5-1。

表 5-1 在卡片/标签上的人工可识读数据

种植者/生产者代码	净重
产品名称、品种或贸易类型	批号
等级/分类	收获日期(可选项)
尺寸	农田代码(可选项)
原产国	包装日期(可选项)

对于表 5-1 中的可选项的选用由种植者与进货商或包装商商议决定。如果种植者需要更多有关其产品质量的信息,或日后需要召回其产品,那么标出收获日期将非常有用,另外,标识出农田代码也可以提供有关产品原产地的信息。

2. 拍卖、包装、进货

由种植者记录的所有生鲜产品的相关信息,必须提供给供应链中的下一个参与方,可以是拍卖、分级者或进货商。在这个环节,生鲜产品将根据质量、尺寸、色泽进行分类，并包装成一个物流单元。如果种植者具备了分类和包装的能力，此处所描述的步骤可以由种植者完成。然而，大多数的种植者不具备这样的能力。

EAN·UCC 系统能够为水果和蔬菜供应链的各个步骤编码。如果存在一个以上的分类和包装阶段，所有与原产地相关的数据和水果、蔬菜的特性数据，必须在各个阶段都可利用，至少要以人工可识读的方式出现，见表 5-1。

根据供应链中前一个环节参与方提供的数据，能够生成所需信息的产品标签。在拍卖、包装、进货阶段，标签分为箱/盒的标签和托盘上的标签两种。

(1)用于箱/盒上(定量)的标签示例。人工识读的数据也能够通过使用 EAN·UCC 系统应用标识符(表 5-2)以条码的方式表示和传输。如果仅用于分销包装，所有数据可通过 UCC/EAN-128 条码符号来表示与传输。如果包装还用于 POS 零售，将采用 EAN-13 条码表示 GTIN，其他数据则采用 UCC/EAN-128 条码表示。例如，在图 5-1 所示的标签示例中，GTIN 号 5425004000033 就是用 EAN-13 条码表示的，可用于零售环节。而后面的 UCC/EAN-128 条码表示了种植者的国家批准号码(AI 703X)和农田代码(AI 251 的信息，其中如果没有国家批准号码(AI 703X)，也可用供货商全球位置码(AI 412)表示。

表 5-2　用于箱/盒上(定量)的数据项及应用标识符(AIs)

数 据	AI
GTIN	01
批号	10
收获日期(可选项)	11
包装日期	13
国家批准号码或供货商全球位置码	703X 或 412
农田代码(可选项)	251
原产国	422

从表 5-2 所列数据得知，可以从以下三方面确保对产品的追溯。

种植者能够提供带有批号的箱/盒级别的产品。种植者标识与批号结合保证追溯。

如果种植者不能提供带有批号的箱/盒级别的产品，拍卖、包装者、进货商(或分销商)能够采用 SSCC，作为这个托盘上每个箱/盒的批号。这种情况下，SSCC 能够保证追溯。前提是拍卖、包装者、进货商(或分销商)为每个单独的托盘记录所有产品和种植者的相关数据。

也可以结合相应的种植者标识、GTIN和产品包装日期得到追溯保证。

图 5-1　带有一个 EAN-13 和 UCC/EAN-128 条码的箱/盒的标签

(2)用于托盘/物流单元级别的标签示例。EAN·UCC系统物流标签可以用于相同种类项目托盘和不同种类项目托盘的标签标注。表5-3列出了用于托盘/物流单元级别的数据项及其相应的应用标识符。

表 5-3　用于托盘/物流单元级别的数据项及应用标识符

数 据	AI
SSCC	00
物流单元内贸易项目的 GTIN	02
物流单元内贸易项目的数量	37
托盘化日期	13
农田代码(可选项)	251
净重	310X
毛重	330X
原产国	422

①含有相同种类项目的托盘。对于包含相同种类项目的托盘(标签示例如图5-2所示),例如,一个具有由相同的GTIN,以及相同的批号、尺寸等参数的项目构成的托盘,以UCC/EAN-128条码表示的所需数据至少包含以下内容。

A. SSCC(AI 00)。

B. 所含贸易项目的 GTIN (AI 02)。

C. 所含贸易项目的数量(AI 37)。

D. 国家批准号码 /GLN (AI 703X 或 AI 412)。

拍卖商/销售商 XXX		
系列货运包装箱代码: 254250040700005566		
产品:番茄		原产地:比利时
可变数量		
物流单元内贸易项目代码 5425004000044	数 量 100	尺 寸 82-92 MM
托盘化日期 2016.06.12	生产者 XXXX	净重 480.00 KG
(13) 020612 (7030) 0563668122345		
(02) 0545004000044 (3102) 048000 (37) 100		
(00) 254250040700005566		

图 5-2　相同种类项目托盘上的一个物流标签

E. 托盘化日期/包装日期(AI 13)。

F. 可变数量(AI 30)。

为了表示方便,有关数据可以分为 3 行,分别以 UCC/EAN-128 条码表示。例如,图 5-2 中的条码部分包含以下内容。

第一行:托盘化日期(AI 13)+国家批准号码(AI 7030)/或使用 GLN。

第二行:GTIN(AI 02)+净重(AI 3102)+每个托盘上箱/盒的数量(AI 37)。

第三行:SSCC 。

②含有不同种类项目的托盘。对于包含不同种类项目的托盘,例如,不同的 GTIN 和/或不同的种植者等,不能用应用标识符 AI 02/37 表示,因为要将所有不同的 GTIN 打印在一个小标签上是不现实的。这时候可以将这些信息记录在数据库中,以便在后面的阶段通过 SSCC 或一个内部的批号,跟踪托盘上单个产品的来源。图 5-3 是来自相同种植者的不同产品的物流标签示例。图 5-4 是来自不同种植者的相同种类产品的物流标签示例。

图 5-3 给出了位置码的应用标识符 AI(412),表示所有托盘上的货物来自同一个种植者。而图 5-4 中,加入了应用标识符 AI (7031)表示第一个加工者,即拍卖/包装者/进货商,用 AI(7031)而不是 AI(412)表明货物可能来自不同的种

植者。

图 5-3　不同种类项目托盘上的一个物流标签(不同的 GTIN,相同的种植者)

图 5-4　不同种类项目托盘上的一个物流标签(相同的产品,多个种植者)

3. 分销、零售

对于所有零售贸易项目,即为最终消费者提供的单元,必须要有一个用 EAN-13 条码表示的 GTIN,以便用于 POS 扫描。对于重量不变的物品,采用国际通用的商品条码 EAN-13 即可,标签示例见图 5-5。对于变量的零售贸易项目,为了 POS 扫描,可以采用店内码,条码中应包含重量、数量或价格信息。店内码的编码方法可参见 GB/T 18283—2008 商品条码店内条码。

图 5-5　重量不变的贸易项目标签

对于零售贸易项目，下列信息应在标签上以人工可识读的方式表示出来。

(1)产品名称。

(2)分级/分类。

(3)尺寸。

(4)原产国。

(5)净重。

上述内容根据由国际物品编码协会编写的《生鲜产品追溯指南》、比利时·卢森堡编码组织编制的《水果、蔬菜和马铃薯的识别与追溯》，并结合我国实际情况编写而成。它提供了一个用于食品供应链安全领域的跟踪与追溯模型。食品的跟踪与追溯是无国界的，在全球范围内进行，这就要求必须有一个全球统一的标准，EAN·UCC 系统为这一目标的实现提供了可能。

(二)新西兰果蔬产品追溯案例

1. 实施背景

2001 年 6 月，欧洲客户开始强调生鲜农产品物流运输和可追溯的便利性，要求在包装上使用 UCC/EAN-128 条码。随着 2005 年 1 月欧洲食品安全法令的颁布，对生鲜农产品提出的可追溯性要求开始生效。提高可追溯性水平也有利于保护种植商在改进质量过程方面的投资，包括欧洲零售商农产品工作组(EUREP)和英国零售业联合商会(BRC)认证。

新西兰猕猴桃获准于 2005 年在欧洲的超市货架进行销售。新西兰 Zespri 国际有限公司(以下简称“Zespri 公司”)为此执行了一个长达数年的项目。这个项目确保该公司不仅能够生产世界上品质最佳的猕猴桃，而且具有最好的生鲜农产品的可追溯性。Zespri 公司计划通过执行国际物品编码协会出版的《生鲜农产品可追溯性指南（FPTG）》，在每个猕猴桃出口包装箱上粘贴 UCC/EAN-128 条码标签，并对供应链各个环节进行严格把关。

Zespri 公司对新西兰供应商和欧洲客户进行了深入的研究，以便最大程度地获得 UCC/EAN-128 条码标签给整个供应链带来的好处。新西兰物品编码组织、国际物品编码协会和全球重要市场的物品编码组织在为 Zespri 公司及其供应链合作伙伴制定双赢策略上，发挥了非常重要的作用。

2.技术依据与标准

为满足行业对不同级别包装编码的要求，Zespri 公司需要确保自己采用一套包括欧洲和亚洲客户在内的所有重要客户都可以接受的标准。UCC/EAN-128 条码标准就符合这一要求。国际物品编码协会及其成员组织在全球范围内为 Zespri 公司提供建议和支持，帮助该公司以一种切实可行的方式实施，而不会受到某些客户的不当影响。UCC/EAN-128 条码标准是 EAN·UCC 系统的重要部分。该系统由国际物品编码协会制定，已经成为关于条码的国际公认的依据和技术标准。

尽管 Zespri 公司在托盘级别上使用 Code 39 条码多年，但还是决心转向全球统一的 EAN·UCC 系统，因为在供应链中使用 Code 39 条码的客户寥寥无几。Zespri 公司在 2005 年把 UCC/EAN-128 条码的应用范围扩大到托盘上。采用 UCC/EAN-128 条码标准后，Zespri 公司还进一步探索，计划将来使其供应链的各个环节统一采用 EPC（产品电子代码）技术。

在研究过程中，Zespri 公司重点利用 UCC/EAN-128 条码实现一系列重要目标，包括如下目标。

(1)通过自动数据采集对水果进行从果园到最终客户的全程跟踪。

(2)从内、外两方面改进供应链环节。

(3)完全满足欧盟法院（ECC）的立法要求。

(4)保护行业和客户不受病源危机的影响，比如疯牛病、口蹄疫等。

(5)满足《生鲜农产品可追溯性指南》所提出的客户要求。

(6)利用条码技术提供属性信息。

(7)利用各种电子商务机会，包括电子托运单等。

(8)确保与最新技术保持同步，如 RFID（无线射频识别技术）和 EPC。

3.实施 EAN·UCC 系统的步骤

在实施 UCC/EAN-128 条码标准的过程中，Zespri 公司制定了标签功能规范，并提出两个简单的商业规则。

(1)供应商必须能够识别包装箱内水果生产的每个果园。

(2)在托盘卡上，来自新西兰的每个包装必须按照电子记录中的托盘信息进行识别。

整个过程的关键是每一箱猕猴桃都有自己的批次标识。该编码对某个季节是唯一的，并且能够让 Zespri 公司及时了解果园的情况，供应链的流通渠道，以及客户在其供应链的哪些环节需要根据欧洲食品安全立法进行存货管理等情况。图 5-6 为用于托盘标识的 UCC/EAN-128 条码标签示例。

图 5-6　托盘标识的 UCC/EAN-128 标签

图 5-6 中标签关键字：A 为类别；B 为品种；C 为水果数量；D 为水果重量(以 g 为单位)；E 为水果包装的体积；F 为种植者代码；G 为条码；H 为带有应用标识符的人工可视代码，其中 AI 01 指示其后为 GTIN，AI 10 指示其后为包装批次；I 为仓储区；J 为新西兰农产品；K 为位置码的条码表示。

Zespri 公司与有关各方经过详细协商，总结在海外多次尝试后取得的经验和欧洲的水果储运方法，终于找到了解决办法。公司委员会的指导、研究、有条件试验、分阶段部署、实地考察等，都是这个项目取得成功的因素。

Zespri 公司在 2002 年首次销售贴有 UCC/EAN-128 条码标签的水果，到 2004 年该公司有一半的出口生鲜农产品和 ZESPRI™ 金牌猕猴桃都使用 UCC/EAN-128 条码标签。在 2005 年，Zespri 公司出口的所有猕猴桃果品都已使用

UCC/EAN-128 条码标签，这不仅符合欧盟要求，也有利于实现该公司对生鲜农产品可追溯性的目标。

4. 实施后收益

Zespri 公司已经在国内和海外的经营运作中看到了实施 EAN·UCC 系统带来的诸多好处，包括以下几方面。

(1)提高产品标签的准确度。

(2)在托盘卡片丢失或破损时识别产品。

(3)快速响应分销商对水果质量的关注。

(三)新西兰有核果品案例

新西兰苹果梨局成立于 1948 年，代表新西兰苹果和梨的种植商，旨在管理有核果品(新西兰/行业对苹果和梨的专有定义)的销售。该局于 1991 年引入 Enza 品牌，用于新西兰有核果的出口管理。

1. Enza 公司和 Turners & Growers 公司的发展背景

2003 年，新西兰 Turners & Growers 有限公司获得 Enza 有限公司的 100% 股权，将两家历史最悠久、规模最大的农产品公司合并成为具有世界影响力的农产品销售商。新成立的集团彰显了其在农产品领域拥有的 150 年的经营经验。Turners & Growers 有限公司利用 Enza 品牌，将新西兰苹果和梨系列产品的出口范围扩大到世界 50 多个国家。2003 年，Turners & Growers 公司实现了 1 430 万新西兰元的税前利润，出口了 690 万箱水果。

2. 选择一种标准

Enza 公司意识到，采用符合国际标准的标识作为公司产品和原料的标签是有明显好处的，而且采用一个记录储存系统来收集和比较信息，将生产场所(如种植园、加工厂、冷藏室等)、各道程序和产品连接起来也很重要。可追溯性记录必须准确、完整，而且在出现任何问题时(如召回)，能够方便快捷地查询。

1999 年，欧盟开始实施“生鲜农产品可追溯性项目(FPTP)”，项目建议所有生鲜农产品都采用用于纸箱的条码标准。国际物品编码协会肉类供应链小组推荐采用 UCC/EAN-128 条码，该条码能够表示唯一标识农产品的标准代码和提供产品可追溯性的批号代码。Enza 公司最大的欧洲客户参与了 FPTP 项目，包括 Safeway，Sainsbury，Tesco & Waitrose，Spar Austria，GB、GHD 和 Coop Italia 等公司。显然，这些公司要求使用 EAN·UCC 标准。

3.跟踪与追溯

Enza 公司经常收到客户关于产品原产地、包装地或产品喷洒农药情况等方面的咨询。供应商也经常询问产品被销售到何处的问题,以满足其内部要求。例如,确保其包装的产品符合进口国的植物检疫要求,或答复种植商关于付款和产品质量的咨询等问题。因此, Enza 公司必须能够标识流动过程中的托盘(使用 SS-CC)和纸箱,以便在 24 h 内建立完整的产品流动图。

Enza 公司认识到供应合格产品的必要性,并视其为成功出口经营的关键因素。此外, Enza 公司需要提供超过其竞争对手的优质服务来支持供应商,其中一部分重要的服务包括供应链上下游信息的无障碍传递。如今,采用 EAN·UCC 系统进行跟踪与追溯,使得 Enza 公司及其供应商能够满足日益扩大的市场要求,如英国零售业联合商会(BRC)、国际食品安全组织(IFS)以及新西兰本国法律对生鲜农产品的要求。

4.物流效率

直接改进物流效率是实施 EAN·UCC 系统的第二个和最直接的好处。在有核果品出口中, Enza 公司需要及时准确地将其产品运往相应的地方,从而满足与任何一个客户进行交易的要求。Enza 公司通过电子商务、射频(RF)扫描和 EAN·UCC 系统来保证,一旦其得知可获得某一产品,可立即计划并稳妥地将其推向市场。这些技术为 Enza 公司节省了重新输入数据的大量费用,并使其拥有实时库存信息,充分满足顾客的要求。

在新西兰有核果品行业中,采用了行业标准和 EAN · UCC 标准的企业发现,在供应链内获得业务机会比过去变得更加容易了。当其他公司的产品需要温控贮藏条件时, Enza 公司冷藏室可以为他们提供储存服务。而这一补充业务,如今已经成为该公司的一个重要业务了。

5.在整个供应链内实施 EAN · UCC 系统

为采用 EAN · UCC 系统, Enza 公司意识到需要重新评审和调整内部操作程序,最后还要在全国范围内实施新系统。下列因素是 Enza 公司采用 UCC/EAN-128 条码的原因。

(1)全球适用。

(2)应用标识符的使用使得一系列的信息能显示在纸箱的标签上。

(3)为将来扩展系统和自动化提供更大的灵活性。条码可以表示产品的各种相关信息,根据需要可以增加也可以减少,而无须变更条码标准或标签打印设备。

(4)满足客户对纸箱使用条码的要求。

追溯供应链的上游,在种植园内采摘苹果和梨,并放入现场贴有手写托运条的收货箱里。这些收货箱随后被运到加工厂,在那里它们将被工人按订单进行分配,以满足出口商的要求。

以下重点说明供应链的余下环节和 EAN·UCC 系统的使用情况(图 5-7)。

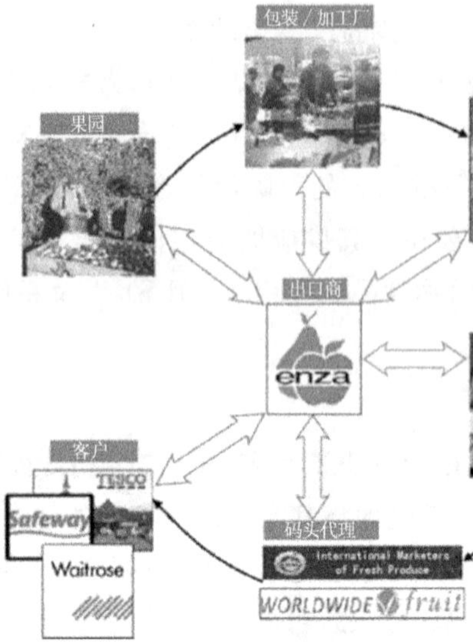

图 5-7 Enza 公司的供应链管理情况

(1)为了确保来自种植园的收货箱的标识唯一性,多数较大的加工厂在每个到达的收货箱上采用 SSCC 标识。

(2)对每个收货箱上的 SSCC 进行扫描,将箱内水果倒入清洗池中,然后进行水果分级,装入纸箱。每个纸箱均使用一个 UCC/EAN-128 条码标签标识。

(3)扫描纸箱标识,并将纸箱放入已用 SSCC 标识的托盘。

(4)将托盘堆积到运货车上,然后运往冷藏室。

(5)冷藏室扫描每个托盘上的 SSCC ,确认从加工厂收到货物,每个托盘随后存放到指定的冷藏室的特定位置。

(6)当有出口订单时,通过射频仪器 (RF) 搜寻和扫描托盘,以确保其符合订单要求。当货车或集装车到达时,这些托盘则被装上车,运到港口。

(7)搬运工扫描从货车卸下托盘上的 SSCC ,将托盘直接运上船,做好离港准备。

(8)当运输船到达目的地后，扫描每个托盘上的 SSCC，将托盘放置入冷库的某个区域，等待分发给各个最终用户。

(9)在质检中，随机选取包装纸箱。各个使用 SSCC 标签的托盘和使用 UCC/EAN-128 条码的纸箱均被扫描以查验水果质量。

UCC/EAN-128 条码标签包含如下信息。

(1)原料号——产品标识代码。

(2)变体代码——标识产品的变体。

(3)市场准入码——国内行业市场清关代码。

(4)USA 段码—— USDA 检验段。

(5)等级——水果的色泽、商标、等级标准。

(6)SSCC —— AI 00 (用 UCC/EAN-128 条码表示)。

6. 实施经验和体会

Enza 公司通过实施 EAN·UCC 系统体会到，托盘和纸箱代码对于供应商物流管理、维护食品安全以及满足消费者要求同样重要。他们还意识到，供应商应当预见未来，采用全球标准，使其对技术的投资在符合市场需求的同时满足自身的物流要求。为保证在整个供应链中使用 EAN·UCC 系统，重要的是要寻求简单的、技术要求不高的配套设备，使得小规模经营者(包括供应商和零售商)也能使用该技术系统。

EAN·UCC 系统的实施给供应商和 Enza 公司的客户都带来了利益。该系统提供了全球唯一的无含义代码。正是由于此代码无含义，它们可在所有行业使用，而其唯一性使代码可在所有运输工具上使用。

7. 未来展望

多年来，Turners & Growers 有限公司一直是新西兰国内农产品经营中的佼佼者，主要服务于新西兰国内市场和进口农产品的需求。该服务延伸至整个国内供应链，包括预包装、可回收集装箱、运输和分销业务。该公司还开展了一系列品牌和农产品的大量出口经营业务。Enza 公司一直是全球有核果品贸易中的一个主要经营商，成功地将新西兰种植的优质农产品销售到世界各地，具有稳定的全球客户关系和非凡的创新历史。目前，Turners & Growers 已经建立了一个调整并统一整个公司供应链标准的项目，重点是效率、产品追溯和电子商务。虽然该项目仍处于起步阶段，但 Turners & Growers 公司已在各部门采用 EAN·UCC 标准，并推广到国内市场，以 Enza 的案例作为整个公司的示范。

第二节　我国农产品生产与追溯体系现状

一、我国主要农产品生产现状

(一)我国主要农产品生产情况概述

近几年,我国主要农产品生产是在面临诸多困难的情况下开展的,其克服了国际金融危机、国内外农产品市场波动的不利影响,经受了历史罕见的特大旱灾和多发、重发病虫害的严峻考验。农产品供给能力发生了巨大变化,主要农产品产量和人均占有量大幅提高,农业综合生产能力大大增强。

1.我国主要农作物产品生产情况

2012 年全年粮食产量 11 791 亿斤(1 斤＝500 g),比上年增加 367 亿斤,连续五年稳定在 10 500 亿斤以上,标志着我国粮食综合生产能力跨上了新的台阶。农产品质量安全水平稳步提升,优质农产品市场占有率不断提高。棉油糖、果菜茶、肉蛋奶、水产品也都稳定增产。

2.我国主要畜禽产品生产情况

2004—2009 年,我国肉类产量从 6 608.7 万增长到 7 649.9 万 t,奶类产量从 2 368.4 万增长到 3 734.6 万 t,禽蛋产量从 2 370.6 万增长到 2 740.6 万 t,水产品产量从4 246.6 万增长到 5 120.0 万 t,五年整体表现连续增产,畜产品市场占有率不断提高。2008 年,活猪、活家禽、肉类(猪、牛、鸡肉)、鲜蛋、鲜奶以及水海产品的出口分别为 164 万头、1 166 万只、17 万 t、12.16 亿个、3.84 万 t 和 175 万 t,分别是 2007 年的 101.9%、71.3%、70.8%、120.9%、84.2%和 95.6%,出口市场疲软,主要是受畜禽疫病、食品安全以及贸易保护主义等多方面因素影响。

(二)我国农业生产模式

1.我国种植业生产模式

种植业的区域化生产格局初步形成。优势产品生产在空间上日益集聚,出现了一批独具特色、优势明显的专业化生产区域。四大粮食作物九大优势产业带初步形成,水稻、小麦、玉米、大豆面积分别占全国的 86%、92%、62%和 53%;棉花已形成长江流域、黄河流域和西北内陆三大棉区,面积占全国的 98%;长江流域油菜产业带面积占全国的 85%;桂中南、滇西南、粤西三个甘蔗产业带面积占全国的 89%;渤海湾和西北黄土高原两大苹果产业带面积占全国的 88%;长江上中游加工甜橙、赣南-湘南-桂北鲜食脐橙和浙南-闽西-粤东宽皮柑橘三个柑橘产业带占全国的面积达到49%。

我国农村虽然实行家庭承包制已近30年,而土地权益分配时每户家庭是按土地的分级而分得数块土地从事农业生产,使每一农户都有使用每一等级土地的权力,体现了平等的原则。但是也正是因为基本上每一农民家庭都拥有几乎所有等级的土地,而形成了过度分散的农业经营形式。在地块大小不等的数块土地上进行农业生产,农业的生产效益逐步下降,导致农民对农业生产投入的减少,从而使农业生产处于恶性循环的状态。我国传统农户分散经营模式与现代农业发展趋势的矛盾越来越突出。农户兼业经营在我国已成为一种比较普遍的现象,而且这种现象一直呈现深化的趋势。我国农户的平均土地规模十分狭小,农业的专业化水平和商品化水平很低,农户的兼业化经营造成了土地流转的困难,导致我国农业小规模经营格局的固化。狭小的土地规模成为扩大农业投资的绝对限制,使传统农业的技术改造步履维艰。以分散经营为基础的农户兼业日益深化,农户生产的目的仅仅是为了满足家庭生计性需要,土地已经成为家庭生活保险的一种手段,这样会直接影响农产品商品化率的提高。同时,大部分农户兼业经营,也不利于形成市场条件下农业发展所要求的适度的土地经营规模,也会延缓我国由半自给自足农业向现代化农业转变的进程。我国种植业生产模式,目前主要还是以小农户为主的生产模式,为了提高农业产业化水平,未来种植业生产模式,将以提高农村组织化形式,以农户集体组织、协会、合作社的方式,统一管理、统一经营、自我监控、抵御风险,规范化、规模化、产品品牌化生产。据统计,种植面积在200亩以上的家庭农场约有87万户,种植大户276万户。

对农户土地适当调整以进行适度规模经营是现代农业发展的必然趋势。2006年中央一号文件《中共中央国务院关于推进社会主义新农村建设的若干意见》提出要进行新农村建设,文件指出:稳定和完善以家庭承包经营为基础、统分结合的双层经营体制,健全在依法、自愿、有偿基础上的土地承包经营权流转机制,有条件的地方可发展多种形式的适度规模经营。建设社会主义新农村任务之一就是发展农业生产,实现农业现代化。农业生产技术现代化、农业生产工具现代化、农业生产方式现代化都是农业现代化的具体表现特征。没有农业生产的适度规模经营,要实现机械化和现代化简直是不可能的。因此,实现由传统农业向现代农业的转轨,实行农业适度规模经营,显得十分迫切。而且,在当前的农业生产形势下,适度规模经营的必要性也已经突显出来。

种植业发展方式转变取得了新的进展。通过积极推进资源集约型、环境友好型农业发展,种植业发展方式正在由粗放型向集约型转变。一是优良品种应用面积进一步扩大。四大粮食品种综合优质率达到61%。二是农业投入品利用率进一步提高。高效施肥、高效施药和农田节水等技术得到大面积应用,不仅有力地促进了节本增效,也对保护生态环境起到了积极作用。目前,以测土配方施肥技术为主的高效施肥技术应用面积已达到6.4亿亩,相当于全国1/3的耕地面积。三是鲜食农产品质量安全状况进一步改善。通过不断完善例行监测、动态管理、产品认证和质量可追溯制度,蔬菜、水果、茶叶等食用园艺产品农药残留得到有效控制。

2. 我国畜牧业生产模式

由于我国在一定时期内农业生产的基本国情以及我国劳动人民长期处在人多、劳动力多、耕地少、资金不足、设施简陋、手工操作为主、农业生产力较低的条件下,我国畜牧业的主要生产模式是散养模式,这种模式主要集中在人口众多、气候湿润的丘陵、平原地区。散养模式具有生产成本低、投入少,以及降低环境污染等优点,但是农户饲养管理粗放、防疫意识差,饲料使用仅考虑成本而忽视饲料安全,养殖规模太小,抗风险能力差。20世纪80年代初期,部分地区的农户借助改革开放的春风,开展副业养殖,增加了畜禽养殖规模,发展成为有一定规模的专业户养殖模式,且专业养殖户逐年增加,这种养殖模式主要集中在黄河流域与长江中下游等粮食丰富、交通便利的地区。据统计,养殖规模在50头以上的养殖大户约有52.7万户。随着我国生产力水平的提高,畜牧业生产不断集约化,集体、民营、国家和中外合资企业为增强竞争水平,不断扩大养殖规模,形成了大规模集约化养殖企业,这些企业主要集中在大中城市及沿海经济发达地区的郊区。总体来说,我国目前的畜牧业生产模式正从传统的分散养殖向适度规模的现代化养殖转变,我国未来的畜牧业生产模式将是以标准化养殖场(小区)为主的"椭圆形"生产模式。

二、我国农产品追溯体系现状

我国虽然在积极推行农产品可追溯体系,但由于我国特有的国情,追溯系统的全面实施尚存在以下问题。

(一)对农产品追溯体系的重要性认识不足

消费者是可追溯农产品的最终购买者,其对具有可追溯性农产品的支付意愿决定着农产品企业实施农产品追溯体系的积极性。如果支付意愿较高,企业受到消费者的需求拉动,规模生产具有可追溯性农产品,从而提高系统使用率,降低具有可追溯性产品的边际成本,为企业创造较大收益。反之,如果消费者对具有可追溯性农产品和普通农产品的支付意愿相同,企业缺乏生产的直接动力,造成资源闲置,产生沉没成本,从而降低可追溯系统给企业带来的收益。然而消费者对具有可追溯性农产品的支付意愿又取决于其对该种属性农产品的认知程度。据统计，消费者对可追溯农产品以及农产品追溯体系的认知度很低、重要性认识不足，认知程度较高的北京市消费者也仅有3%的被调查者表示非常熟悉可追溯体系。

(二)企业实施农产品追溯体系的积极性不高

首先，农产品企业建立可追溯体系的积极性不高。在我国为消费者提供农产品追溯信息，还属于企业自愿行为，政府和行业组织均无强制性规定，市场准入制度产生的外在需求不大；建立可追溯系统必然会增加成本，建立以后短期内可能不会见到效益，企业发展的内在需求不足。另外，企业建立了追溯体系，数据也对外进行公布，怎么让消费者相信该信息是真实的，并愿意支付比普通农产品高的价格，这些问题都亟待解决。我国许多农产品企业规模不大，资金有限，同时考虑到成本与效益分析之间存在诸多不确定性，使许多企业望而却步。这在客观上限制了农产品安全追溯工作的推广和实施。

其次，在调查中了解到很多企业担心追溯中出了问题会被制裁、曝光等，而不愿意加入追溯体系。如何使农产品生产经营者认识到追溯体系的重要性以及其带来的收益也是建立农产品追溯体系激励机制必须要回答的问题。

再次，实施农产品安全追溯需要供应链各参与方就供应链全过程中的产品及其属性信息、参与方信息等，进行有效的一致性标识。在激烈的市场竞争中，农产品供应链成员为追求自身利益最大化，往往会单独采取行动，从而与农产品供应链系统的整体目标产生冲突，导致农产品供应链失调，使农产品供应链没有发挥其应有的作用。而企业建立可追溯体系与否又受到消费者对具有可追溯性农产品的支付意愿的影响，以及政府对出现农产品质量安全问题的企业采取的惩罚措施严重程度和对该企业声誉的影响。由此可见，建立农产品质量安全追溯体系需要政府、企业及消费者等全社会共同参与。

(三)企业追溯单元设计不合理

与发达国家相比，我国农产品生产的规模化、集约化、标准化及组织化水平不高。我国有2亿小规模农户采用各自的农药、化肥和兽药的投入方案，按照自己的意愿生产农产品，他们生产出来的农产品又需要通过约3 000万名小商贩，经过产地的中介与批发市场、消费地的批发市场及农贸市场，最后到达消费者的餐桌。储存和传递如此巨大的信息来建立可追溯体系需要先进的技术条件和巨大的成本投入。加之在农产品种植、养殖等环节实现追溯，应全面记录化肥、农药、兽药及生产管理等情况，而大多数农民没有记录的习惯和能力，这必然导致很高的信息记录成本，降低了农民参与农产品质量追溯的意愿。同时，由于我国特有的农业生产模式，有些企业以企业产品为追溯单元，而有些企业则以基地为追溯单元，如何设计科学、规范的追溯单元，是需要切实解决的生产难点，也是建立追溯体系的关键。

(四)农产品追溯体系不兼容

目前，我国不同地区、部门、企业以及不同农产品类别实施的农产品追溯体系不尽相同。各种农产品追溯体系由于技术、标准以及追溯目标不一致而无法兼容。这种局面主要由以下几种原因引起的。

首先，缺乏统一负责开发和管理农产品追溯体系的国家权威机构，这与我国现行分段管理为主、品种管理为辅的农产品安全管理模型不无关系。

其次，具体农产品安全标准和法规的制定上也不够协调，各类标准繁多且分散，与国际通用的和发达国家的农产品安全标准等效性差，这导致了农产品追溯体系目标不明确，使其不能快捷、准确定位农产品质量安全的关键点，最终导致一个庞大的追溯系统沦为普通的农产品标签。

再次，追溯信息采集的范围和方法不统一。有些农产品包装上条形码并不能代表农产品追溯身份特征，只能证明它的产地与产品名称等，并不能显示其生产日期、原料来源及批次编号等信息。

(五)农产品安全监管体制的系统性不够

我国农产品安全管理实行分段管理为主、品种管理为辅的模式，在这种管理模式下，实现农产品从农田到餐桌的信息可追溯，还需要各个部门在管理方法和技术标准上加强配合和对接，从而增加了全程可追溯体系推行的难度。由于农产品安全监管分散管理，目前尚未建立全程管理机制及有效的预警、报警机制。农产品安全信息的获取及信息的真实性无法保障。

第三节　建立我国良好农业规范信息化追溯平台的意义

一、农业生产实施良好农业规范的必要性

由于农药、化肥、兽药、饲料添加剂等的不合理使用，目前我国农产品生产的源头污染仍然存在。种植业产地环境污染、污水浇灌、滥用农药甚至违禁使用高毒农药；禽畜饲养滥用饲料添加剂，非法使用生长激素及“瘦肉精”。2005 年发生的雀巢奶粉碘超标事件、四川的猪链球菌事件，2006 年发生的“红心鸭蛋”事件，2008 年发生的“三聚氰胺”事件都说明了我国农产品质量安全正面临着严峻的挑战，由农

产品引发的安全问题也成为公众关注的焦点。农产品质量安全，不仅关系到人们的身体健康，也关系到农产品在国际市场的竞争力和贸易信誉。种植业和养殖业是农产品生产的第一车间，因此从源头开始将GAP贯穿于农产品生产的全部过程，实现全过程质量控制，这对农产品生产者、经营者、管理者牢固树立标准意识和质量意识，提高农产品质量安全具有重要意义。因此加强这方面的研究与实施推广工作意义重大。

GAP是应用现代管理的知识和经验，以HACCP原理为基础，在农产品生产环节建立农产品生产的追踪和追溯体系。农业生产者通过环境控制、病虫害综合防治、养分综合管理和保护性农业等可持续农作方法来建立GAP控制体系，从而获得安全健康和可追溯的农产品，促进农业生产技术、管理水平与环境、经济和社会的可持续发展。由于GAP受到寻求满足农产品保障、安全、质量、生产效率和中长期环境受益等相关方，包括政府、农产品加工业、农产品零售业、种养殖业者和消费者的关注和承诺，因而越来越受到各国的重视，并在各国以政府和行业规范的形式得到建立和发展。目前在国际上包括欧盟、美国、澳大利亚、加拿大等都在农业生产方面积极推行GAP。

我国加入WTO后在农产品出口方面虽然有了一定的增长，但进口国出于保护本土企业利益的目的，通过设置技术壁垒，为我国农产品的出口设置了重重障碍，GAP的认证就是农产品出口的技术壁垒之一。国内通过研究、示范和实践GAP，将会打破出口技术壁垒，推进我国农产品认证与国际接轨进程，促进我国的农产品出口。为完善我国“农田到餐桌”的农产品安全生产链，落实农产品安全从源头抓起的政策，促进我国农业的可持续发展，推广实施GAP认证势在必行。

（一）是从源头上解决农产品安全问题，体现政府职能的有效途径

构筑从“田间到餐桌”的农产品安全链，“田间”是第一道防线。农业投入品的监管，种植、养殖的规范化，先进技术的推广等都是在“田间”这个领域实施的，初级农产品的污染问题不解决，农产品安全就无从谈起。GAP对种植和畜禽养殖生产过程的每个环节做出了具体的要求和说明，是从源头上控制农产品安全的一种管理模式。

自牛奶“三聚氰胺事件”事件以来，农产品安全问题对政府的问责力度加大，政府面临着执政能力的严峻考验。2009年颁布实施的《食品安全法》和《食品安全法实施条例》对政府相关部门做出了职责规定。政府解决食品安全问题的方法有多种，既有加强立法监管，如《食品安全法》，也有积极推行农产品相关认证，推动农产

品的规范化生产。我国农产品安全监管采取由多个政府部门分段管理的模式，而认证活动贯穿种植、养殖、加工、储存、运输、销售等食品链各个环节，且认证要求认证机构在申请人获得认证证书后应实施认证后跟踪监督（检查）。因此，在农产品领域实施GAP认证可以有效促进政府各部门之间的合作，弥补农产品安全行政监管资源不足和可能存在的监管漏洞，切实保障食品农产品安全。

（二）是贯彻落实科学发展观，建设社会主义新农村的需要

GAP关注食品质量安全，经GAP认证的产品，因其优质和安全性，在市场上销售时可以获得更高的附加值，提高农民收入。

GAP关注员工职业健康安全，要求农场明确健康安全方针、遵循卫生规范、实施劳动保护和福利等，体现以人为本的科学发展观。

GAP关注环境保护，要求生产者遵守环境保护的法规和标准，营造农产品生产过程的良性生态环境，协调农产品生产和环境的关系，减少污染，保护农村环境，转变生产方式，实现农业的可持续发展。在环境保护措施方面，要求制定农场管理计划，最大限度地降低可能的污染风险；拟订改善农场环境和增加生物多样性的行动计划，保护野生动植物；落实垃圾管理计划，实施垃圾分类、回收利用，防止空气、土壤和水被有害物质污染等。

GAP关注资源合理使用，要求采取措施优化能源的使用；实施水管理计划以优化水的用量并减少浪费；使用基质时实施基质再循环计划等。

以上GAP具体措施的实施，将有力促进我国新农村建设，尽快实现“生产发展、生活宽裕、乡风文明、村容整洁、管理民主”的美好蓝图。

（三）是打破国外农产品技术贸易壁垒、构建我国技术贸易措施的根本途径

近年来，世界发达国家凭借其在农业质量标准化方面的技术优势，纷纷运用农产品贸易需要通过认证认可的手段构筑技术性贸易壁垒。我国茶叶、蜂蜜、畜禽、水产品出口受阻，这其中固然有我国的农产品质量安全的原因，但也有进口国的原因，如我国畜禽肉（特别是冻鸡肉）长期因兽药残留问题而使出口欧盟受阻。我国在种植、养殖产品加工及运输过程中都是自行组织生产，对农畜产品生产、运输和加工等环节监控力度不足。如果没有标准或标准不适应目前的发展需要，就谈不上与国际接轨。随着一些发达国家贸易保护主义抬头，非关税壁垒有增无减，其中诸如技术标准、环保标准等屡屡成为发达国家对农产品进口设限的武器。

因此，无论是从扩大农产品对外出口，还是保护国内农产品市场，我们都必须

提高我国农业标准化与产业化水平，加强农产品质量安全体系的研究与示范推进工作，这对于确保我国农业在安全的前提下参与国际农业的分工与竞争，推动传统农业向现代农业的转变有重要意义。

（四）是加快我国农业标准化建设、与国际接轨互认的需要

我国现有的质量控制和检测体系注重对终端产品的控制和检测，在农产品后期加工方面已经建立了相对完善的 HACCP 认证管理体系，但是在农产品种养殖方面，我国目前只有中国良好农业规范（ChinaGAP）一级认证的果蔬和茶叶产品可以与欧盟的 GLOBAG. A. P. 互认，其他农产品没有形成能够与国际接轨的质量安全保障体系。目前，在国际上包括欧盟、美国、澳大利亚、加拿大等各国都在农业生产方面积极推行良好农业规范（GAP）。因此，我国农产品要出口到这些国家或地区，首先要通过他们所确定的农产品质量控制标准和认证规则，只有在得到互认的基础上，才可以为我国农产品出口铺平道路，因此应逐步建立与国际接轨的农产品质量控制体系的互认机制。

（五）是促进农产品建立追溯体系的重要环节

GB/T 20014.2《良好农业规范　第 2 部分：农场基础控制点与符合性规范》的 4.7 提出建立产品可追溯体系，并实施产品召回演练，即“所有农业生产经营者应有书面的召回程序，明确导致召回的事故种类、做出产品召回决定的负责人、告知消费者和良好农业规范认证机构（如果制裁不是由认证机构签署的且农业生产经营者或农业生产经营者组织召回产品不是出于自愿）的机制、收集存货的方法。召回程序应每年演练，保证充分适用”。因此，在农业生产过程中实施良好农业规范，能积极促进我国农产品追溯体系的建立。

二、建立我国良好农业规范信息化追溯平台的意义

追溯体系虽不能单独解决食品安全问题，但对解决食品安全仍具有重要意义，其作用绝不仅限于在超市提供查询功能。但在现实情况下如何真正用好安全追溯系统，充分发挥其应有的作用，尚有待政府、企业、消费者的共同努力。需要从具体情况出发逐步建设和完善。一方面，加强残留监控体系建设，包括兽药、农残和化学污染物等；另一方面，积极推进追溯过程中的关键技术研究和食品安全追溯试点。总之，农产品追溯体系建设是一项长期的、综合性的工程，需要各级部门和企业持之以恒、密切协作，为推动我国食品安全管理的法制化、科学化和现代化而努力，切实提高我国农食产品安全的水平，促进我国农食产品行业健康发展。

(一)追溯平台将农产品供应链条全过程的信息衔接起来,加强农产品安全信息供给和提高消费者对产品的认知度

根据各环节信息明确农产品各环节供应商的责任,使农产品安全由“信任品”转化为“搜寻品”。这有助于克服或缓解农产品市场的信息不完全和信息不对称,解决农产品安全市场失灵问题。农业生产实施可追溯体系可提高供应链管理效率,即通过供应链各环节信息跟踪和追溯,使上下游企业信息共享和紧密合作,提高农产品质量安全水平,增强供应链中不同利益方的合作和沟通,优化供应链整体绩效。

使消费者对农产品放心的最好办法就是将农产品种养殖、生产加工、流通的整个过程中与质量安全有关的信息记录下来,让消费者随时可以查询,给消费者以充分的知情权,提高消费者对可追溯农产品的认知水平和关注程度。让消费者认识到使用农产品追溯体系可以对消费的农产品进行有效地监控,增强消费者的农产品安全意识,提高消费者对农产品“安全”和“品质”的购买意愿。让消费者了解符合卫生安全的生产和流通过程,提高消费者的放心程度,有效的跟踪与追溯系统,将在保护消费者农产品安全利益上充当重要角色。当市场上销售的某种农产品被发现有质量问题时,如何立即切断产品来源和通知经销商停止此类产品的销售,成为解决农产品安全问题的关键。

(二)追溯平台的实施可以减少农产品召回

“可追溯”是一种还原产品生产全过程和应用历史轨迹以及发生场所、销售渠道的能力。可追溯性是根据标识,对实体的历史、应用情况和所处场所进行追溯的能力。在农产品安全管理中,最重要的要素就是通过信息技术实现对农品从“饲养或种植-屠宰或收获-处理-物流-销售”全流程各个环节的可追踪性与可追溯性,确保农品供应链每一个环节信息准确性。

有了可追溯系统就能够判断某一农产品生产过程中是否使用了问题投入品,及时将问题农产品召回,同时避免那些没有缺陷的农产品被召回。从而为企业节省了大量成本,也能够减少召回期间企业的负面影响。追溯平台可以增加农产品产业链的透明度,消费者可以在客户终端通过互联网了解所购农产品的全部信息,满足了消费者的知情权和选择权,为保护消费者权益提供了手段。

(三)追溯平台的实施可促进国际贸易

由于追溯体系所具有的特殊功能使其成为各国食品质量安全监管机制的重要内容之一。发达国家建立的食品质量安全追溯体系,除了可以有效保证食品安全

卫生和可以溯源外，其贸易壁垒的作用也日益突显。欧盟、美国、澳大利亚和日本等纷纷出台了相应的法律、法规，要求对出口地的食品必须能够进行跟踪与追溯。因此，食品安全已成为全球性的重大战略性问题。我国建立农产品可追溯体系不仅能为人民群众的饮食健康提供优质安全的农产食品，同时也是打破国外因食品安全追溯而设置的贸易壁垒的重要手段，对提高我国农产食品在国际市场上的竞争力起到重要的作用。

（四）追溯平台的实施为小农户组织建立追溯体系提供了技术支撑

如前文所述，我国农业生产仍以小农户为主，虽然近年家庭农场、种养大户、农民专业合作经济组织等不断涌现，但若由上述组织去研究和建立单个追溯体系，在技术上、成本上、手段上都存在很大问题。而追溯平台的实施，则为小农户组织建立追溯体系提供了技术支撑，小农户组织仅需要将其生产过程的相关记录录进追溯平台，就能实施其生产过程的信息化追溯过程，能在极短时间内提高其管理水平和向消费者传递信任，持续推动农产品质量的标准化生产、产业化经和规范化管理。

第四节　我国良好农业规范信息化追溯平台研究

一、任务书要求

国家“十二五”科技支撑计划“我国良好农业规范可追溯性体系设计研究(2012BAK26B003-02)”规定了本课题开展我国良好农业规范信息化可追溯平台研究，以苹果、蔬菜、生猪为研究对象，开展“基地→投入品(植保产品、肥料等)→过程控制→收获→处理→物流→销售”全产业链追溯体系研究，借助追溯单元信息化传递、信息标识和采集技术，建立良好农业规范的信息化追溯平台，构建我国有特色的组织化管理架构及追溯体系，从而建立符合我国农业生产现状的全产业链追溯体系。开展新鲜农产品和初级加工产品个体的标识方法、零售单元与物流单元之间的编码转换技术与信息传递技术、食品追溯信息传递与识别技术、农产品安全防护技术等关键技术研究，为建立我国全产业链追溯体系建立提供技术支撑。

二、追溯单元的识别

本研究以苹果、蔬菜、生猪为研究对象，结合农业生产方式及过程，确定以生产单元为追溯单元。企业形式的生产组织根据生产计划确定生产单元，小农户组织根据小农户生产规模、地域特点、产品类型等确定生产单元，如蔬菜和苹果以邻近地块规模约 50 亩的 20～30 户为生产单元。

而生猪养殖以养殖大户为生产单元，规模化养殖场则根据“全进全出”的饲养方式以栋舍为基础建立生产单元，据统计养殖大户占全国养殖规模的 60%。

三、良好农业规范追溯要素的信息识别

本研究以 GB/T 20014—2008《良好农业规范》系列国家标准所规定的内容为研究基础，筛选出与研究对象相关的生产过程、投入品使用、生产活动等相关关键控制环节与活动。

（一）苹果和蔬菜的生产流程图

苹果和蔬菜的生产过程除了其多年生属性差别之外，其他生产过程基本相似。因此，在生产流程识别上以苹果为例进行说明，详见图 5-8。结合苹果的生产流程图及追溯体系建立的核心要求，我们选择苹果生产过程的投入品评价、肥料使用、植保产品的使用、农事活动、灌溉、施肥、采收、处理、贮存、销售、运输等过程记录作为信息化追溯体系的追溯要素，追溯要素所包括的项目以 GB/T 20014《良好农业规范》系列标准所规定的内容为依据，如苹果和蔬菜所适用的标准为 GB/T 20014.2《良好农业规范　第 2 部分：农场基础控制点与符合性规范》、GB/T 20014.3《良好农业规范　第 3 部分：作物基础控制点与符合性规范》和 GB/T 20014.5《良好农业规范　第 5 部分：水果和蔬菜控制点与符合性规范》。

在 GB/T 20014.3《良好农业规范　第 3 部分：作物基础控制点与符合性规范》规定了植保产品使用应记录以下信息。

(1)应记录植保产品处理的作物名称和品种。

(2)应记录植保产品的使用地点。

(3)应记录植保产品的使用日期。

(4)应记录使用的植保产品的商品名和有效成分或有益生物。

(5)应记录植保产品的使用人员。

(6)应记录植保产品的使用理由。

(7)应有植保产品使用的技术授权记录。

(8)应记录植保产品的使用量。

(9)应记录植保产品的施用机械。

(10)应记录植保产品的安全间隔期。

以上信息构成了信息化追溯平台的植保产品使用追溯要素的内容。

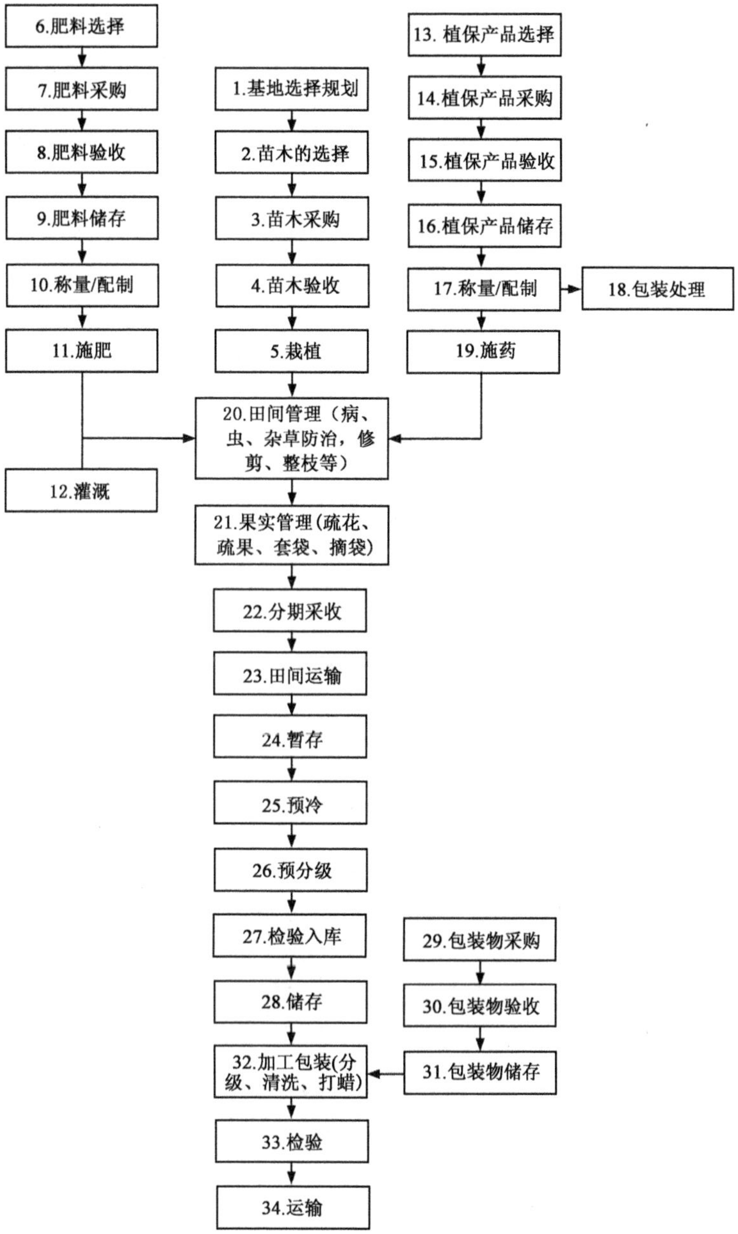
6.肥料选择
7.肥料采购
8.肥料验收
9.肥料储存
10.称量/配制
11.施肥
12.灌溉
1.基地选择规划
2.苗木的选择
3.苗木采购
4.苗木验收
5.栽植
13. 植保产品选择
14.植保产品采购
15.植保产品验收
16.植保产品储存
17.称量/配制
18.包装处理
19.施药
20.田间管理（病、虫、杂草防治，修剪、整枝等）
21.果实管理(疏花、疏果、套袋、摘袋)
22.分期采收
23.田间运输
24.暂存
25.预冷
26.预分级
27.检验入库
28.储存
29.包装物采购
30.包装物验收
31.包装物储存
32.加工包装(分级、清洗、打蜡)
33.检验
34.运输

图 5-8　苹果生产流程图

(二)生猪的养殖流程图

生猪的养殖流程图如图 5-9 所示。通过对其养殖过程的分析,结合追溯体系建立的核心要求,我们选择生猪养殖过程的投入品评价、饲料使用、兽药使用、养殖活动、出栏、销售等过程记录作为信息化追溯体系的追溯要素,追溯要素所包括的项目以 GB/T 20014《良好农业规范》系列标准所规定的内容为依据,如 GB/T 20014.2《良好农业规范 第 2 部分:农场基础控制点与符合性规范》、GB/T 20014.6《良好农业规范 第 6 部分:畜禽基础控制点与符合性规范》和 GB/T 20014.9《良好农业规范 第 9 部分:猪控制点与符合性规范》。

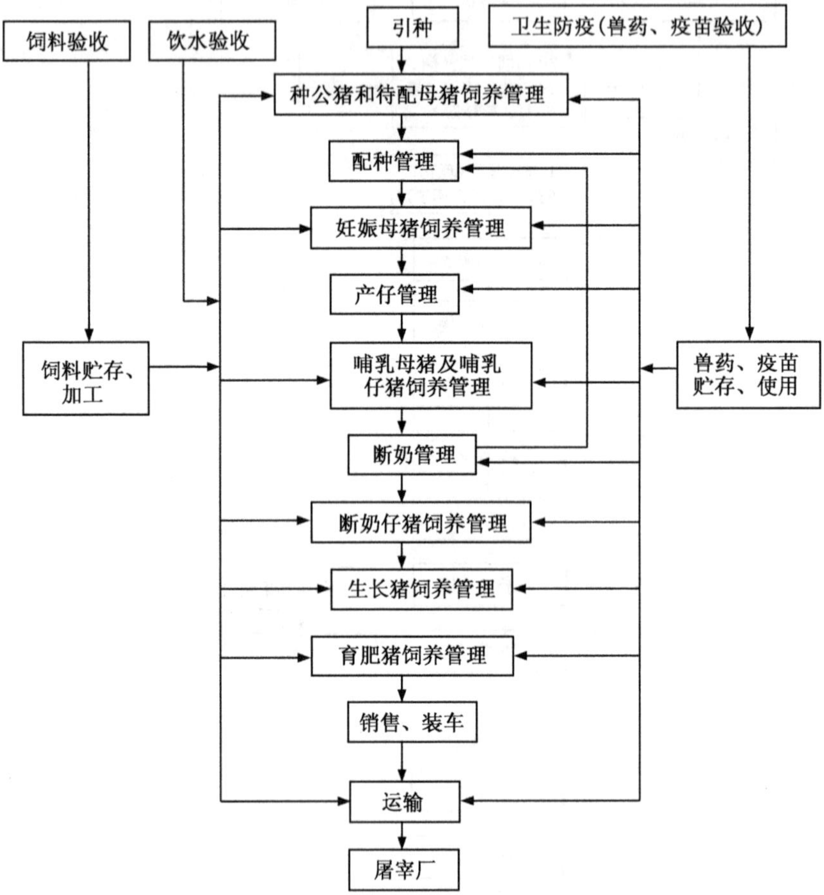

图 5-9 生猪养殖流程图

在GB/T 20014.6《良好农业规范　第6部分：畜禽基础控制点与符合性规范》规定了兽药使用应记录以下信息。

(1)应包括批号。

(2)用药日期。

(3)用药的畜禽标识代码。

(4)用药的畜禽数量。

(5)用药总量。

(6)用药结束日期。

(7)休药期。

(8)药物管理者姓名等。

以上信息构成了信息化追溯平台的兽药使用追溯要素的内容。

四、追溯信息流

(一)苹果和蔬菜

以苹果和蔬菜为研究对象，开展“投入品评价→生产单元注册→生产过程→采收→贮存→运输→销售(超市)”生产过程追溯体系研究，并建立核心追溯要素的信息化记录(图5-10)。

(二)生猪

以生猪为研究对象，开展“投入品评价→生产单元注册→养殖过程→出栏→运输→销售(屠宰厂)”生产过程追溯体系，结合法规要求的追溯耳标建立信息追溯体系(图5-11)。

五、追溯平台的框架及要素

(一)追溯平台的框架

追溯平台将建立以生产者、检测机构、消费者等相关方生产活动为主体的信息化追溯体系(图5-12)，将实现生产过程关键环节或活动的相关记录录入信息化管理系统并系统生产二维码，通过查询检测机构出具的基地环境、产品药物残留检测报告等信息向消费者传递生产链关键过程控制及追溯记录。消费者通过网络条码查询、手机二维码查询、商场超市一体机查询等方式实现对产品生产过程的信息查询。

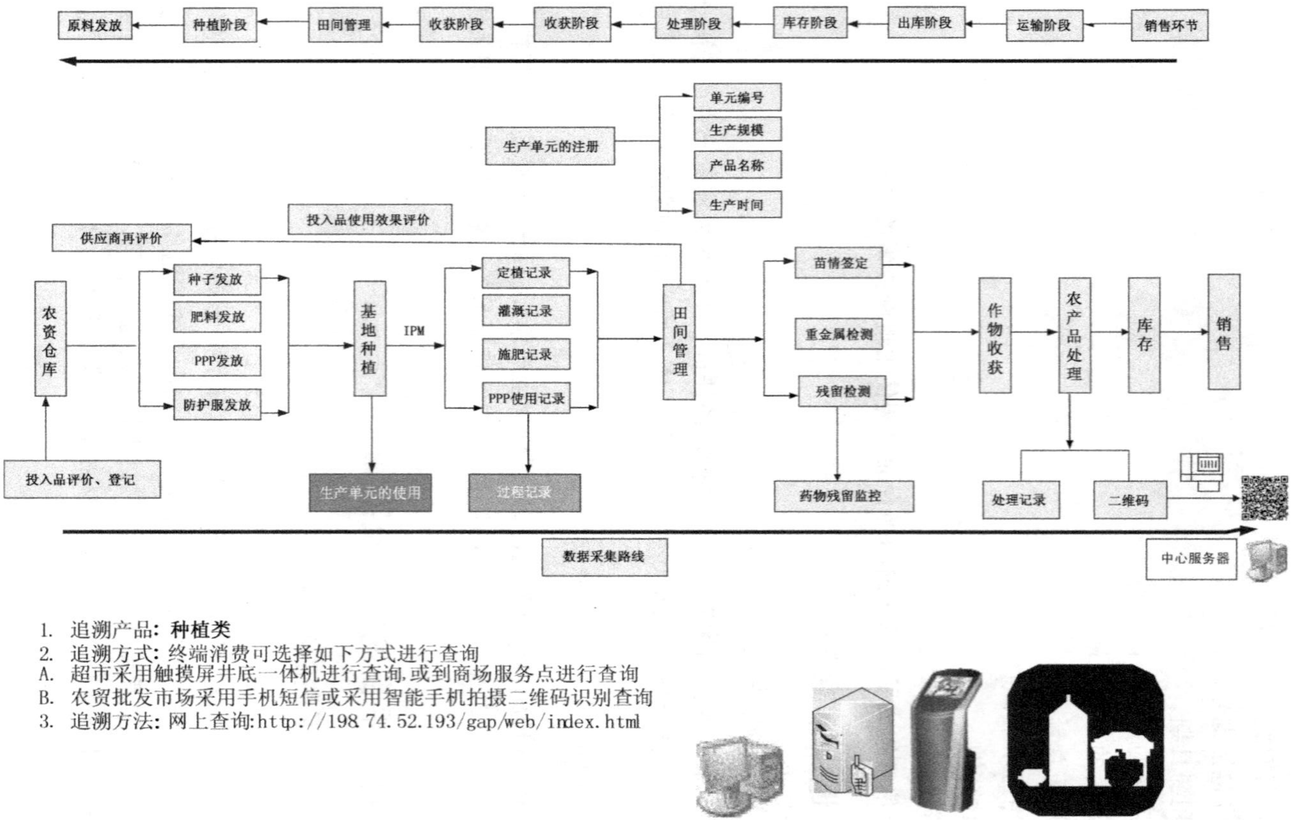

图 5-10 苹果和蔬菜信息采集流程图

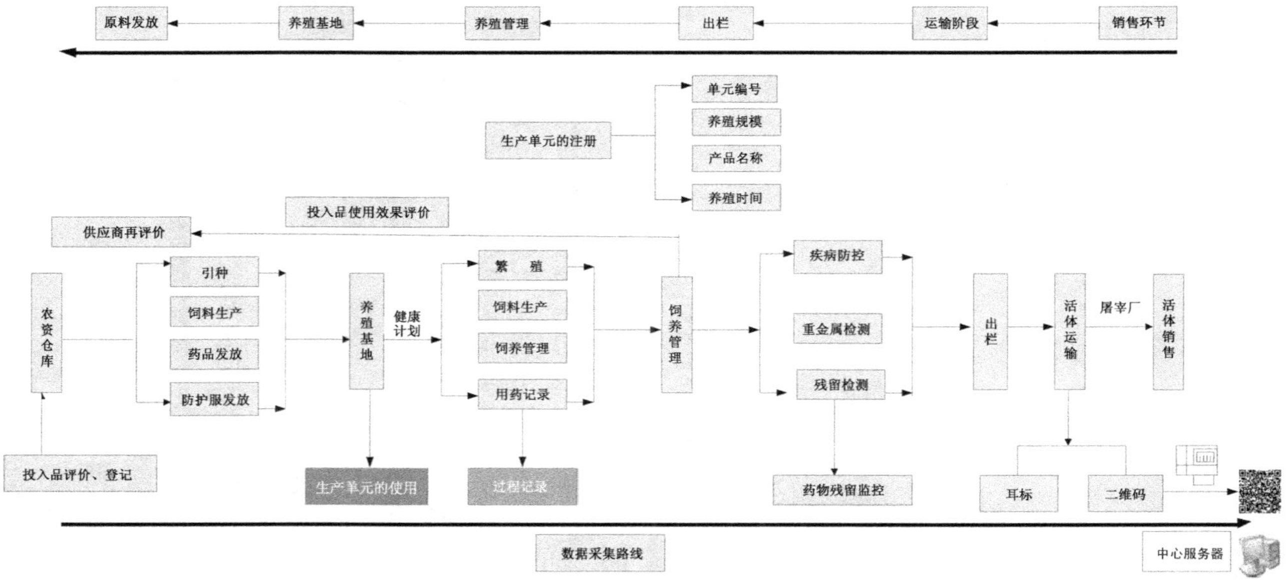

1. 追溯产品：**养殖类**
2. 追溯方式：终端消费可选择如下方式进行查询
A. 超市采用触摸屏井底一体机进行查询，或到商场服务点进行查询
B. 农贸批发市场采用手机短信或采用智能手机拍摄二维码识别查询
3. 追溯方法：网上查询:http://198.74.52.193/gap/web/index.html

图 5-11　生猪养殖过程追溯信息采集流程图

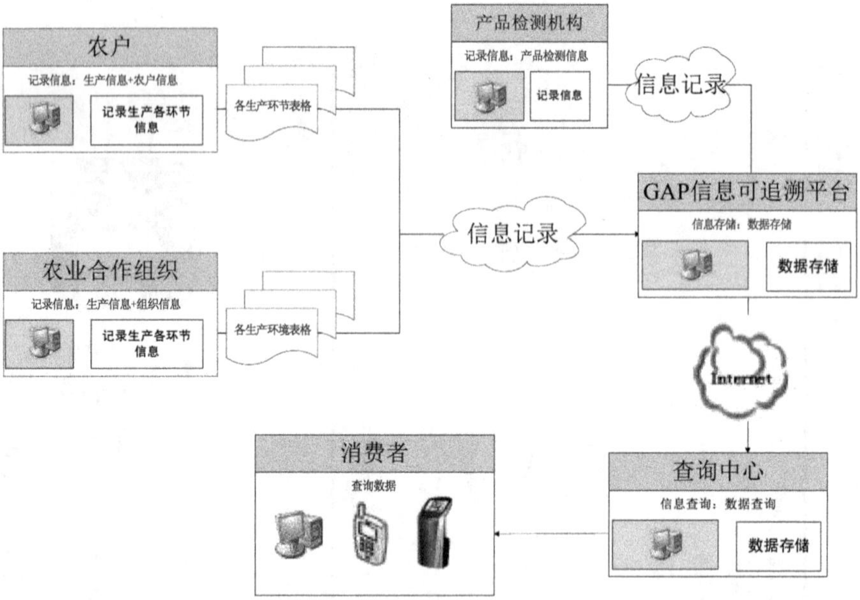

图 5-12　追溯平台的框架

(二)追溯平台中的追溯要素

追溯平台的追溯要素包括生产单元的注册、生产过程记录(图 5-13)、收获、贮存、销售等过程要素记录。该信息平台的建立将生产环节、销售环节,包括养殖生产记录管理、农业投入品使用管理、产品入库记录管理、产品销售记录管理、查询管理、标识管理、责任管理和信用管理全部纳入信息库,将农产品从种植到包装直至销售全过程都置于有效的追溯体系中,使产品追溯体系达到智能化、信息化、多方协同管理的目的。

六、追溯平台中的农产品防护

(一)苹果和蔬菜生产过程中的安全防护技术要求

由于苹果和蔬菜在 GB/T 20014《良好农业规范》系列标准中所适用的标准相同,且除了苹果为多年生作物外,其他生产管理关键环节或活动与蔬菜相类似,因此以苹果为示例,根据苹果生产工艺流程图,对各生产步骤(不包括处理)进行工艺描述,编制《农产品安全防护技术指南　苹果和蔬菜》。

(二)生猪养殖过程中的安全防护技术要求

由于 GAP 仅涉及生猪养殖,因此根据生猪养殖工艺流程图,对各生产步骤进

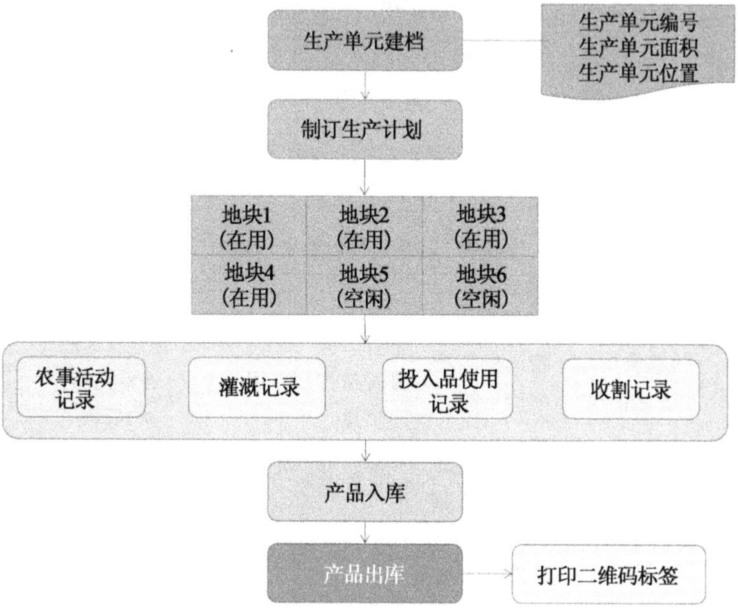

图 5-13　生产过程记录架构

行工艺描述，编制《农产品安全防护技术指南　生猪》。

(三)苹果和蔬菜处理过程中的安全防护技术要求

在 GB/T 20014《良好农业规范》中对苹果和蔬菜的处理过程进行了较为详细的规定，结合标准及生产实践要求，编制《农产品安全防护技术指南　苹果和蔬菜的处理》。

七、追溯平台使用的信息化传递技术

通过对苹果、蔬菜、生猪过程的关键控制点进行分析研究，识别良好农业规范生产、处理、运输、销售等全过程追溯关键要素，制定基于我国农业生产特点的追溯信息模型，以生产单元为管理核心，保持追溯关键要素记录和实现追溯信息在生产单元、生产过程、组织间的信息传递，建立开放式良好农业规范产品全过程信息追溯平台。

八、追溯平台使用的信息识别技术

(一)追溯平台使用的信息识别技术

追溯信息识别技术主要有标签、条码、射频识别(RFID)、耳标等几种方式，而耳标主要用在活畜禽产品上。而本研究以"二维码＋条码"的个体标识方法为追溯实现方式，主要基于以下几个原因。

1. 二维码信息识别优势更为优越

二维码与其他信息识别技术的相比较，具有信息量容量大、安全性高、读取率高、错误纠正能力强等特性(表 5-4 和表 5-5)。

表 5-4　二维码与一维条码比较

条码类型	项目					
	信息密度与信息容量	错误校验及纠错正能力	垂直方向是否携带信息	用途	对数据库和通信网络的依赖	识读设备
一维条码	信息密度低，信息容量较小	可通过校验字符进行错误校验，没有错纠能力	不携带信息	对物品的标识	多数应用场合依赖数据库及通信网络	可用线扫描器识读，如光笔、线阵 CCD、激光枪等
二维条码	信息密度高，信息容量大	具有错误校验和纠错能力，可根据需求设置不同的纠错级别	携带信息	对物品的描述	可不依赖数据库及通信网络而单独应用	对于行排式二维条码可用线扫描器的多次扫描识读；对于矩阵式二维条码仅能用图像扫描器识读

2. 二维码的安全性

二维码对于任何一个农产品的信息(企业、生产批号、施肥、农业生产者工号、日期等)具有唯一性。因此，无论怎样复制，都无法改变二维码中的特征信息。因此对二维码复制没有意义。唯一必须防止的是，造假者具有生成二维码的能力，可以采用二维码内部和外部的双重加密(图 5-14)，保证农产品上的二维码具有防止被制作的充分可靠性。内层加密是改变二维码内部的码词(位流)来实现，必须掌握了二维码的源程序才可以实现。外层加密是对信息部分的加密，采用目前工业标准的加密方法即可以实现。采用二维码内、外两层的加密，保证了农产品具有可靠的安全性，防止假冒和伪造的可能性。

表 5-5　二维码与 IC 卡、磁卡比较

项目	类		
	二维码	IC 卡票	磁卡票
信息量	信息容量大	信息容量最大，现在已有 4K 字节以上的 IC 卡票	信息容量小，常依赖于外界的数据库
读写性	可读不可重写	信息可读，可重写	信息可读，可重写
保密性	可采用工业加密算法	可采用工业加密算法	可采用工业加密算法
可靠性	可靠性高，不受电磁干扰	可靠性差，易受外界强磁场干扰而损毁信息	可靠性低，易受电磁场干扰而损毁信息
抗损性	强。可穿孔 可折叠 可切割	弱。不可穿孔 可不折叠 不可切割	弱。不可穿孔 不可折叠 不可切割
寿命	寿命最长	寿命较短	寿命较短
成本	＜1 元(PVC)	＞10 元	＞15 元

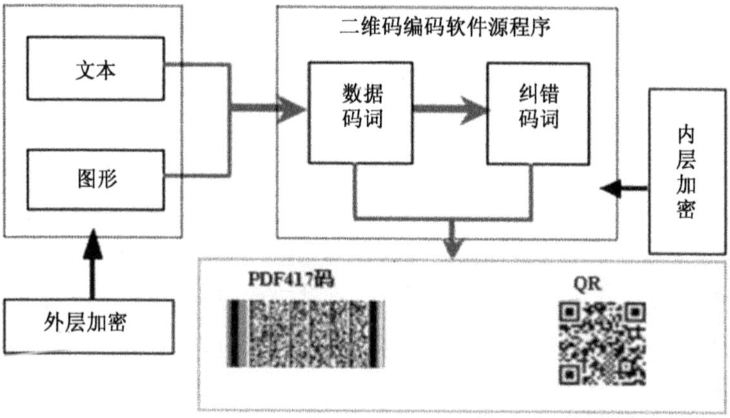

图 5-14　二维码加密

3. 二维码是最先进的信息识别技术之一

物联网“感知技术”包含传感技术和识别技术，目前我国除识别技术领域的条码识读技术已掌握完全自主知识产权的核心技术，在全球有竞争力外，在其他关键技术上还处于劣势。目前我国在传感器网络芯片研发方面与世界领先国家差距较大,高灵敏度、高可靠性传感器80%以上需要进口。在二维码与RFID的自主核心技术发展上,由于我国在RFID领域起步较晚,在RFID空中协议与关键技术方面,几乎为国外所垄断。尽管这两年国家加大了投入力度,并形成一定的产业规模,但在知识产权上受制于人,跟随者的地位短期难以改变。核心技术在其他国家手中,这种技术现状制约了当前我国物联网产业的发展,同时对国家信息安全带来隐患。

与RFID相比,中国在二维码核心技术上有着与国际水平完全同步的技术和自主知识产权,2010年更是率先在国际上推出了物联网应用二维码解码芯片。在中国物联网感知识别技术领域赢得了宝贵的领先技术优势与产业话语权。有专家表示,在PC时代,曾经是Intel的CPU芯片决定了当时的技术走向与产业趋势;而在物联网时代,二维码解码芯片将深刻地影响中国物联网产业的发展进程。随着政府和行业部门信息传达交换从互联网时代进入物联网时代,如果没有自己的核心技术,我国信息安全就会受制于人,全面推行我国有自主知识产权的二维码解码芯片技术,将极大地提升我国的信息安全水平。

4.二维码是信息追溯的最佳载体

很多人说二维码相对于RFID有技术劣势,不是全世界的主流发展方向。同为感知识别领域的重要载体技术,RFID具有可重复“写”入、一次多个目标读取、穿透读取与定位功能(主动式RFID)等重要特点。而二维条码尽管存在识读有方向性要求、载体信息不可改写、信息容量较RFID小等局限,但由于其低成本、可制作性、可依附性(特殊表面应用/微小物品应用)、抗电子干扰性、可传输性(图像外在、传输无空中协议),成为其他电子载体不可替代的关键感知识别技术。一方面,在现有的物联网应用领域中,包括电子凭证、移动支付、食品药品溯源、票据防伪等对电子载体信息容量的要求都不是很高,二维码完全可以承载,而且从信息传输通道的承载能力看,目前以2G通信网为主、3G通信网为辅的网络基础设施,与其勉强地支撑RFID,不如游刃有余地传递二维码。另一方面,目前,二维码已经在全球范围形成了较为完整统一的标准,作为物联网应用中一种有效的移动类电子信息载体,二维码的图形特性,将使信息交互更加安全、简单,尤其是对于智能手机,只需安装软件,便可以变为二维码的承载和识别设备,承担二维码信息传递、交互、转移、识别认证等重要功能,由此为物联网在消费领域中的应用提供了极其便利的条件。

5.二维码在食品追溯获得积极示范应用

据了解，利用二维码进行溯源防伪，在国内外已有多方应用。目前，二维码已经在电子凭证、移动电子支付、跨媒体介质、动物与食品溯源、票据防伪、公文流转等众多领域形成示范应用。据物联网专家介绍，这一应用有三个前提，一是移动网络环境随着 3G 和 WiFi 的普及而得以保障，能够提供“云端解码”；二是智能手机的快速普及，让更多的用户能够接触到二维码客户端；三是最重要的，二维码技术的发展，使得解码工具从专业的扫码机具，变身为普通用户手机的一个小小客户端，飞入寻常百姓家，使得二维码溯源防伪成为可能。

据悉，在我国，使用二维码进行食品溯源已经被一些地方农产品管理部门使用。比如山东青岛市“菜篮子”工程，在全部的市级生猪定点屠宰企业、市区大型农产品批发市场、“阳光食品工程”集团消费单位等 350 家单位建成运行肉类蔬菜流通可追溯体系。在 2012 年食品安全工作会议上，北京表示将利用物联网建立统一的食品安全追溯信息平台，这意味着进入北京市场销售的婴幼儿配方奶粉，不论国产还是进口，都要实现二维码追根溯源。河北省 38 家乳制品生产企业表示将全部建立二维码电子溯源系统，确保不发生区域性、系统性、行业性食品安全事件。建立完善的溯源系统对于食品的监管确实起到了重要作用，但是，真正的惠及普通消费者的“最后一公里”就是要让老百姓都能获取溯源信息，如“快拍二维码”在物联网公共服务平台中就能有效解决食品安全的“最后一公里”问题。

二维码能够在横向和纵向两个维度同时存储和表达信息，能在比一维码更小的面积内承载大量的信息，印刷和识读成本更低、信息的安全性更高、识别精度也更高。利用二维码识读软件系统，结合移动通信网络，可提供各种溯源防伪信息服务。移动二维码技术在国际上是一项成熟的追溯及防伪技术，可以帮助消费者快速、准确地了解到自己需要的产品信息。将二维码制成标签贴在农产品包装上，消费者购买产品时，只需手机扫码或发短信，即可随时随地查询产品有关信息及企业信息，并可及时反馈虚假、错误信息。

因此本研究追溯单元的信息标识以二维码结合条码方式进行个体标识。对于生猪可佩戴二维码耳标，其饲养、运输、销售各环节的信息都将实现有源可溯。二维码耳标与传统物理耳标相比，增加了全面的信息储存功能。在可追溯体系中，猪免疫、产地检疫和运输等环节中都可以通过二维码识读器将各种信息输入到新型耳标中。通过编码就能很轻松地追溯到每头猪是哪个养殖场、哪个管理员饲养的。

(二)追溯平台使用的信息识别传递技术

通过良好农业规范信息化追溯平台，实现生产记录可存储、产品流向可追踪、储运信息可查询的农产品从生产到加工直至销售等全过程信息传递追溯体系。

(1)农业企业通过良好农业规范认证。

(2)获证企业经过授权加入良好农业规范信息化可追溯平台。

(3)生产产地、操作人员、种苗、饲料、农药、化肥、操作过程等记录信息上传至平台。

(4)产品收获入库并统一标识追溯代码,产品追溯代码与种植(养殖)最小单元相关联。

(5)物流代码与经销商、物流企业、零售商相关联,将流通环节信息记录至平台。

(6)终端消费者通过网络连接可追溯平台,查询农产品的种植(养殖)、物流、销售等环节的信息,也可以通过验证码进行比对验证。

自动识别技术是信息数据自动识读、自动输入计算机的重要方法和手段,一种高度自动化的信息或者数据采集技术,包括IC卡技术、条形码技术、射频识别技术(RFID)等。国内的物流企业、零售企业大部分采用成本低廉的条码识别技术,同时条码技术可靠,实施过程简单,适用范围广,所以在良好农业规范信息化可追溯平台中采用条码技术。对产品追溯码、物流、销售等信息共性集中环节采用一维条码,包含的都是基础信息,可以理解为基础码,一维条码信息量小、易识别、有英文字母或阿拉伯数字,能较好满足大批量快速采集需求。对产品防伪码采用二维码技术,二维码具有可存储信息量大、防伪等特点,可以包含详细描述、加密防伪等信息,同时移动智能终端不断普及,消费者可以随时随地的查询产品追溯信息和验证产品真伪。

九、追溯平台使用的信息采集技术

基于我国农业生产现状和从业人员素质,在追溯平台信息采集中以"专人现场采集、电脑录入"为主,在有条件的组织推广使用手持机方式实现生产现场录入数据,通过农户使用便携式手持机在"田间地头"录入生产记录数据。

十、追溯平台使用的信息编码转换技术

在整个农产品追溯体系中,信息编码应用集中在产品出厂到最终销售整个阶段,是用以标识具体产品的特殊代码,使生产企业、经销商、物流企业、零售企业、消费者等环节实现数据共享,实现信息迅速、准确地采集,达到有序、有效管理。

依据信息编码结构统一、易识别、易扩展、易交互等约束要求,同时根据国内国

际正在应用的编码技术和国内农业发展的实际情况，研发了符合实际需求的信息编码。表 5-6 和表 5-7 分别为物流编码和零售单元编码的构成。

表 5-6　物流编码的构成

产品追溯码			物流代码	校验码
机构代码	产品类别	批次码	物流代码	校验码

表 5-7　零售单元编码的构成

产品追溯码			流水号	二维防伪码
机构代码	产品类别	批次码	流水代码	二维代码

产品追溯码由机构代码、产品类别、批次码构成。

机构代码是通过良好农业规范认证企业的唯一标识代码，结合了组织机构代码和认证代码。

产品类别可根据认证目录，统一产品类别代码。

批次码是农产品生产来源的最基本的追溯单元。

物流代码采用常用的物流编码方式，包括序号、内容、包装内数量等信息。

校验码是对产品追溯码和物流代码进行特定公式计算，规范和减少录入数据时产生的错误。

流水代码是农产品零售单元的序列号，保证产品的唯一性，实现“一物一码”。

二维防伪码利用二维码信息量大的特点，将追溯代码、流水代码、电子认证代码等转换成二维码。

整个编码体系融合了商品代码、物流代码、流通代码、二维码防伪等多项技术，用不同标识位对不同编码单元进行分割，经销商、物流企业与零售商都可以快速判断、识别、采集并与原有系统对接，实现信息的交互和对接。消费者在超市购物，通过物流代码追溯流通环节，通过产品追溯码追溯整个生产环节，这样就实现了农产品的全流程追溯；使用直销模式的消费者，通过网络连接可追溯管理平台进行追溯和验证。

十一、追溯平台使用的信息安全技术

一个完整的可信应用系统，除了强健的身份认证系统以外，还要做到关键流程的可信和可审计。关键流程的可信所指的就是应用系统中流转的电子数据的安全不可篡改，要做到这一点需要应用信息安全技术。开发人员分析哪些流程和环节存在核心关键数据，需要由经过身份认证后的可信人员才能操作，并且操作后的数据在非授权的情况下不能被修改，如果被修改，能够及时地被发现。在这个环节中由可信人员所产生的可靠电子签名的电子数据是关键，是可信数据流的基础。了解清楚了需求，下一步就是集成，签名验签接口、操作过程中对操作者身份的确认接口必须与应用系统无缝地集成在一起。只有集成在一起才是安全牢靠的。不能把签名验签系统和应用系统做成两个相对独立的系统，来回跳转，这样看似部署很简单，但是危险重重，很容易在两个系统交互的过程中被黑客钻空子。虽然每个应用系统中也有独立的审计系统，但是追溯平台中可审计系统所展示出来的结果是可信任的，对平台的关键有选举权，做到在任何时间可以对任何关键操作还以原貌，并验证当时的操作人、操作时间、操作结果没有改变。只有这样才能在问题出现的时候出具电子证据，保护业务可延续运行。

鉴于以上原因，我们在追溯平中使用信息安全技术。认证安全物联网应用是在自动识别技术基础上，结合 PKI 技术和权威的第三方认证，从而构建“可管、可控、可信”的物联网，使得传统产业或服务能够更好地融入到物联网中，易于推广和应用。

将电子认证技术应用于物联网的采集层、产品信息标志、关键数据传输、产品信息终端鉴别等各个环节，形成物联网安全独有的核心技术。

(1)将数字证书应用于审核整个物联网流程中不同对象的身份真实性。如数据采集、数据加工、数据处理等工作人员。

(2)以条码技术为基础，结合数字证书的技术特性对产品信息数据或一些其他关键数据进行加密处理，保证信息的不可伪造、唯一性和可追溯性。

(3)采用 https 加密传输协议来传输关键数据，保证传输前数据双方的身份有效，传输过程中数据是加密的。

(4)对信息验证终端提供数字证书认证服务和数字签名验签服务，保证信息的可追溯性和完整性验证。

CA(certification authority)是数字认证机构的国际通称，它是对数字证书的申请者发放、管理、取消数字证书的机构。CA 的作用是检查数字证书持有者身份的合法性，并签发数字证书，以防数字证书被伪造或篡改。电子签章是电子签名的一种表现形式，包括数字证书和电子印章，存储于 USB-Key 中(图 5-15)。电子签章＝数字证书＋电子印章。

数字证书是个人或企业在互联网上的身份标识，即“网络身份证”，由权威公正的第三方机构即 CA 中心签发的。以数字证书为核心的加密技术可以对网络上传

图 5-15　电子签章组成

输的信息进行加密和解密、数字签名和签名验证，确保网上传递信息的机密性、完整性，以及交易实体身份的真实性，签名信息的不可否认性，从而保障网络应用的安全性。因而数字证书保障了电子签章的法律效力。电子印章是运用印章图像，将电子签章的操作转化为与纸质文件盖章操作相同的可视效果。用户用电子签章对申请书进行签章的操作，在数字证书对申请书信息进行签名加密的同时，可以看到电子版申请书上会显示红色的印章图像，同纸质的盖章效果一样。

十二、追溯平台的特点

本研究拟建立的我国良好农业规范信息化追溯平台，具有以下特点。

1. 开放式追溯平台

通过课题研究成果的推广，将建立我国开放式追溯平台，旨在帮助农业生产经营者建立公开、开放的追溯平台，通过平台，向消费者提供查询消费产品的生产记录，传递信任，促进行业持续健康发展。

2. 操作便捷

由于我国从业人员素质有待提高，本追溯平台通过为农业生产经营者组织提供简单的信息采集系统（如手持机等），实现类似手机短信系统的信息采集录入，方便了小农户组织的信息录入和记录的优化。

3. 便于农业产品品牌的推广

加入良好农业规范信息化追溯平台的农业生产经营者，会在平台上形成其独有的宣传网站，方便其实现品牌信息化宣传，解决小农户组织宣传难、创建品牌难的现实困境。

4. 提高质量管理水平

信息化追溯平台在满足实现产品追溯的同时，还能解决小农户组织现实中记录表格多、填写记录难、记录保存难的现状，不断提高管理人员质量管理水平。

5. 提高农业生产经营者建立追溯体系的积极性

通过加入追溯平台，建立追溯体系不再是困难之事，平台将帮助企业建立有效的追溯体系，并可根据生产的需要，适当优化或个性化建立追溯体系，如在基地过程中建立实时监控系统、在基地环境中建立环境质量监控、根据生产过程建立风险监控体系等。

6. 便于行业监管

通过追溯平台，也能助于行业监管，通过查询农业生产经营者生产过程中投入品使用情况，可以针对性建立产品风险监控方案或产品药物残留检测方案。

第五节　推进建立我国良好农业规范追溯体系的建议

通过本课题的研究开展，我们深深感受到我国良好农业规范追溯体系的建立与政府的支持是密不可分的，因此，我们建议如下。

一、加大对良好农业规范追溯体系建立的经费支持

在我国追溯体系建立初期，企业花费成本较高，收益不明显，缺乏主动性。因此政府的作用非常重要，将对我国农产品可追溯体系的建立起到重要的保障作用。目前，政府支持农业生产组织建立追溯体系的经费较少，也没有提供专业化的硬件设备的技术培训，建议加大专项经费的支持，以促进和加快我国良好农业规范追溯体系的建立。

二、完善构筑 GAP 认证产品的供应链追溯体系

欧盟、日本、美国等发达国家或地区从 20 世纪 90 年代开始要求我国出口农产品生产经营企业必须建立供应链追溯体系。良好农业规范认证制度和 2009 年 5 月实施的《中华人民共和国食品安全法》都明确规定：食品农产品生产经营企业应建立供应链追溯体系和产品召回制度。为便于尽快完善构筑供应链追溯体系，应开展我国 GAP 认证的农产品供应链追溯体系方面的研究，鼓励有条件的企业建立条码自动识别、无线射频识别、二维码识别等供应链追溯体系。

三、加大对我国小农户生产组织的专业化技术培训

我国农业组织的生产模式,决定了我国农业所特有的特点、组织形式、产品质量控制体系等。因此,应加大对我国农户生产组织及其人员的专业化技术培训,以持续提高从业员的专业技术和质量管理水平。

第六章　良好农业规范认证信用体系监督与评估

第一节　信用评估指标体系涉及的 GAP 涵盖不同农业行业种类和环节

农业生产经营者或组织申请良好农业规范认证，实际上就是做出一种承诺：按照良好农业规范的要求进行农业生产。良好农业规范认证中的信用评估，就是对农业生产经营者或组织是否遵守承诺的概率做出评估。而良好农业规范涉及广泛的内容，涵盖了不同的农业行业、不同的作物和畜禽种类，涵盖了农业生产的不同环节。对农业生产经营者或组织是否遵守良好农业规范要求的信用评估，也必须涵盖这些不同的内容。

从广义上讲，良好农业规范作为一种适用方法和体系，通过经济的、环境的和社会的可持续发展措施，来保障食品安全和食品质量。它是以 HACCP、良好卫生规范、可持续发展农业和持续改良农场体系为基础，避免在农产品生产过程中受到外来物质的严重污染和危害。该标准主要针对未加工和最简单加工(生的)出售给消费者和加工企业的大多数果蔬的种植、采收、清洗、摆放、包装和运输过程中常见的微生物的危害控制，其关注的是新鲜果蔬的生产和包装，但不限于农场，包含从农场到餐桌的整个食品链的所有步骤。GAP 主要涉及大田作物种植、水果和蔬菜种植、畜禽养殖(牛羊养殖、奶牛养殖、生猪养殖、家禽养殖)、畜禽公路运输等农业产业等(图 6-1)。

良好农业规范是一套操作性很强的标准体系。该标准明确规定了禽畜类、作物类、水产类，以及中国特有的茶类等农产品全部生产过程中的关键控制点和符合性规范(图 6-1)。这一标准主要由基础标准、作物标准、畜禽标准以及水产品标准四部分组成，且各个部分都由相应的核心标准和相关标准两部分组成。

基础标准的核心标准包括：第 1 部分，术语，第 2 部分，农场基础控制点与符合性规范，第 13 部分，水产养殖基础控制点与符合性规范；相关标准涉及：生活饮用水卫生标准、饲料卫生标准、质量管理体系要求，检测和校准实验室能力的通用要求。

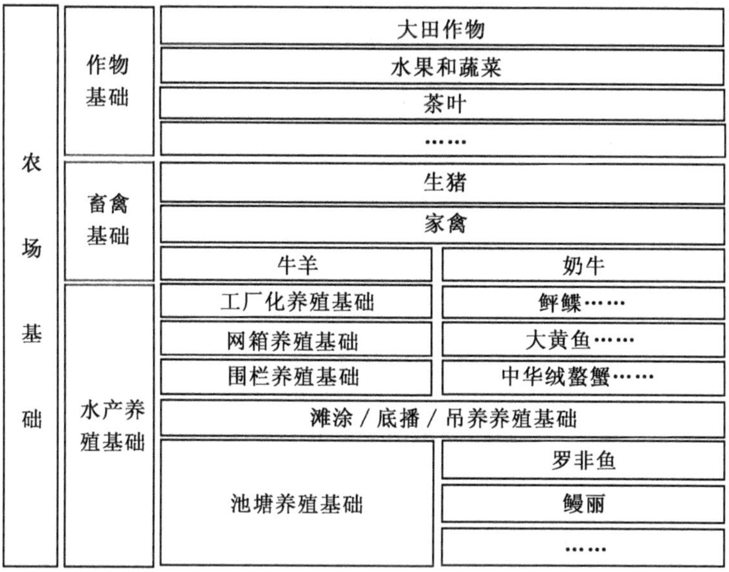

图 6-1 良好农业规范控制点与符合性规范使用示例

作物标准核心标准包括:第 3 部分,作物基础控制点与符合性规范,第 4 部分,大田作物控制点与符合性规范,第 5 部分,水果和蔬菜控制点与符合性规范,第 12 部分,茶叶控制点与符合性规范;相关标准涉及:农产品安全质量 无公害蔬菜产地环境要求,农产品安全质量 无公害水果产地环境要求。

畜禽标准核心标准包括:第 6 部分,畜禽基础控制点与符合性规范,第 7 部分,牛羊控制点与符合性规范,第 8 部分,奶牛控制点与符合性规范,第 9 部分,猪控制点与符合性规范,第 10 部分,家禽控制点与符合性规范,第 11 部分,畜禽公路运输控制点与符合性规范;相关标准涉及:病害动物和病害动物产品安全处理规程,畜禽产地检疫规范,种畜禽调运检疫技术规范,奶牛场卫生规范,畜禽养殖业污染物排放标准,农产品安全质量 无公害畜禽肉产地环境要求,动物防疫 基本术语,畜禽场环境质量标准。

水产品标准包括:第 14 部分,水产池塘养殖基础控制点与符合性规范,第 15 部分,水产工厂化养殖基础控制点与符合性规范,第 16 部分,水产网箱养殖基础控制点与符合性规范,第 17 部分,水产围栏养殖基础控制点与符合性规范,第 18 部分,水产滩涂/吊养/底播养殖基础控制点与符合性规范,第 19 部分,罗非鱼池塘养殖基础控制点与符合性规范,第 20 部分,鳗鲡池塘养殖基础控制点与符合性规范,

第 21 部分，对虾池塘养殖基础控制点与符合性规范，第 22 部分，鲆鲽工厂化养殖控制点与符合性规范，第 23 部分，大黄鱼网箱养殖控制点与符合性规范，第 24 部分，中华绒螯蟹围栏养殖控制点与符合性规范。相关标准涉及：渔业水质标准，农产品安全质量　无公害水产品产地环境要求，无公害食品　淡水养殖用水水质，无公害食品　海水养殖用水水质，无公害食品　鱼用配合饲料安全限量，鳗鲡配合饲料。

良好农业规范认证中的信用评估，要根据种植业、畜牧业、水产业，以及不同环节，设置不同的评价指标体系。

第二节　信用评估涉及良好农业规范的不同认证级别

信用风险评估需要依据农业生产经营者或组织遵守良好农业规范的概率，进行分级，确定他们是否遵守良好农业规范的规定，以及遵守的程度。信用评估中，要根据良好农业规范不同级别，考查农业生产经营者或组织是否遵守、符合了良好农业规范的要求。

进行良好农业规范认证的认证申请者包括农业生产经营者和农业生产经营者组织两类。良好农业规范的认证级别分为一级认证和二级认证两种。其中，一级认证的具体要求是：符合适用良好农业规范相关技术规范中所有适用一级控制点的要求，应至少符合所有适用良好农业规范相关技术规范中适用的二级控制点总数 95%的要求①，不设定三级控制点的最低符合百分比。二级认证的具体要求是：应至少符合所有适用良好农业规范相关技术规范中适用的一级控制点总数 95%的要求②，不设定二级控制点、三级控制点的最低符合百分比。不论申请一级还是二级认证，所有适用的控制点（包括一级、二级和三级控制点）都必须审核/检查，并应在检查表的备注栏中对所有不符合进行描述。在审核/检查认证中应收集对每个控制点的审核和检查证据。一级控制点的审核/检查证据应在检查表的备注栏中标记，以便追溯。主体获得 ChinaGAP 一级认证证书即可与 GLOBALG. A. P. 互认。我国良好农业规范认证证书有效期限为 1 年，过期不再继续申请评审的企

① 二级控制点允许不符合百分比计算公式：（二级控制点总数－不适用的二级控制点总数）×5%＝（允许不符合的二级控制点总数），注最终数值要取整。

② 注：可能导致消费者、员工、动植物安全和环境严重危害的控制点必须符合要求。一级控制点允许不符合百分比计算公式：（一级控制点总数－不适用的一级控制点总数）×5%＝（允许不符合的一级控制点总数）。

业和组织的证书将被自动撤销。

不同认证级别的申请者，对其是否遵守良好农业规范、遵守的程度的考察标准也是不一样的。

第三节　农业生产经营者组织的信用风险分析框架

由于讲信用是一种主观上的东西，所以在两个或多个主体之间存在有要在未来某一时间兑现的交易时，我们便说其中存在信用风险问题。我们知道在对一个企业或者个人进行信用评估时，要考虑到企业或者个人所承诺的事能否在一定的期限里得到实现，或者说在商业交易过程中，一个企业对其应付账款是否能够按时承兑的时候会综合考虑到其自身的相关因素以及与其相关的环境因素，通过对这些方面的分析总结从其中提取一些可能对诚信起到作用的影响因子，用来判断一个企业或个人遵守承诺的概率即通常所说的信用度。在国际上，像穆迪、标准普尔、惠誉这样的评级机构通过对企业甚至国家进行信用评估，从而来预测评估对象的风险程度，通常评级机构所遵循的评级原则为均采用 AAA—C 的评级符号体系来表示信用风险的大小，再用“＋”“－”来修正在主要等级内的相对高低。将 BBB 级以上的信用级别规定为投资级，被评为 BBB 级以上的机构则被认为是遵守承诺概率高的类别，因而人们对其进行投资具有一定的避险作用，对于 BBB 级以下的则认为是投机行为，信用风险比较大。

对于银行业来说，对客户进行信用评估显得尤为重要，尤其是在派发信用卡、贷款的过程中。一般来说，银行会根据客户的个人情况以及与银行往来的信用记录等因素对其进行综合评估，采用记分方法所划分的级别。信用额度由高至低分别是 AAA、AA、A、BBB、BB、B、C 级不等。像中国农业银行对农业、工业、商贸、综合类企业信用等级评定指标分为信用履约评价、偿债能力评价、盈利能力评价、经营能力评价四大类，并设置相应的指标取值和权重。中国建设银行则从客户的基本情况计算得出基础分，然后考虑调整因素计算调整分，基础分与调整分之和为评估对象的综合得分，其基本情况包括自然情况、职业情况、与银行关系等，自然情况指评估对象的年龄、性别、婚姻状况、文化程度以及住宅性质等个人基本情况；职业情况指评估对象的职业、在现单位年限、职务、职称和收入等情况；与银行关系指评估对象在本行账户、贷款历史、持有信用卡情况以及月还款占月收入的比例等。

在经济生活中，信用行为绝大多数用于银行以及企业交易过程中，但随着商业行为在各行各业中的渗入，信用在经济生活中显得越来越重要。2004 年国家有关部门联合发布了《关于加快食品安全信用体系建设的若干指导意见》的通知，提出市场经济是信用经济，信用是维持市场经济正常秩序的保证。食品是关乎人类社会赖以生存和发展的最基本的物质条件。食品安全状况，直接关系着广大人民群众的身体健康和生命安全，关系着我国国民经济与社会的协调发展，关系着全面建设小康社会目标的实现。因而加强对食品行业的信用管理制度体系的建立，通过食品企业信用的评价、披露以及监管，收集内外部评价指标，建立定性和定量的评价指标体系来对食品企业的信用进行评级，从而降低食品安全的信用风险，促使消费者能够放心消费。

不仅仅金融、食品行业的信用风险需要进行评估，农业生产其他领域同样需要信用的评估，尤其是像在对农业生产的标准化过程中，农户、农业生产经营者组织以及农业企业是否能够遵守标准化生产的相关规则也是存在着一种信用风险在里面的。以 GAP 认证过程来说，对于以选项 2 参与良好农业规范认证的农业生产经营者组织，可以对其进行信用风险评估。即当农业生产经营者组织申请认证时，在认证申请初始阶段，也就是在判断申请者是否属于农业经营者组织阶段，分别对农业生产经营者组织带动的农户以及农业经营者组织整体进行“失范风险”评估。这里“失范”就是指农户或农业生产者经营组织不能或没有遵守 GAP 标准；“失范风险”是指农业生产者经营者组织及其农户在良好农业规范认证中的信用风险，就是指农业生产经营者组织及农户出现不能或没有遵守 GAP 标准情形的概率。那么，如何对农业生产经营者组织及农户的“失范风险”进行评估呢？

对于农户及农业生产经营者组织的“失范风险”的评估，本文将通过对他们在 GAP 认证规范中所表现出来的遵守 GAP 认证要求的相关规范的可信度，以及在实际行为当中是否按照要求进行生产两方面共同进行分析。在选取影响农业生产经营者组织及农户信用的相关指标基础上，通过支持向量机模型、logistic 回归模型以及层次分析模型分别来对他们进行信誉好坏类别的划分，讨论影响他们是否“守范”的相关因素，以及出现不同惩罚结果与他们在实际行为过程中遵守标准与否之间的关系；并通过层次分析模型对他们的信度进行打分，判断他们的信用级别，在行为信度部分通过层次分析计算出最容易影响农业生产经营者组织及农户“失范”标准的权重系数，从而可以在实际抽查检验过程中着重抽检。

一、农业生产经营者组织信用评估指标的选取

国内外评级机构等关于信用评估过程中对测度指标的选取有很多的方法，其中主要的方法有以下几种。

(1)5C 要素分析法。通过五方面信用要素借款人品德(character)、经营能力(capacity)、资本(capital)、资产抵押(collateral)、经济环境(condition)，来对评估

对象进行信用评估。

(2)5P 要素分析法。个人因素(personal factor)、资金用途因素(purpose factor)、还款财源因素(payment factor)、债权保障因素(protection factor)、企业前景因素(perspective factor)。

(3)5W 要素分析法。即借款人(who)、借款用途(why)、还款期限(when)、担保物(what)及如何还款(how)。

(4)4F 要素分析法。主要着重分析以下四个方面要素:组织要素(organization factor)、经济要素(economic factor)、财务要素(financial factor)、管理要素(management factor)。

(5)CAMPARI 法。即对借款人以下七方面分析:品德,即偿债记录(character)、借款人偿债能力(ability)、企业从借款投资中获得的利润(margin)、借款的目的(purpose)、借款金额(amount)、偿还方式(repayment)、贷款抵押(insurance)。

(6)LAPP 法分析以下要素:流动性(liquidity)、活动性(activity)、盈利性(profitability)和潜力(potentialities)。

(7)骆驼评估体系包括五个部分:资本充足率(capital adequacy)、资产质量(asset quality)、管理水平(management)、收益状况(earnings)、流动性(liquidity),其英文第一个字母组合在一起为"CAMEL",因正好与"骆驼"的英文名字相同而得名。

上述评级方法主要是用在金融以及企业交易过程中,在内容上都大同小异,是根据信用的形成要素进行定性分析,必要时配合定量计算。它们的共同之处都是将道德品质、还款能力、资本实力、担保和经营环境条件或者借款人、借款用途、还款期限、担保物及如何还款等要素逐一进行评分,但必须把企业信用影响因素的各个方面都包括进去,不能遗漏,否则信用分析就不能达到全面反映的要求。

本文研究的问题是农业生产经营者组织及农户的"失范风险",即影响他们不遵守良好农业规范的因素,通过参考其信用度的情况来判断认证者在实际行动过程中遵守 GAP 的概率大小;既然是要通过其信用状况来判断其"失范风险",我们便要考虑影响农户及农业企业经营者组织遵守或不遵守 GAP 的相关因素指标。关于指标的选取本文将参考以上金融机构以及评级机构对客户、企业等的评估方法内容为依据,通过对农户以及农业企业经营者组织的相关情况进行指标的选取。

二、农业生产经营者组织信用行为评估体系的构建

选项 2 的 GAP 认证中,在认证申请的初始阶段存在两种主体,其一为农业生

产经营者组织中的农户;其二为农业生产经营者组织整体(公司+农户、合作经济组织等)。因而,在以下指标的构建过程及建模分析中,将分别从这两个主体层面进行考虑。

(一)农业生产经营者组织中农户的信用行为评估体系的构建

农户参与 GAP 认证之后是否会遵守 GAP 的要求,由于相应监督体系的缺乏,这使得在实际操作过程中,我们无法确定农户是否会存在不遵守 GAP 的违约行为,因而,我们对农户遵守良好农业规范的守信行为的评估,从某种意义上来说只有依靠农户的诚信度来相信其是否会遵守。影响农户的信用有多方面的因素,下面主要从农户参与 GAP 认证的历史角度以及影响个人诚信的内部因素和外部因素这三方面进行分析。

1. 农户信用行为的影响因素

(1)内在因素。内在因素主要是从农户自身可能会影响到他们的信用状况的因子,本文将考虑的内在因素包括农户的家庭状况、个人能力素质、个人经济水平等方面的因素,从这些方面来具体考虑相关指标的构建包括考虑农户的家庭状况、受教育水平、年龄、社会职务、社会关系、信仰、个人及家庭收入、消费状况、主营收入、个人科学知识技术掌握情况、相关生产管理经营技能等。这些内在因素的具体选定是依据有经验的专家建议以及相对成熟的金融系统信用评价指标为参考的。

(2)外在因素。外在因素主要是指农户身边的环境、自然状况等与其主观相分离的相关因素。外在因素包括主营产品市场销售状况、遵守标准的难易程度、产品特性、不可控因素、违约后的惩罚成本、生产原料的可得性、政府的补贴等相关措施。这些因素的选取依据类似于内在因素的选取。

(3)认证检查符合状况。从历史的角度来看,主要考虑农户过去在认证过程中遵守情况以及认证机构所进行的相关检查,对其遵守情况的影响;在确定变量指标中参照国家认证认可监督管理委员会发布的《良好农业规范认证实施规则》中的要求,可以确定指标如下:每年进行内部检查的次数,外部检查中每年通知检查的次数,外部检查中不通知检查抽取数量的比率大小。选取这些变量作为评估的原因是这些指标数量的确定对农户是否会遵守是具有一定影响的。

从以上三方面通过对影响农户信用行为指标的筛选构建了农户信用指标体系如图 6-2 所示,通过该图中对农户信用指标的构建我们可以得出确定区分信用好与信用差的农户,如何来进行评判呢?在此章节里我们将在所选用的信用指标基础之上建立信用评分卡的构建,如表 6-1 所示。

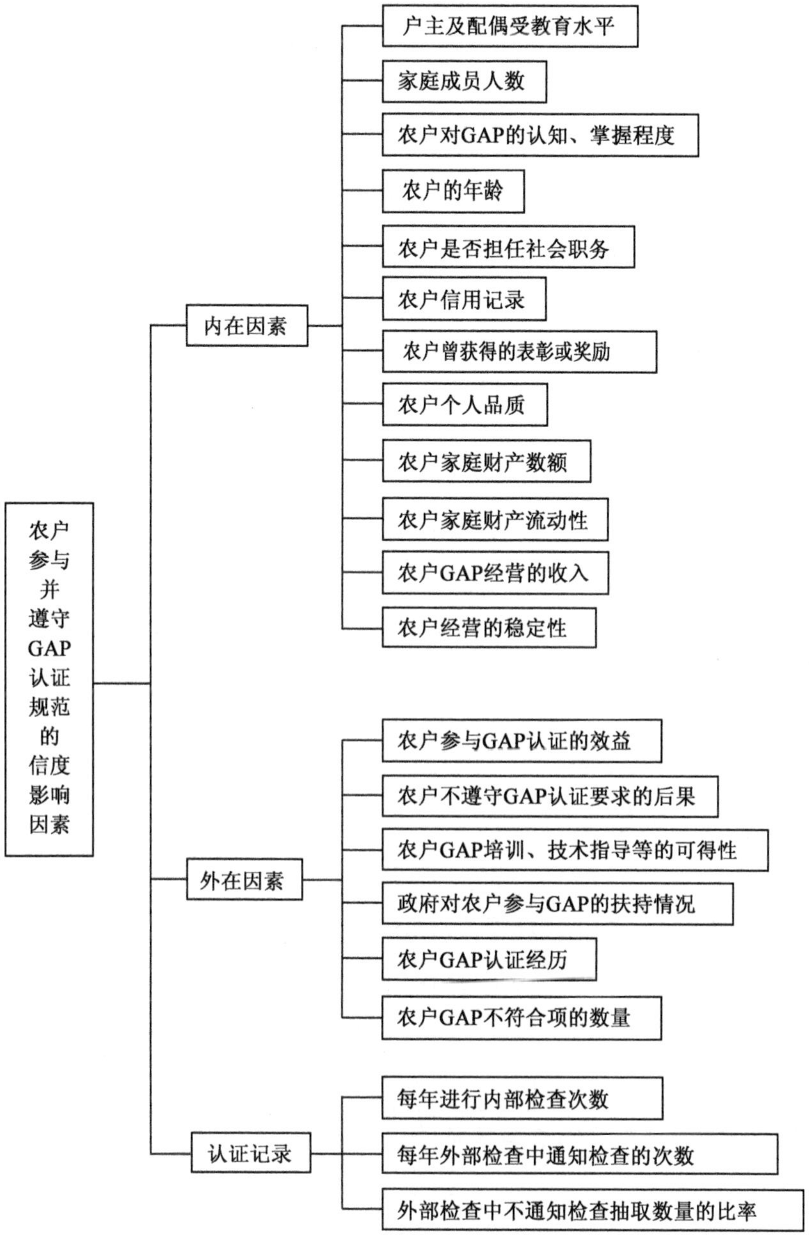

图 6-2　农户信用评价指标体系

表 6-1 农户信用评分卡

	一级指标	二级指标	等级编号				
			5 分	4 分	3 分	2 分	1 分
农户信用评分指标	基本指标条件(A1)	户主及配偶受教育水平(A11)	高中以上	高中	初中	小学	文盲
		家庭成员人数(A12)	15 人以上	10～15 人	5～10 人	3～5 人	2 人
		农户对 GAP 的认知、掌握程度(A13)	非常全面	全面	一般	有限	无
		农户的年龄(A14)	20 岁以下	20～30 岁	30～40 岁	40～50 岁	50 岁以上
		农户担任的社会职务(A15)	县级以上领导干部	县级领导干部	乡级领导干部	村级领导干部	无
	农户素质指标(A2)	农户信用记录(A21)	有银行贷款,无不良记录	无商业银行贷款	存在贷款逾期 30 d 及以内的记录	存在贷款逾期 90 d 及以内的记录	存在贷款逾期 90 d 以上的记录
		农户曾获得的经营、环保等方面的表彰或奖励(A22)	很多	较多	一般	无	无,且表现不佳
		农户个人品质(A23)	诚实守信、勤劳务实,民主测评大于 80 分	诚实守信、勤劳,民主测评 70～80 分	较为诚实守信,不够勤劳,民主测评 60～70 分	不够诚实守信,较懒惰,民主测评 50～60 分	不诚实守信,懒惰,民主测评低于 50 分
	农户经营性指标(A3)	农户家庭财产数额(A31)	10 万元及以上	5 万～10 万元	3 万～5 万元	1 万～3 万元	1 万元以下
		农户家庭资产流动性(A32)	流动性富裕	流动性充足	流动性一般	流动性不足	流动性差
		农户 GAP 经营的收入(A33)	收入很高	收入较高	收入一般	收入较低	收入很低

续表 6-1

	一级指标	二级指标	等级编号				
			5分	4分	3分	2分	1分
农户信用评分指标	农户经营性指标(A3)	农户经营的稳定性(A34)	持续经营5年及以上,种养经验丰富	持续经营3～5年,有较好的种养经验	持续经营2～3年,有一定的种养经验	持续经营1～2年,掌握一定种养技术	持续经营不到1年
	农户参与GAP方面指标(A4)	农户参与GAP认证的效益(A41)	效益很好	效益较好	效益一般	效益较差	效益很差
		农户不遵守GAP认证要求的后果(A42)	后果非常严重	后果较为严重	后果一般	后果轻微	没有惩罚
		农户GAP培训、技术指导等的可得性(A43)	获得难度很小	获得难度较小	获得难度一般	获得难度较高	获得难度很高
		政府对农户参与GAP的扶持情况(A44)	扶持力度很大	扶持力度较大	扶持力度一般	扶持力度较弱	没有政府扶持
		农户GAP认证经历(A45)	3次以上	3次	2次	1次	无
		农户GAP不符合项的数量(A46)	不存在	1～3项	3～5项	5～10项	10项以上
	历史因素指标(A5)	每年进行内部检查次数(A51)	每天1次	每周1次	每月2次	每月1次	每月不到1次
		每年外部检查中通知检查的次数(A52)	4次以上	4次	3次	2次	1次
		外部检查中不通知检查抽取数量的比率(A53)	30%～50%	20%～30%	10%～20%	5%～10%	5%以下

2. 实证分析

(1)基于 logistic 的实证分析模型。通过对农户信用指标的选择后，接下来便要对所选取的变量纳入模型分析，但首先通过因子分析，通过减少变量个数，找出主要的变量，因此最终的分析模型应如下所示(公式 1)。

$$\log(odds)=w_0+w_1F_1+\cdots+w_nF_n \qquad \text{(公式 1)}$$

其中，$odds$ 代表二分变量，F_n 代表因子分析之后的主成分变量。

通过该模型的分析，可以得出在影响农户是否遵守良好农业规范过程中，哪些信用指标因素对其影响程度大。

(2)基于光滑的支持向量机(PSSVM)的实证分析模型。首先，我们仍然采用本节中所采用的农户信用评估的相关指标来当作特征变量，唯一不同的是，支持向量机模型更多的是需要大量的截面数据来进行操作的，需要对大量农户个体样本进行一个判别分析，相对于 logistic 模型而言，logistic 更偏重于对个体研究，从时间的维度进行，对农户个体历史各项指标的表现进行回归分析，从而得出各项指标对其信用度的影响程度，进而通过评分卡进行评估。支持向量机则是对群体共有特征进行判别，进而通过对新个体判断其是否具有类似的共有特征，并对其信用进行判断。其计量分析过程如下。

将农户特征变量作为自变量，使用给出的四次多项式作为光滑函数，建立光滑的支持向量机模型(公式 2)。

$$\min_{(\omega,\gamma)\in R^7}\varphi(\omega,\gamma)=\frac{1}{2}\|a(e-(D(A\omega-e\gamma)),k)\|_2^2+\frac{1}{2}(\|\omega\|_2^2+\gamma^2) \qquad \text{(公式 2)}$$

其中，$A\in R^{m\times n_1}$ 是 m 个训练样本，n_1 是农户特征变量的数目；$E\in R^{p\times p}$ 是训练样本所属类别，如果目标是测试是否接受此次交易，则对角线前 $p/2$ 个是 1，后面 $p/2$ 个是 -1；$\omega=(\omega_1,\omega_2,\omega_3,\omega_4,\omega_5,\cdots,\omega_{n_1})$，$\gamma\in R$ 是目标分类器参数。

将数据输入模型，选择拥有最高的训练正确率和测试正确率的那组数据的参数 ω 和 γ 作为模型的参数。

从而得到的能将农户进行分类的分离超平面(公式 3)。

$$P=\{x\in R^{n_1}\mid x^T\omega=\gamma\} \qquad \text{(公式 3)}$$

其中，目标分类器参数 ω 和 γ 的取值即为拥有最高的训练正确率和测试正确率的那组数据相应的 ω 和 γ。

当确定好分离超平面后，便可以形成一个判别体系，对于新的农户个体只需将其相关的特征变量输入，观测其落入超平面的哪一侧来判断其信用度。

(3)针对信用评分卡对农户进行 AHP 模型验证。首先根据打分表建立层次模型结构图(图 6-3)。

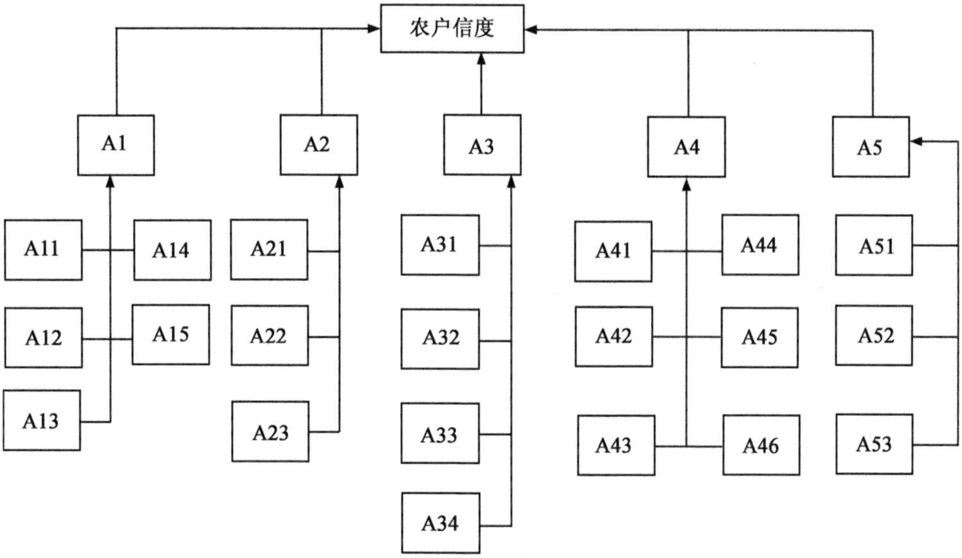

图 6-3 农户信用评分指标层次结构图

从该层次结构图中可以看出，该模型为两层次结构图，当算出每一层次的权重矩阵后，分别将两层次矩阵相乘便得到各具体指标对农户信度的权重数，在打分表的基础上计算出评估对象的信用分数进行评估。

(4)针对信用评分卡对农户进行 BP 网络模型验证。采用神经网络模型对农户进行信用评估，本文将选取评分卡中所显示的二级指标来作为特征变量，通过收集农户的历史数据，利用这些数据采用 BP 模型进行拟合，经过反复地对所拥有的数据进行修正，并达到理想的权重系数，从而建立起能够比较准确的预测评估农户信用状况的模型。

(二)农业生产经营者组织的信用行为评估体系

农业生产经营者组织，相对于单个农户而言，我们更多地要考虑认证机构对其是否遵守 GAP 要求检查情况的记录进行考察；因而将其分为内部检查和外部检查历史结果，以及组织整体的经济因素，组织的基本情况这四个方面来选取考察指标。

1. 农业生产经营者组织信用行为的影响因素

(1)内部检查。所谓的内部检查,即组织对参与其的成员自行进行相关规范是否符合要求的检查,其属于组织认证质量管理体系的一部分,结合 GAP 认证过程中对组织内部的检查要求,我们选取以下几个指标进行考查:组织对内部成员检查的频率,组织对内部成员检查所抽取的比率,组织内部检查所采取的惩罚度量。由于组织内部检查不受外部的干扰,所以对组织内部检查状况进行考查,是其对认证机构负责任的态度,故而在信用评估过程中可以作为解释变量进行讨论。

(2)外部检查。外部检查主要是认证机构对组织及组织内部成员的检查,通过通知的外部审核及检查来对组织进行监测,按照要求我们选取以下指标:外部通知审核严重程度,外部通知审核对组织成员抽取比率,外部通知检查抽取样本数量,外部不通知检查抽取样本数量,对于外部检查不符合规范的惩罚措施及力度。通过这些历史记录指标,从而能够考查出这些变量与组织在遵守良好农业规范过程中影响程度。

(3)经济因素。正如在农户评估过程中所考查的指标过程中对农户经济状况的考查类似,主要将要考虑的指标有:组织的经济效益,组织在认证过程中的经济成本,组织在参与 GAP 中所获得的政府的扶持补贴情况,组织经营的稳定性,组织固定资产、规模等。

(4)组织基本情况。对组织基本情况的考查就如同考查农户个人的基本情况一样,选取的指标与经济指标有些重合部分,主要指标有:组织参与的成员数即对组织规模的考查,组织领导学历构成状况,组织成立年数,组织所获得过的奖章等。通过这些基本状况,选取模型进行分析,评估组织在遵守良好农业规范中可能表现出的概率。

通过对组织以上几方面的考查,并筛选出相关考查指标,建立组织在认证前的评估指标体系如图 6-4 所示,类似于农户信用评分卡的建立,通过对农业经营者组织的 logistic 实证分析,我们可以得出在讨论组织是否会遵守良好农业规范中各指标影响程度,通过特征变量前的系数,来选取相关的评分指标。从而建立简单的组织 GAP 认证信用评估卡如表 6-2 所示。

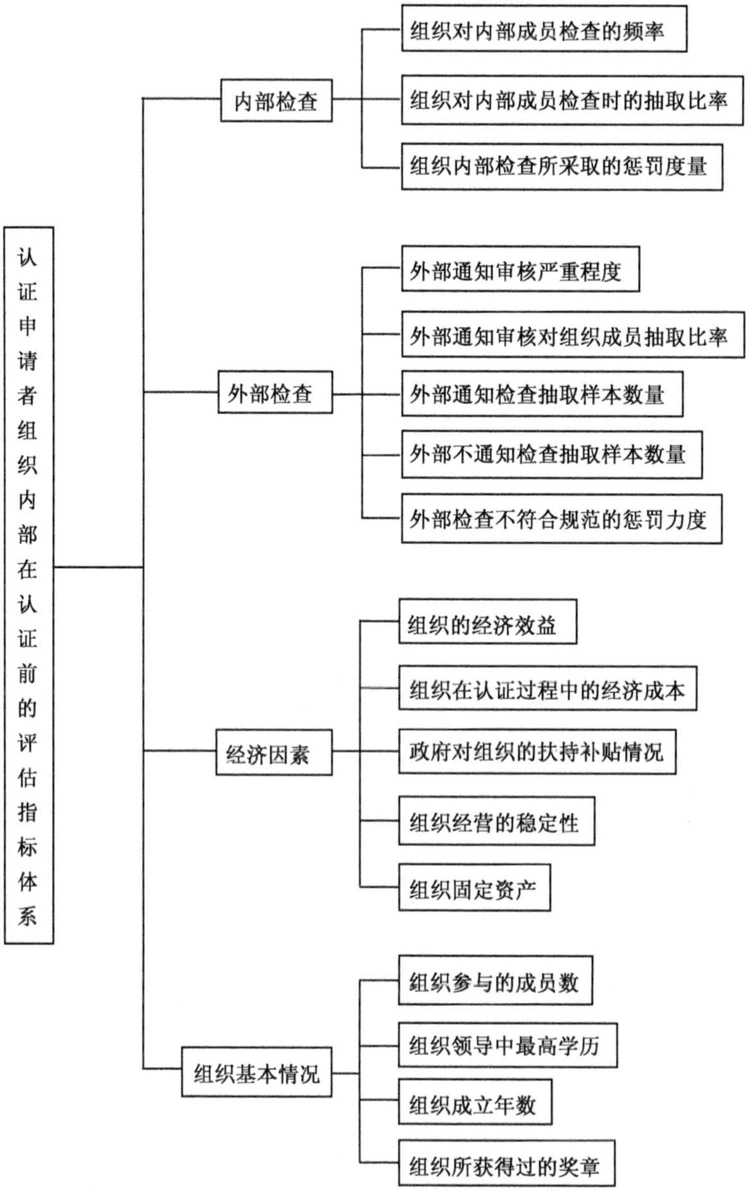

图 6-4　组织信用评价指标体系

表 6-2 农业经营组织信用评分卡

	一级指标	二级指标	等级编号				
			5 分	4 分	3 分	2 分	1 分
农业生产经营者组织信用评分指标	内部检查指标(B1)	组织对内部成员检查的频率(B11)	每天 1 次	每周 1 次	每月 2 次	每月 1 次	每月不到 1 次
		组织对内部成员检查时抽取的比率(B12)	30%～50%	20%～30%	10%～20%	5%～10%	小于 5%
		组织内部检查所采取的惩罚度量(B13)	撤销 GAP 认证资格	暂停 GAP 认证资格	警告	劝诫	无
	外部检查指标(B2)	外部通知审核违规严重程度①(B21)	0	5 d 以内	10 d 以内	20 d 以内	28 d 以内
		外部通知审核对组织成员抽取比率(B22)	30%～50%	20%～30%	10%～20%	5%～10%	小于 5%
		外部通知检查抽取样本数量(B23)	30%～50%	20%～30%	10%～20%	5%～10%	小于 5%
		外部不通知检查抽取样本数量(B24)	30%～50%	20%～30%	10%～20%	5%～10%	小于 5%
		外部检查不符合规范的惩罚力度(B25)	撤销	暂停	警告	劝诫	无
	经济因素指标(B3)	组织的经济效益(B31)	效益很好	效益较好	效益一般	效益较差	效益很差
		组织在认证过程中的经济成本(B32)	很低	较低	一般	较高	很高
		政府对组织的扶持补贴情况(B33)	扶持力度很大	扶持力度较大	扶持力度一般	扶持力度较弱	没有政府扶持

① 此处，外部通知审核违规严重程度的度量标准是纠正时限的长短，时间越长，代表违规越严重。

续表 6-2

	一级指标	二级指标	等级编号				
			5 分	4 分	3 分	2 分	1 分
农业生产经营者组织信用评分指标	经济因素指标(B3)	组织经营的稳定性(B34)	持续经营5年及以上,种养经验丰富	持续经营3～5年,有较好的种养经验	持续经营2～3年,有一定的种养经验	持续经营1～2年,掌握一定种养技术	持续经营不到1年
		组织固定资产(B35)	50万元以上	30万～50万元	10万～30万元	5万～10万元	5万元以下
	组织基本情况指标(B4)	组织参与的成员数(B41)	100人以上	50～100人	30～50人	10～30人	10人以下
		组织领导中最高学历情况(B42)	博士及以上	硕士	本科	高中	初中及以下
		组织成立年数(B43)	10年以上	5～10年	3～5年	1～3年	1年以下
		组织所获得过的奖章(B44)	很多	较多	一般	无	无,且表现不佳

2. 实证分析

(1)基于 logistic 的实证分析模型。根据认证机构根据所收集到的数据,对认证申请者进行面板数据分析,如同对农户的建模分析一样,首先对所搜集的指标进行主成分分析,从而确定回归分析的主要变量,其分析模型为(公式 4)。

$$\log(odds)=w_0+w_1F_1+\cdots+w_nF_n \qquad (公式 4)$$

其中,$odds$ 代表二分变量,F_n 代表因子分析之后的主成分变量。

通过该模型的分析,可以得出在影响农业经营者组织是否遵守 GAP 过程中,哪些信用指标因素对其影响程度大。

(2)基于光滑的支持向量机(PSSVM)的实证分析模型。与农户信用评估分析模型类似,在分析农户经营者组织的过程中,将农业生产经营者组织的特征变量作为自变量,使用给出的四次多项式作为光滑函数,建立光滑的支持向量机模型(公式 5)

$$\min_{(\omega,\gamma)\in R^{10}} \varphi(\omega,\gamma)=\frac{1}{2}\|a(e-(D(A\omega-e\gamma)),k)\|_2^2+\frac{1}{2}(\|\omega\|_2^2+\gamma^2) \qquad (公式 5)$$

其中，$A \in R^{m \times n_2}$ 是 m 个训练样本，n_2 是农业生产经营者组织特征变量的数目；$D \in R^{p \times p}$ 是训练样本所属类别，如果目标是测试是否接受此次交易，则对角线前 $p/2$ 个是 1，后面 $p/2$ 个是 -1；$\omega = (\omega_1, \omega_2, \omega_3, \omega_4, \omega_5, \omega_6, \omega_7, \omega_8, \cdots, \omega_{n_2})$，$\gamma \in R$ 是目标分类器参数。

将数据输入模型，选择拥有最高的训练正确率和测试正确率的那组数据的参数 ω 和 γ 作为模型的参数。

从而得到的能将农户进行分类的分离超平面(公式 6)。

$$P = \{x \in R^{n_1} \mid x^T \omega = \gamma\} \quad \text{(公式 6)}$$

其中，目标分类器参数 ω 和 γ 的取值即为拥有最高的训练正确率和测试正确率的那组数据相应的 ω 和 γ。

当确定好分离超平面后，便可以形成一个判别体系，对于新的农户个体只需将其相关的特征变量输入，观测其落入超平面的哪一侧来判断其信用度。

(3)针对信用评分卡对农业经营者组织进行 AHP 模型验证。针对农业经营者组织信用评分卡来对每一项因素进行权重计算，其过程类似于农户的层次分析，首先建立层次模型如图 6-5 所示。

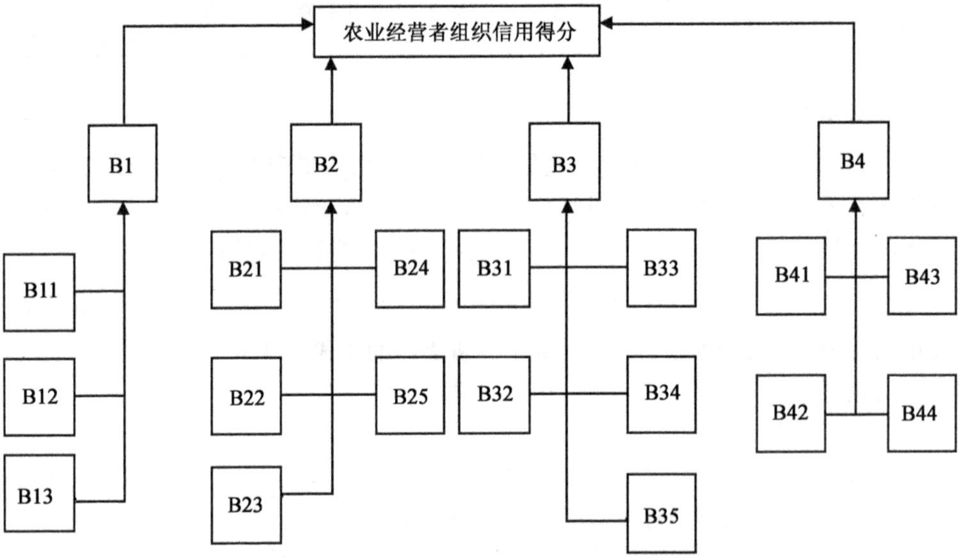

图 6-5 农业经营者组织信用评分指标层次结构图

从该层次结构图中可以看出，该模型同样为两层次结构图，当算出每一层次的权重矩阵后，分别将两层次矩阵相乘便得到各具体指标对农业经营者组织信度的权重数，在打分表的基础上计算出评估对象的信用分数进行评估。

(4)针对信用评分卡对农业经营者组织进行 BP 模型验证。采用神经网络模型进行对农业经营者组织信用评估，其过程与上文中对农户的信用评估一样，选取评分卡中所显示的二级指标来作为特征变量，通过收集农业经营者组织的历史数据，利用这些数据采用 BP 模型进行拟合，经过反复地对所拥有的数据进行修正，并达到理想的权重系数，从而建立起能够比较准确地预测评估农业经营者组织信用状况的模型。

(三)农业经营者组织质量管理体系的构建

根据良好农业规范认证申请流程，当认证申请者是农业生产经营者组织时，则会进行选项 2 的认证。选项 2 的认证中存在质量管理体系，包括对农业生产经营者组织的内外部审查和内外部检查两部分。按照 GAP 认证规范的要求，内部审查主要指组织对内部成员的相关行为是否按照 GAP 的要求检查情况；外部审核分为外部通知的审核和外部不通知的审核，外部不通知的审核涉及对组织的抽查比例的确定以及对组织成员的抽查比例；内部的检查同样面临着抽查的比例的确定；外部检查也分为外部通知检查与外部不通知检查，在此过程中也涉及对检查对象数量抽取比例的确定。综合来看，在对选项 2 质量管理体系的审查过程中最主要的是面临着如何抽查检验对象的数量的问题。

关于如何确定抽查比例，一方面我们可以在对组织信用评估的基础上，通过对历史数据的比较分析，来确定哪一种抽查比例对质量管理体系具有积极的作用；另一方面将质量管理体系所进行的检验结果纳入到信用评估体系之中，使得二者相得益彰。

第四节　GAP 认证申请者行为监测体系的构建

通过 GAP 认证申请流程可知，怎样才是对农户或者是农业生产经营者组织的当前行为进行监测最简便有效的方法呢？首先，通过对认证申请者参与 GAP 认证的历史数据进行建模分析，在此基础之上，通过所建立的模型判断影响遵守 GAP 因素各自程度的大小，选取相对影响程度比较高的指标来对当前行为监测做出简单的检测。所选取的因变量可以根据之前认证机构对认证申请者的裁决结果进行分类，根据认证规范的划分可以划分为：告诫、暂停、撤销和符合，自变量根据良好农业规范认证中，从三大类分别来进行考查，即基于作物基础的良好农业规范要求选取，基于畜禽基础的良好农业规范要求选取，基于水产品养殖的良好农业规范选取。

一、种植类 GAP 认证申请者行为评估体系建立

下面为种植类 GAP 认证申请者的行为监测指标，以 GAP 参与者在生产、废弃物和污染物的管理、回收与再利用、员工健康、安全和福利以及环境保护等方面的要求进行构建，如表 6-3 所示。

表 6-3　种植类 GAP 认证申请者行为监测评分指标

	一级指标	二级指标	三级指标	满足情况（满足得 1 分）	总分
种植类农户遵守和执行GAP认证行为监测评分指标	生产（C1）	可追溯性（C11）			
		记录保存和内部审核/检查（C12）			
		繁殖材料选择（C13）			
		场所历史和场所管理（C14）	新的生产场所的风险评估（C141）		
			场所管理（C142）		
			轮作（C143）		
			土壤管理（C144）		
		肥料的使用和保存（C15）	肥料使用要求（C151）		
			肥料使用记录（C152）		
			施肥机械（C153）		
			肥料的储存（C154）		
		灌溉（C16）	预测需水量（C161）		
			灌溉方法（C162）		
			灌溉水的质量（C163）		
			高效的灌溉方式（C164）		
		植保产品的使用和储存（C17）	植保产品使用要求（C171）		
			植保产品使用记录（C172）		
			施用机械（B173）		
			植保产品的残留分析（C174）		
			剩余药液的处理（C175）		

续表 6-3

	一级指标	二级指标	三级指标	满足情况（满足得 1 分）	总分
种植类农户遵守和执行GAP认证行为监测评分指标	生产(C1)	植保产品的使用和储存(C17)	使用过的植保产品容器、弃用植保产品的处理(C176)		
			植保产品的储存(C177)		
			安全隔离期(C178)		
			避免植保产品危害的措施(C179)		
		收获后农产品的处理(C18)			
	废弃物和污染物的管理、回收与再利用(C2)	废弃物和污染物的确定(C21)			
		废弃物和污染物的管理(C22)			
	员工健康、安全和福利(C3)	员工健康和安全(C31)			
		员工培训(C32)			
		危害和急救(C33)			
		防护服和(或)设备(C34)			
		员工福利(C35)			
		分包方(C36)			
	环境保护(C4)				
	抱怨(C5)				

通过该表对评估对象数据的收集分析，我们可以确定出主要影响结果的相关指标，从而通过历史数据来建立简易的评估打分卡，从而更加便易地对认证申请者进行行为监测。其模型分析与本文采用的主模型即 logistic 回归略有所不同，不需要进行建立 logistic 回归方程，而只需建立简单的多元线性回归模型如下（公式 7）。

$$odds = w_0 + w_1 X_1 + \cdots + w_n X_n \quad \text{（公式 7）}$$

其中，*odds* 代表将认证申请者划分为哪一类的变量，即四类评判结果；X_n 代表所选取的规范要求指标，在这里我们也可以通过因子分析，从而确定在这个过程中主要的影响因子，以便建立简化的行为评分卡。

二、畜禽类 GAP 认证申请者行为评估体系建立

下面为在生产、废弃物和污染物的管理、回收与再利用、员工健康、安全和福利以及环境保护等方面，对畜禽类 GAP 认证申请者的行为监测指标的选取，在此基础上对 GAP 参与者行为评估体系进行构建，如表 6-4 所示。

同理，如同种植作物模型分析，通过该表对评估对象数据的收集分析，我们可以确定出主要影响结果的相关指标，从而通过历史数据来建立简易的评估打分卡，从而更加便易地对认证申请者进行行为监测。其模型分析采用公式 8 形式如下。

$$odds = w_0 + w_1 X_1 + \cdots + w_n X_n \quad \text{（公式 8）}$$

其中，*odds* 代表将认证申请者划分为哪一类的变量，X_n 代表所选取的规范要求指标，在这里我们也可以通过因子分析，从而确定在这个过程中主要的影响因子，以便建立简化的行为评分卡。

表 6-4　养殖类 GAP 认证申请者行为监测评分体系

	一级指标	二级指标	三级指标	满足情况（满足得 1 分）	总分
养殖类农户遵守和执行 GAP 认证行为评分指标	生产(C1)	可追溯性(C11)			
		记录保存和内部审核/检查(C12)			
		畜禽种源、标识和追溯(C13)			
		场所历史和场所管理(C14)	新的生产场所的风险评估(C141)		
			场址、设施(C142)		
			有害生物控制(C143)		
			机械设备卫生(C144)		
		饲料和饮水(C15)	饲料和饮水要求(C151)		
			饲料使用记录(C152)		
			饲料的贮存和供应(C153)		

续表 6-4

	一级指标	二级指标	三级指标	满足情况（满足得 1 分）	总分
养殖类农户遵守和执行GAP认证行为评分指标	生产(C1)	用药(C16)	用药要求(C161)		
			用药记录(C162)		
			药物储存(C163)		
			使用过的空药物容器、弃用的药物处理(C164)		
		畜禽配送(C17)	识别和溯源(C171)		
			装卸(C172)		
			畜禽健康(C173)		
			家禽运输(C174)		
		畜禽健康(C18)			
		病死畜禽的处理(C19)			
	废弃物和污染物的管理、回收与再利用(C2)	废弃物和污染物的确定(C21)			
		废弃物和污染物的管理(C22)			
	员工健康、安全和福利(C3)	员工健康和安全(C31)			
		员工培训(C32)			
		危害和急救(C33)			
		防护服和(或)设备(C34)			
		员工福利(C35)			
		分包方(C36)			
	环境保护(C4)				
	抱怨(C5)				
	动物福利(C6)				

三、水产类 GAP 认证申请者行为评估体系建立

下面为在生产、废弃物和污染物的管理、回收与再利用、员工健康、安全和福利以及环境保护等方面，对水产品类 GAP 认证申请者的行为监测指标的选取，在此基础上对 GAP 参与者行为评估体系进行构建，如表 6-5 所示。

表 6-5 水产类 GAP 认证申请者行为监测评分体

	一级指标	二级指标	三级指标	满足情况（满足得 1 分）	总分
水产类农户遵守和执行GAP认证行为监测评分指标	法规和体系（C1）	法规（C11）			
		体系（C12）	文件（C121）		
			产品追溯（C122）		
			内部审核（C123）		
			记录（C124）		
	场址、设施、设备（C2）	选址（C21）			
		设施与布局（C22）			
		设备（C23）			
		场地管理（C24）			
		场地防护（C25）			
	员工健康、安全和福利（C3）	员工健康和安全（C31）			
		员工培训（C32）			
		员工福利（C33）			
	养殖投入品（C4）	苗种（C41）			
		化学品（C42）	采购（C421）		
			储运（C422）		
			使用（C423）		
		渔药（C43）	采购（C431）		
			存放（C432）		
			使用（C433）		
			疫苗（C434）		

续表 6-5

	一级指标	二级指标	三级指标	满足情况（满足得 1 分）	总分
水产类农户遵守和执行 GAP 认证行为监测评分指标	养殖投入品（C4）	渔用饲料（C44）	采购（C441）		
			质量和卫生（C442）		
			储存（C443）		
			投喂（C444）		
	养殖管理（C5）	养殖计划（C51）			
		苗种放养（C52）			
		转移管理（C53）			
		卫生管理（C54）			
		病害防治（C55）			
		病死养殖动物处理（C56）			
		药残控制（C57）			
		收获（C58）			
		冰的卫生（C59）			
		包装和运输（C510）			
		动物福利（C511）			
		灾害预防（C512）			
	环境保护（C6）	环境、能耗（C61）			
		废物、污染物（C62）			
		野生动植物保护（C63）			

同理，如同种植作物模型分析，通过该表对评估对象数据的收集分析，我们可以确定出主要影响结果的相关指标，从而通过历史数据来建立简易的评估打分卡，从而更加便易的对认证申请者进行行为监测。其模型分析如下（公式 9）。

$$odds = w_0 + w_1 X_1 + \cdots + w_n X_n \qquad \text{（公式 9）}$$

其中，$odds$ 代表将认证申请者划分为哪一类的变量，X_n 代表所选取的规范要求指标，在这里我们也可以通过因子分析，从而确定在这个过程中主要的影响因子，以便建立简化的行为评分卡。

四、基于主要关键控制点监测分析

在上文中，已经分别对种植、畜禽、水产品几大类农户及农业生产经营者组织的行为信用进行了模型分析，通过该分析本文将得出在行为抽检时，哪些行为规范即关键控制点将会对所得到的结果即四类抽检结果产生比较大的影响。在所得到的调研数据中我们发现我国当前良好农业规范认证中，种植业（表 6-3）不容易符合的关键控制点的情况如下：C3 员工健康、安全和福利（23%），C11 可追溯性（追溯和追踪）（23%），C12 记录保存和内部检查/审核（13%），C2 垃圾和污染的管理、回收与再利用（13%），C4 环境保护（10%）。而 C14 场所历史和管理（含土壤和基质管理、有害生物控制等），C17 机械设备（运输设备和承载设备的清洁，贮藏调控设备的使用），C5 客户抱怨，C13 繁殖材料（品种、种子和根茎），C16 灌溉，均未涉及，是最不容易出现问题的关键控制点。畜禽类（表 6-4）不容易符合的关键控制点如下：C3 员工健康、安全和福利（22%），C2 垃圾和污染的管理、回收与再利用（22%），C4 环境保护（16%），C11 可追溯性（追溯和追踪）（11%），C13 畜禽种源和标识（11%），C12 记录保存和内部检查/审核（6%），C14 场所历史和管理（含场址、畜舍、设施、有害生物控制等）（6%）。而 C144 机械设备（运输设备和承载设备的清洁，饲料运输和贮藏调控设备的使用），C5 客户抱怨，C15 饲料和饮水，C18 畜禽健康，C19 病死畜禽的处理，是最不容易出现问题的关键控制点。

因此我们在进行实际操作过程中，要对农户或者农业生产经营者组织的行为进行评测，依据调研结果从节约成本的角度来考虑，可以对易于产生不符合项规范的关键控制点进行抽样评估，具体操作可以在打分的基础之上通过层次分析模型计算出关键控制点的权重系数，也可以通过 BP 网络通过对历史数据的建模分析来确定权重系数。

首先，我们先根据上述的分析可以对行为评测体系分别建立种植业类与畜禽类层次模型，通过计算各不容易符合点的权重，来看其对处罚结果的贡献度。建立种植业及畜禽业的层次结构图如图 6-6 和图 6-7 所示。

其次，分别针对这两大类进行 BP 网络建模分析，其计算过程与上文中所阐述的一样，只不过在这里，特征变量的选择只需要采用上述两个层次图中对农户或农业经营者组织影响最主要的变量进行计量。

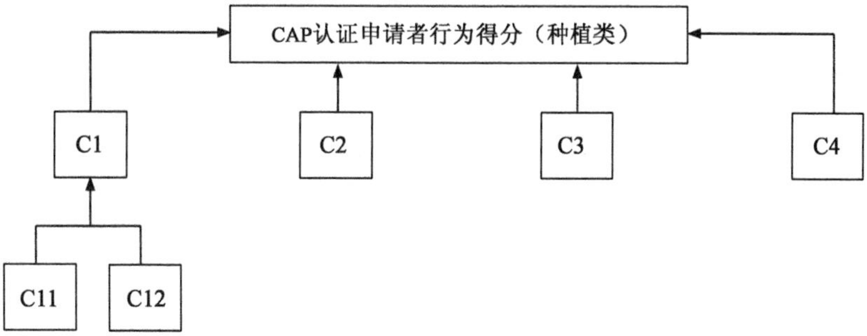

图 6-6 种植业行为评测层次图

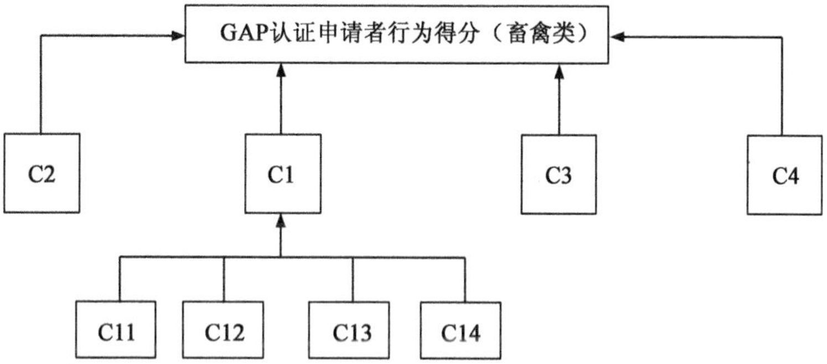

图 6-7 畜禽类行为评测层次图

第五节 GAP 认证申请者信用风险评估体系动态管理机制的构建

通过对农户信用评价体系的开发,从而将其假设原有的 GAP 认证程序过程即对图 6-8 进行了如下修改。

通过图 6-8,我们对 GAP 认证流程图做如下的解释,首先对认证申请者进行判断是否为农业经营者组织,若是小农户则通过相应的信用评估体系对其进行评估,同时通过所确定的专家信用打分卡对其进行认证前的信度评估;若是农业经营者组织,则首先对其进行质量管理体系的审核检查,质量管理体系与农业经营者组织的信用评估体系相互作用的,在信用评估体系中将质量管理体系中的相关要求作为分析指标,从而考察其信用度,同时在信用评估模型分析的基础之上,建立专家信用卡打分检测。在对认证申请者进行信用评估之后,我们要对申请者的行为

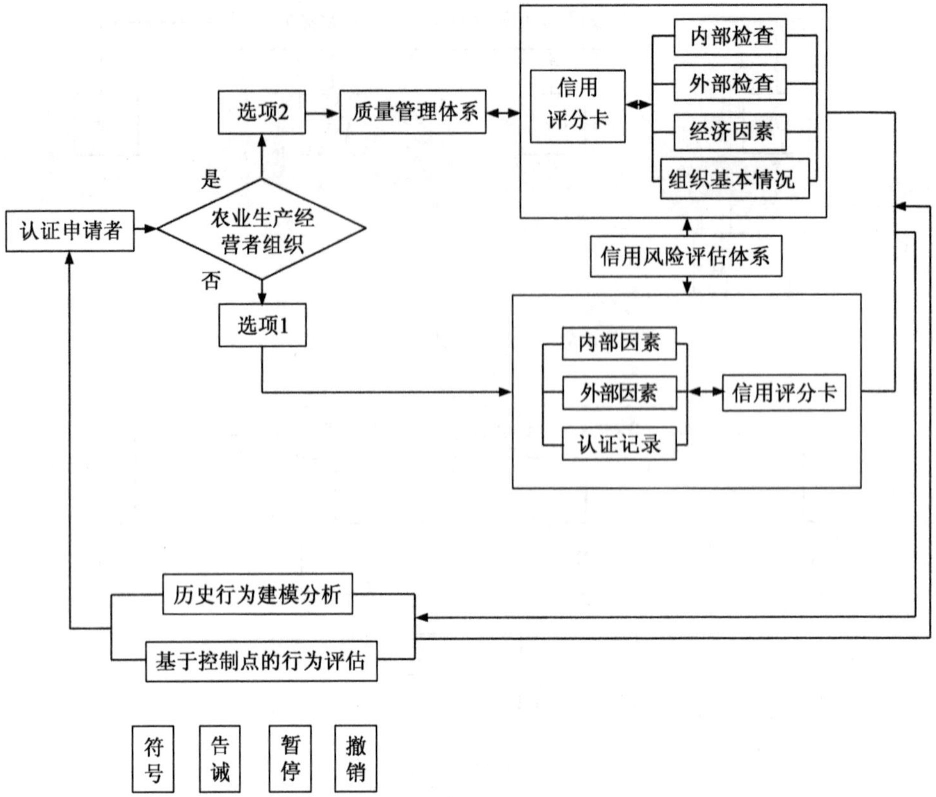

图 6-8　农户基于信用风险监测上的 GAP 认证过程

进行评估，行为评估一方面通过相关的历史数据进行建模分析，找出其中具有决定性的解释变量；另一方面通过建立行为评分卡对当前的行为规范进行检查，并作出相应的评估结果，与此同时将评判结果作为认证申请者的历史记录返回申请者资料之中。在整个认证过程中显示出了一种动态的运作过程，从而在整个认证过程中有利于降低风险程度，提高 GAP 体系的运行机制。

第七章　新常态下我国良好农业规范认证的机遇与发展

根据联合国粮农组织的定义，良好农业规范是应用现有的知识来处理农场生产和生产后过程的环境、经济和社会可持续性，从而获得安全而健康的食物和非食用农产品。其基本原则包含四方面，分别是：食品安全、员工福利、动物福利和环境保护。

良好农业规范概念自提出以来，逐步受到各国政府、食品加工业、食品零售业、种植和养殖业以及消费者的关注和重视，并通过官方和行业规范的形式在世界范围内得以建立和发展。欧盟、美国、加拿大、澳大利亚、瑞士、爱尔兰、新西兰、智利、日本、新加坡、泰国、中国、肯尼亚、赞比亚等国家和组织相继制定了GAP标准。在初级农产品生产领域，GAP已经成为全球范围普遍接受的质量控制手段。其中，发展较为迅速的是由欧洲零售商发起并建立的全球良好农业规范（GLOBALG. A. P.）认证制度。

中国良好农业规范（ChinaGAP）认证制度自建立以来，也逐渐获得了国内各级政府、农业生产者、零售商和消费者的信赖，有了一定程度的发展。但是我国特殊的生产格局使其推广艰难，尤其是小农经济的广泛存在阻碍了良好农业规范推广，缺乏追溯体系、缺乏农用化学品的正确使用和控制技术、缺乏合格供应商评价方法、评价规范与评价体系等，致使良好农业规范在我国发展缓慢。

良好农业规范从田间到餐桌实施全程质量控制，会使生态环境得到很好的保护，提高产品质量，很好地协调了环境-资源-食品-健康-发展的相互关系，实现了农业的可持续发展，对促进经济、社会和生态的共同发展具有重要意义，符合中共中央、国务院《关于加快推进生态文明建设的意见》要求的可持续、绿色低碳发展要求，我国良好农业规范发展将具有广阔的发展前景。

第一节 我国良好农业规范发展机遇

一、国家绿色发展要求为我国良好农业规范的实施创造了有利的发展环境

三十多年的高速发展,给中国经济带来了举世瞩目的成就。但总体来说,中国走的是一条高耗能、高污染的粗放型的发展道路,目前资源约束、环境约束都已经达到或接近极限,劳动力红利也基本吃尽,几乎没有更多的劳动力可供转移。中央提出中国发展进入新常态,这标志着原有高速度、高耗能、高污染发展方式的不可持续乃至终结。食品安全问题,环境污染问题,资源过度利用问题已引起全社会的高度关注并基本达成共识:改变思维方式,调整生产方式,全面深化体制改革,实现人和自然的和谐,实现经济社会的可持续发展。

国家先后将良好农业规范认证列入《国家食品药品安全"十一五"规划》《全国农业和农村"十一五"规划》《农产品出口"十一五"规划》《"十一五"质量监督检验检疫专项规划》《标准化"十一五"发展规划》,并于 2007 年和 2017 年正式写入中央一号文件。

国务院办公厅又发布了关于进一步促进农产品加工业发展的意见(国办发〔2016〕93 号),明确提出鼓励企业开展质量管理、食品安全控制、追溯等体系认证,支持企业与农户开展无公害农产品、绿色食品、有机农产品认证以及危害分析与关键控制点、良好农业规范认证,加强事中事后监管。

中共中央、国务院《关于加快推进生态文明建设的意见》、出台的土壤污染防治行动计划、水污染防治行动计划、全国农业可持续发展规划(2015—2030)等促进绿色发展、循环发展、低碳发展措施更为我国良好农业规范的实施创造了非常有利的环境。

当前,我国农业和农村经济正处在全面推进结构战略性调整的新的发展阶段。加快农业和农村经济结构调整,加大实施科技兴农的力度,发展农业产业化经营,需要采用多种现代科学管理方式。而 GAP 认证标准的科学性、全面性及有效性,是实现标准化管理的重要途径;GAP 认证对于农药使用的规范和限制,能够充分保证初级农产品的食品安全;GAP 认证保证农业可持续发展,有效保护农业生态环境。GAP 认证关注员工健康、安全和福利,可提升企业社会责任,是推进社会主义新农村建设的重要措施之一。

二、不断完善的制度体系为我国良好农业规范发展提供了制度保障

中国良好农业规范的实施主要得益于认监委的大力推动。2003 年 4 月，国家认证认可监督管理委员会首次提出在食品初级生产阶段建立"良好农业规范"体系，最先启动了中国良好农业规范的认证工作，组织制定了良好农业规范标准及实施细则，并先后 3 次不断对标准进行修订和完善。2013 年，为确保认证制度适应不断发展的农业现状，同时为继续保持与 GLOBALG. A. P. 的互认，国家认监委组织对 2008 版的认证标准和实施规则进行了修订，并将烟草、花卉和蜜蜂纳入到认证范围，增加了食品安全、产品可追溯性、非传统食品安全管理控制、微生物危害的预防控制、风险评估等内容，形成了完整的良好农业规范认证认可制度体系。

三、多年的研究成果积累了可靠的保障技术

国家质检总局和国家认监委高度重视良好农业规范认证的科技支撑作用，先后在国家科技支撑计划"十一五""十二五"质检公益、质检课题中将良好农业规范技术体系纳入课题的研究，先后开展了《小农经济状况下建立良好农业规范认证体系关键评价技术研究》《适宜我国农业生产条件的良好农业规范质量保证关键技术研究与示范》《中国良好农业规范关键点分级及符合性验证技术研究与示范》《出口食品生产加工原料良好农业规范(GAP)研究与试点研究》《重要出口食品良好农业生产规范的研究》等课题研究。

通过研究厘清了我国农业生产的特点，构建了适宜我国农业生产特点的良好农业规范标准体系和技术规范，构建了保障我国良好农业规范质量的追溯体系、实施模式，建立了投入物质评价保障技术及"农超对接"中合格供应商评价规范等保障技术，为良好农业规范在我国的大力发展奠定了基础。

四、国际互认创造了良好的国际环境

GAP 认证已成为进入欧洲零售市场及国际市场的通行证，我国也正在积极推动 ChinaGAP 与 GLOBALG. A. P. 的互认工作。为推进我国 GAP 的发展，加强与国际相关组织交流，促进农产品出口，国家认监委积极推动 ChinaGAP 与 GLOBALG. A. P. 互认工作。先后与 EUREPGAP 签署了《认监委与 EUREPGAP/FoodPLUS 技术合作备忘录》和《ChinaGAP 认证体系与 EUREPGAP 认证体系基准性比较问题谅解备忘录》《认监委与 GLOBALG. A. P. 技术合作备忘录》。使良好农业规范一级认证等同于 GLOBALG. A. P. 认证。互认工作正式完成后，

ChinaGAP 认证结果将得到国际组织和国际零售商的承认。我国 GAP 认证结果的国际互认,对促进我国农产品扩大出口将具有积极作用,提升国内认证机构国际知名度,有效降低企业认证成本,提升了中国农产品国际品牌知名度和认可度。

五、国际国内市场需求增长为我国良好农业规范发展提供动力

(一)国际需求

在欧盟、美国、澳大利亚等国家和组织,良好农业规范标准认证产品在超市销售已成为基本条件。荷兰超市从 2004 年 1 月 1 日起不再采购未经 EUREPGAP 认证的农产品。2014 年,沃尔玛集团总部提出自 2015 年开始,所有进入其零售终端的农产品需要通过 GAP、BRC、FSSC2200 等 GFSI 承认的食品认证;2014 年正大集团总部做出决定,要求其旗下所有初级农产品生产企业全部推行良好农业规范管理和认证,其产品种类涉及蛋鸡、肉鸡、生猪、水稻、茶叶及水产等。

(二)国内需求

2014 年伊利集团要求其下属的所有奶牛养殖场全部推行良好农业规范管理和认证;乐购集团邀请认证机构为其大中华区质量经理开展实施良好农业规范认证标准培训;华润集团为其下属养殖场实施良好农业规范认证开展培训。说明良好农业规范认证越来越受到我国食品生产、加工、零售企业的重视,并作为提高企业及产品品牌形象的重要手段。

随着我国消费者收入水平的分化,消费者对农产品的质量也出现了分化的需求消费差异。尤其是频发的国内食品安全事件,促使一些收入水平高、安全意识强的消费者,愈来愈注重食品安全,购买有机食品、GAP 认证食品,从而形成了对 GAP 等认证产品的巨大市场需求,为中国实施良好农业规范提供了极为有利的条件。

第二节　农超对接模式下良好农业规范实施的优势

一、稳定流通渠道

在农业经济研究过程中,农产品的流通一直是被关注的重点。农产品的流通模式也呈现多元化的现象,有以批发市场为主导的流通模式,也有为了减少中间环节而出现的农业生产基地直供的销售模式,具有代表性的有杨波(2010)提到的

CSA 模式和彭磊等(2010)为代表提出的“农餐对接”流通模式等。但是从当前的市场情况来看，我国同时存在着两种主要的农产品市场，即“传统型”和“新兴型”(胡定寰，2010)，这两种主要的农产品市场类型也对应着两种不同类型的流通渠道，即以农产品集贸市场为主导的流通渠道和以连锁超市为主导的流通渠道(图 7-1 和图 7-2)。

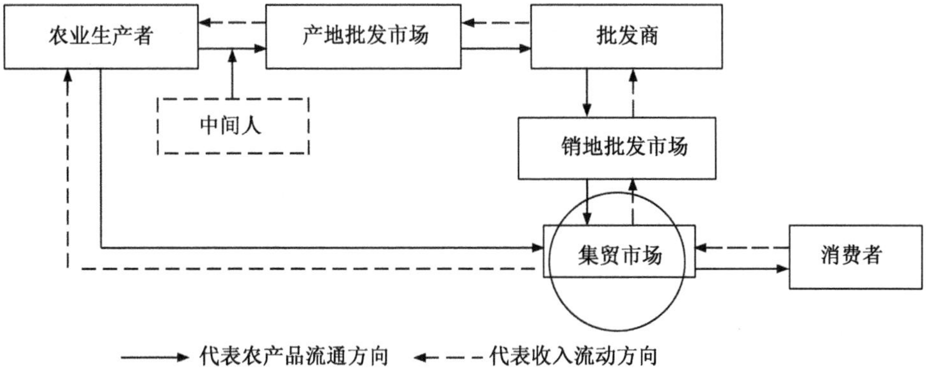

图 7-1　集贸市场为主导的传统农产品流通模式及收入实现

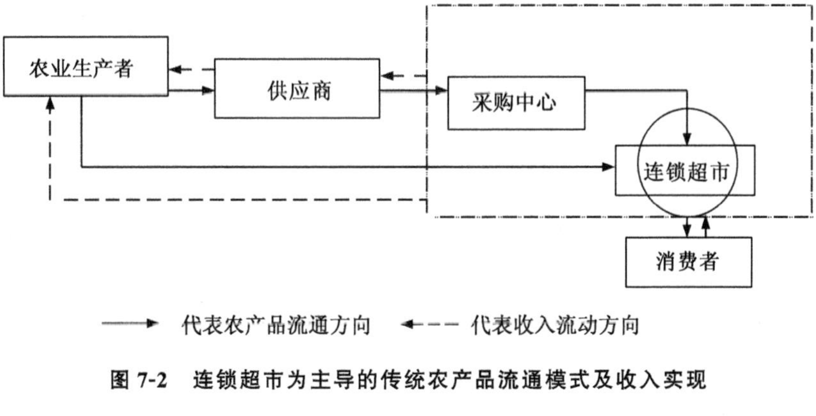

图 7-2　连锁超市为主导的传统农产品流通模式及收入实现

从图 7-1 以及图 7-2 中我们可以看出，不管是以农产品集贸销售终端为主导的农产品流通方式还是以超市销售终端为主导的流通模式，农业生产者都可以直接或者间接地参与集贸市场的销售，但是在以超市为销售终端的流通模式中农业生产者往往是合作社或者农民协会等组织，这是目前较为创新的流通模式，我们一般称为“农超对接”模式，这种流通模式得到了政府的大力推广，商务部和农业部早在 2008 年就下发了《关于开展“农超对接”试点工作的通知》；2009 年中央一号文件提出支持大型连锁超市和农产品流通企业开展“农超对接”；2009年6月20日，商务部又下发《关于做好农产品”农超对接”试点工作的通知》；到2011年3月，商务部和农业部联合印发了《商务部、农业部关于全面推进“农超对接”工作的指导意见》。这说明国家也非常重视这一流通模式的发展。“农超对接”供应链流通模式能够得到政府的大力推广和支持，不仅在于这种流通模式能够很好地解决生产与销售之间的对接问题，同时这种流通模式有利于保证产品的品质和安全，有利于保证流通渠道的稳定性，有利于流通模式的现代化、信息电子化，有利于保证农产品市场价格的稳定。胡定寰等(2005,2006)认为这种“超市＋农产品加工企业＋农户”的新型农业产业化模式，相对于传统销售渠道，超市更有能力控制上游供货部门，制定安全和质量标准，并进行检查监督，有利于从源头上解决我国食品安全问题，提高供应链安全。潘启胜(2008)认为这种新模式符合统筹城乡发展的内在要求，使传统农产品流通市场中的食品安全有了保障，同时也促进了农民的增收问题。姜长云等(2012)认为这种模式不仅可以完善追溯体系和信息体系，还可以促进流通市场网络建设以及物流相关服务部门的发展。Hu 和 Reardon(2004)指出“农超对接”可以保证稳定农产品价格以及销售，从而减少销售风险，疏通农户销售农产品的道路，增加农户收入。还有部分学者指出，这种供应链管理模式有利于促进各主体间的统一协调与信息沟通，有利于促进我国农产品流通的高效化、有序化、规模化、专业化、组织化以及安全化，进而提高农产品流通效率(杨宝宏等，2008；赵晓飞，2012)。可见在经济发展的新时代下，包括农产品在内的商品供应链模式日益离不开各种超市销售渠道的影响。据赵萍(2001)指出中国超市发展的九大趋势之一便是生鲜品经营将会成为超市获得利润的主要来源；生鲜品是超市中附加值最高的产品，在南方一些超市中，生鲜品的毛利在30%左右。可见连锁超市作为商品市场销售终端对于农产品销售作用之大，目前我国主要农产品供应链模式基本都离不开超市的作用，在各自的经营模式中都有超市的参与。但也有很多学者指出这种销售模式的发展需要逐渐完善农产品相关标准化体系的建立，对农民的综合素质以及农产品的生产品质和数量上有比较严格的要求(周洁红、金少胜，2004)，这也是我国发展和完善现代农产品流通体系的必然要求。为了进一步对两个主要农产品流通模式进行比较，通过对两类销售市场的走访调查，本文将超市与农贸市场两种销售终端为主的流通模式从经营方式、管理制度、资金流动、食品安全几个方面进行了列表式比较，见表7-1。

表 7-1　两种销售终端特点比较

特点	农贸市场	超市
经营方式	个体户，经营者流动性强，销量小	连锁经营，经营者固定，销售总量大
管理制度	收取市场管理费较少，销售产品种类较多，罚款力度较小，规定严格，执行较松，对批发市场依赖性强	相关费用收取较多较杂，管理制度规范强，较稳定的供应商，相对完善的物流体系
资金流动	一手交钱一手交货	支付结算具有一定滞后性
食品安全	注重食品的新鲜、外观	注重食品品质安全，同时也注重新鲜、外观
价格	根据产品的新鲜度、外形以及销售时间灵活定价	对于高质量产品保证其具有稳定且较高的价格

总的来说，从传统的农产品流程图中我们可以发现其特点表现为，由于农民可以相对自由地进入农贸市场进行产品销售，使得农民与消费者之间的联系比较紧密，消费者也可以得到更加新鲜的农产品。但是由于进入市场的农户比较多，同时农户进入市场也具有临时性、不可识别性，这就导致在农贸市场销售的农产品的安全可信度不高。相比而言，超市在我国作为一种新的商品零售模式在上世纪 90 年代后快速发展，且日臻完善，已经越来越深入到人们的日常生活中，超市经营的食品和日用品已成为现代城市居民消费的主要来源（李刚，2004）。当问及供应商为什么在如此多的限制条件下仍然会选择超市而不选择农贸市场时，供应商说他们提供的都是具有高质量的安全产品，若在市场中卖不具有竞争力，在超市里销售能够保证相对高的价格，同时超市是连锁经营的，能够保证稳定的销售以及销售量。

"农超对接"模式的出现在农产品销售过程中的优势主要体现在保质、增收、稳销售等方面。

在"农超对接"模式下，由于超市要求农业生产者按照相关标准进行生产，从而从源头上控制了产品在生产过程中可能出现的食品安全问题，相比于不按标准进行生产的产品而言其安全度要高；同时在这一模式下对产品进行了较好的冷藏、保鲜技术，能够保证农产品在物流过程中的新鲜、无污染。

通过对农贸市场、超市的走访调查，可以发现按照农业标准进行生产的产品基本在以超市为销售终端的流通渠道中，农贸市场中基本没有销售具有相关标识的各类农业标准产品。

"农超对接"之所以能够提高农业生产者的收入，主要是因为一方面这种模式能够降低中间环节，从而减少中间交易环节的成本，即使销售价格与市场同类产品相同，其相对收入都会提高；另一方面对于按照高标准进行生产的产品，能够保证产品的质量，保证食品安全，满足消费者对高质量产品的需求，从而保证产品获得较高的价格。

与此同时，“农超对接”模式是超市与农业生产者签订合同的一种购销形式，因此具有法律效力，从而能够保证农业生产者按标准进行生产的产品销售的实现，降低了农业生产者出现产品没有销路的风险。

基于以上分析，本文认为“农超对接”模式具有的渠道优势能够促进农业生产者积极地参与 GAP 标准的实施。

二、短链优势

很多研究学者指出我国农产品流通市场信息平台建设落后，使得流通市场主体错位，导致农产品流通市场结构性失衡和权利失衡的现象严重（高煜、曹大勇，2011）。然而市场结构和权利一旦失衡，则可能会造成农产品流通主体两头小、中间大的结构，使得中间商的权力过大，降低了渠道的稳定性（赵晓飞、田野，2009），也加剧了生产者与消费者之间的信息不对称性。进而造成了农产品供应链中主体之间信息无法有效共享，使得各主体行为无法有效地协调，最终造成农产品流通效率低下。龚梦等（2012）指出我国农产品流通效率低下的根源在于没有适合我国国情的农产品供应链模式。李圣军（2010）则指出流通链中没有建立起合理的利益分配机制。使得农产品供应链中各主体缺乏有效的协调、整合，不能够充分发挥零售商的核心骨干作用（周利国，2008；姜长云，2012）。因此，为了使农产品流通能够有效地、畅通地运行，加强流通市场信息平台的建设尤为重要。

农产品流通成本过高，导致期望收益降低。造成这种情况的主要原因在于现代化流通渠道发展还不够完善，国内农产品流通模式依旧以传统的流通模式为主（魏国辰、肖为群，2009），农产品流通环节过多，流通链过长（杨志宏、翟印礼，2011），容易导致农产品流通不畅（周利国，2008），进而使得农产品流通成本一般占到总成本的 30%～40%（洪涛，2005），占到销售价格的 50%左右。据有关学者研究表明国内农产品的流通成本是欧洲的 2 倍以上（张红宇，2008）。郑风田（2011）更是指出生鲜产品的流通费用约占总成本的 70%，比国际一般水平高出 20%。针对以上所阐述的问题，解决流通环节过多、流通链过长的问题，建立现代流通体系对提高农民经营收入具有巨大的现实意义。

GAP 标准作为一种国际先进的标准规则，旨在规范农业生产者的生产行为，进而在源头上控制农产品的质量、确保农产品安全。其在我国的推广是时代与现实的需求，但是自 2002 年引进该标准以来，在我国推广实施的效果并不是很好。

本文围绕着如何让 GAP 标准在我国普遍实施的问题，从 GAP 本身特征以及参与了 GAP 标准实施的部分农业生产者企业的特征入手，分析了影响 GAP 标准有效推广实施的影响因素，并结合我国现实的情况，探讨出了能够推广 GAP 标准的有效途径，即以“农超对接”为载体，通过创新流通方式的途径来推广 GAP 在我国的实施。本文通过对数据的整理分析，并结合对生产者、超市、农贸市场以及中间商等相关主体的走访、调研、访谈，通过深入的探讨分析得出了以下结论。

第一，“农超对接”模式能够成为 GAP 标准在我国有效实施的载体。

超市具有良好的购物环境、便利的结算系统以及丰富的产品，日益成为我国消费者最为主要的购物平台。农产品销售在超市中所占的比重也越来越大，为了保证消费者的人身健康与安全，超市在采购农产品的过程中非常地重视产品的质量安全。这不仅关系到消费者的生命健康，还关系到超市的企业信誉，影响到超市在市场中的竞争力。因此，在超市销售的农产品在进入超市的时候必须满足超市规定的相关标准要求。

相比于农贸市场等销售平台，我们在超市中可以看到很多的农产品包装上贴有有机标识、绿色标识、无公害标识、地理标识甚至贴上了生产者的地址和联系方式。这些贴有第三方或者超市内部相关标识的产品都是为了向消费者传递其产品是高质量安全的产品，从而与其他普通产品加以区别。我们可以发现，按照相关标准生产的产品基本都在超市中销售，在农贸市场等其他销售平台很少能够见到贴有相关标识的产品。

而“农超对接”的农产品流通模式则对标准要求更加高，因为“农超对接”模式的目的不仅在于解决农业生产者卖难的问题，更重要的是为了能够从生产源头保证农产品质量与安全。在保证农产品质量与安全的过程中，就需要相关的生产标准对农业生产者进行规范，这些标准的作用不仅可以规范农业生产者的生产行为，保证农产品的质量与安全，还可以便于超市的集中采购。因此，“农超对接”模式离不开标准实施，在我国能够为 GAP 标准的有效实施提供一个载体。

第二，GAP 标准产品销售相对普通产品收入较少成为当前我国农业生产者不愿按照 GAP 标准生产产品的主要原因。

从理论上来看，由于农业生产者是理性的经济体，因此在决定实施某种行为时会受到所获得的效益大小的影响。通过对各个国家 GAP 标准实施过程中的整理发现，GAP 标准在实施过程中所产生的成本（包括交易成本）相对比较大，如果采购者没有专门的要求时，生产者一般不会自愿地实施该标准，尤其对于生产规模小、组织化程度低的小农户，更加无法承担相对过高的成本。

我国目前所参与 GAP 标准实施的农业生产者主要集中在具有一定规模的农

业生产企业或者农业合作社等当中，他们参与GAP标准的主要目的为提高产品在国外市场的竞争力，从而提高市场份额，增加产品的销售收入。而对于产品市场主要集中在国内的企业来说，由于国内销售市场信息不对称问题比较的严重，同时各类销售渠道竞争比较激烈，外加消费者对GAP标准的认识还不足，使得GAP认证产品无法获得稳定的销售渠道，得不到应有的价格，从而导致出现按照GAP标准生产产品的农业生产者的成本较高，而收益却少的现象，最终无法使得GAP标准得到有效的推广实施。

因此，通过对所调研的153个企业的数据分析以及3个农业生产企业的案例比较分析，本文发现如果能够解决按照GAP标准生产产品的销售问题，保证GAP认证产品具有稳定的销售渠道，区别GAP认证产品与其他产品，使得GAP认证产品能够获得相对较高的价格，同时提高GAP认证产品的认可范围，减少GAP认证产品在交易过程中的检测等环节，降低GAP认证产品的交易成本，才能够有效的推进GAP标准在农业生产者当中实施。

第三，“农超对接”载体在推广GAP标准过程中具有渠道优势，有效降低了标准产品的销售风险。

为了从源头上保证农产品的质量与安全，欧洲零售联盟商将GAP标准作为农产品进入超市销售的准入条件。在欧洲发达国家，农业生产者生产的产品的主要销售渠道为连锁超市，因此对于农业生产者，不仅包括欧洲国内的农业生产者还包括国外的农业出口国的农业生产者，为了能够在欧洲市场获得稳定的销售渠道，将自己的产品在连锁超市中销售，都自觉地按照GAP标准进行农产品生产。

我们知道农业生产者在生产了产品之后面临着很多不确定性的市场风险，因此最让农业生产者担心的便是产品的销售风险。在当前我国农产品市场中，虽然消费者对产品的质量安全意识在逐渐地增强，但是价格仍然是影响消费者的主要因素，按照标准生产的产品在质量安全上有保证，同时也需要有相对较高的价格。这是阻碍我国农产品按标准生产的重要因素，这对于处于起步阶段的农产品标准化生产是很大的阻碍因素。如果不能保证按照标准生产的产品能够获得相对较高的价格，同时具备稳定的销售渠道，则农业生产者会在理性的支配下选择生产普通产品。在这样的情况下，要想推广GAP标准将会变得更加困难。

“农超对接”模式的出现则能够很好地解决这一问题。“农超对接”的销售模式是农业生产者与超市之间签订的买卖协议，农业生产者按照超市所需产品进行生产，超市则负责买卖农业生产者所生产的产品。这种模式是将农业生产者的产品与超市这个销售平台直接地对接起来，即超市既保证了自己所需要的产品的，也为农业生产者提供了一个稳定的销售渠道，同时还能够按照协议提供具有竞争力的销售价格，进而保证按照 GAP 标准进行生产产品的农业生产者的收入。这便体现出了“农超对接”模式能够提供稳定的渠道模式的优势。

第四，“农超对接”载体在推广 GAP 标准过程中具有短链优势，能够降低标准产品的交易成本，提高信息透明度。

传统的农产品流通过程中存在较多的中间交易环节，不仅提高了交易成本，还增加了交易主体，降低了农业生产者在农产品供应链上的平均分配利润；同时由于交易主体的增加，导致信息无法顺畅有效地传递，使得生产者与消费者之间的信息不对称变得更加的严重，进而导致按照标准生产产品的农业生产者无法及时地寻找到有效的销售渠道以及相关的市场信息，也会使得消费者对产品质量安全性的信息无法全面了解，而中间交易主体利用其所拥有的信息优势一方面压低按标准生产产品的价格，另一方面提高发生道德风险的可能性，以次充好，损害消费者利益。因此，传统的农产品供应链以及有中间商参与的供应链在很大程度上阻碍了 GAP 标准在农业生产者中的推广。

对于“农超对接”这样的短供应链，使得农产品交易过程中无需中间供应商的参与，大大地减少了农产品交易环节，从而降低了农产品交易过程中的成本；同时这种模式减少了农产品总供应链上的参与主体，使得在农产品供应链总利润不变的情况下，提高了农业生产者主体所获得的平均利润分配。我们知道如果农业生产者要按照标准进行生产产品，将会在一定程度上提高其生产产品的投入成本，若以“农超对接”为载体，即按标准生产的产品直接进入超市，则将会大大降低生产者的交易成本，因此从整体而言使得农业生产者按照标准生产的总成本与不按标准进行生产产品相差不大，但获得的利润却提高了，这将会大大地提高农业生产者参与标准实施的积极性。

“农超对接”的短链优势不仅体现在降低交易成本，还体现在减少交易环节的同时能够提高信息的透明度。中间交易环节的减少，拉近了农业生产者与消费者之间的距离，消费者能够直接掌握农业生产者的信誉、规模、生产流程等信息，农业生产者是否能够按照标准生产能够很快地被消费者所追溯；与此同时消费者对产品的需求信息也能够很快地被农业生产者所掌握。从而在很大程度上加快农业生产者与消费者之间的信息传递，降低信息的不对称性，减少因为中间商的参与而产生的道德风险问题。这便体现出了“农超对接”模式能够降低交易成本，提高信息对称性的短链优势。

第三节 我国良好农业规范认证面临的问题与发展建议

一、我国良好农业规范认证面临的问题

由于我国农业生产单元规模小，较为分散；生产者、加工者与销售者分离，未形成互动的产业链；小农经济下管理成本高、认知水平低、诚信环境差，公司对小农户的带动作用并不乐观；消费者对 GAP 认证产品的认知程度低，GAP 认证产品难以有高回报，且生产者难以享受到 GAP 认证的政府补贴；流通体制、财政补贴机制和政府监管协调机制不完善；我国人口众多，地域差别较大，如何实施新的良好农业规范标准和认证标准体系等问题均给良好农业规范的实施增加了难度。

二、推动良好农业规范的发展建议

(一)大力加强良好农业规范的社会宣传力度

国家认监委要组织媒体力量，通过各种有效方式，诸如专题发布会、相关利益方座谈会、组织系列公益活动等，在消费者和生产者中大力宣传和普及良好农业规范，让更多的人能够了解良好农业规范的作用和价值，对良好农业规范有更多的认同。吸引更多的人积极参与到良好农业规范中来，为推动 GAP 认证产品进超市提供充分的社会环境条件。

(二)扶持龙头企业和农民专业化合作经济组织

扶持龙头企业和农民专业化合作经济组织，充分发挥组织化程度高的农业生产主体的规模优势、管理优势、市场优势和资源优势，降低组织成本，以带动更多农户参与到良好农业规范的实施中来。由于单个农户认证和实施成本高昂，中国良好农业规范的推行是依靠龙头企业和合作经济组织来带动实施的，因此，必须给予这类企业政策和制度的扶持，充分发挥其对农民的带动作用。

扶持农业大户进行认证，鼓励农民团体认证，以扩大认证规模来降低认证成本。国家认监委可鼓励并要求认证公司对大户认证和团体认证提供更多的优惠措施，比如通过降低收费，加强指导给予更多的便利条件等，以促进这些对小农户有更强带动作用的认证企业的发展。

(三)建立良好农业规范认证政府采信制度

与海关基地备案制度相结合，积极推动将 GAP 认证的过的基地可以直接通过海关的基地备案，从政府监管层面推动 GAP 认证的发展。

（四）推动建立良好农业规范认证零售商采信体系

国家认监委可直接或通过国务院有关协调机构联系商务部、农业农村部、国家市场监督管理总局等有关部委，推动 GAP 认证产品进超市。可以在某些消费者认知程度较高的地区选择知名的部分大品牌商家进行试点，待条件成熟后在全国展开。若进超市这一重要制度没有有效进展，GAP 认证产品在国内大规模发展就会步履维艰。可推动建立 GAP 认证会员制度，广泛吸纳行业协会、零售商、生产者、认证机构、检测机构等成为其会员，定期组织召开会员会议，逐步建立零售商采信体系，强化市场驱动力。

（五）借鉴包括日本在内的一些国家的经验，允许经过良好农业规范认证产品加贴标识

ChinaGAP 证书增长速度和数量均远低于 GLOBALG. A. P.，究其原因，最根本的就是缺乏市场驱动力和客户认可度。因此应积极与 GLOBALG. A. P. 沟通，并借鉴包括日本在内的一些国家的经验，争取获证企业国内销售产品可以使用认证标志。出台相应文件，制定相应政策并加强有效监管，允许经过良好农业规范认证产品加贴标识，以减轻生产者和消费者之间信息不对称的局面。

（六）成立国家认监委牵头的跨部门协作机构，联合相关部委出台一系列扶持政策

上报国务院，成立由国家认监委牵头，联合农业农村部、商务部、生态环境部、财政部和人民银行等部门的协作机构，围绕良好农业规范的开展制定配套政策，开展部门间的协作工作。利用部级联谊会制定统一的、切实可行的良好农业规范支持政策体系，为良好农业规范认证的推行大开绿灯。一是推动建立政府对良好农业规范的认证专项资金，补贴生产企业，培训农户，推动 GAP 认证产品进超市，对农田水利设施和道路进行改造等。在降低生产企业认证成本的同时，降低认证的退出率；二是推动政府对良好农业规范认证提供优惠贷款政策，在贷款优先性和利率优惠性方面给予支持；三是要充分利用各部门现有的扶持政策，将现有扶持项目同良好农业规范认证相结合，优先支持良好农业规范认证项目。比如农业农村部可以将现代农业综合示范区项目、良种、蔬菜、畜牧养殖等专项补贴项目与良好农业规范认证结合起来，最大限度地利用现有农业扶持政策支持良好农业规范认证，要求农业部门加强对良好农业规范认证的技术支持政策。财政部和商务部应充分利用现有出口扶持政策，优先支持良好农业规范认证产品出口，支持良好农业规范认证产品进超市，税务部门可以对良好农业规范认证产品的生产和销售单位给予

一定程度的税收优惠等，在现有国家政策层面形成支持、推动良好农业规范认证的合力。

（七）加强对认证机构的监管，建立中国良好农业规范认证质量一致性制度

要加强对认证机构的监管，对把关不严、弄虚作假甚至同流合污的机构予以严惩，维护公平公正、诚实守信的市场秩序，确保良好农业规范认证的声誉。除目前的两局常规监管外，建立认证质量一致性保证制度，每年定期组织技术专家对认证机构的认证行为实施复核，强化消费者和销售商对认证制度的信心和认可度，促进GAP认证发展。同时加强境外认证机构监管，要求GLOBALG. A. P. 定期向国家认监委提供认证机构、获证组织、产品及地域分布信息，以加强监管。

参 考 文 献

1. 2010 良好农业规范国际论坛优秀论文集. 北京，2010.
2. 北京华思联认证中心. 良好农业规范的简介及实用效果. 饲料广角，2007(18)：24,33.
3. 曹春燕. 协同组合——日本型合作社的语源溯源与发展类型分析. 青岛农业大学学报(社会科学版)，2008 (03)：17-21.
4. 陈廷贵,等. 中日良好农业规范的经济学分析. 北京：中国农业出版社，2013.
5. 陈廷贵，黄波. 日本良好农业规范的实践与启示. 世界农业，2010(05)：62-65.
6. 大内力. 日本农业论. 东京：岩波书店，1978.
7. 樊红平，白玲，牟少飞，等. 欧美良好农业规范(GAP)比较及对中国的启示. 世界农业，2008(02)：25-27,40.
8. 国家认证认可监督管理委员会. 良好农业规范认证实施规则 CNCA-N-004：2007.
9. 侯传伟，王安建，魏书信. 解决食品质量安全的有效途径——实施良好农业规范(GAP),2008(03):194-196.
10. 侯丹. 食品安全治理的“第三条道路”——日本生协个案分析及其启示. 东北亚论坛，2013，22(05)：87-94,129.
11. 李瑜青，刘根华. 日本的民间组织. 社会，2002(12)：41-43.
12. 李铁. EurepGAP 对我国农产品出口贸易的影响及对策. 国际商务(对外经济贸易大学学报)，2006(02)：23-29.
13. 刘秀兰，夏廷斌. 食品安全风险分析及其在食品质量管理中的应用. 食品与机械，2008(04)：124-127.
14. 吕青，吕婕，李成德，等. 良好农业规范(GAP)的发展现状和应用展望. 食品科技，2009，34(10):252-255.
15. 彭洪斌，朱鸿杰，何成芳. 浅谈良好农业规范(GAP)认证. 现代农业科技，2007 (09):180,182.
16. 曲延平，王汝轲，丁辰. 推广中国良好农业规范(CHINAGAP)从源头控制农产品质量. 中国果菜，2007(05)：5-6.
17. 宋敏，陈廷贵，刘丽军. 中国土地制度的经济学分析. 北京：中国农业出版社，2008.
18. 唐晓纯. 食品安全预警理论、方法与应用. 北京：中国轻工业出版社，2008.
19. 王昕，徐捷，张韵，等. 良好农业规范(GAP)及其对中国农业的启示. 江苏农业科学，2009(03)：427-429.
20. 薛杨，付陈梅，王成秋，等. 全球良好农业规范的变迁和发展. 食品工业科技，2009，30(03)：342-344.
21. 杨映辉. 良好农业操作规范及其在我国实施的可行性. 农业质量标准，2005(05)：29-31.
22. 张东玲，高齐圣. 基于良好农业规范(GAP)的蔬菜种植地系统评价方法. 农业系统科学与综合研究，2008(01)：1-6,11.
23. 张东玲，高齐圣. 良好农业规范(GAP)在蔬菜基地中的应用——基于面板数据和语言信息的农产品安全评价. 中国农业大学学报，2008(06)：105-110.
24. 张东玲，高齐圣，杨泽慧. 基于良好农业规范GAP的蔬菜种植基地农产品安全管理. 世界标准化与质量管理，2008(03)：50-53.
25. 赵晓迪，朱俊峰. 中日良好农业规范发展比较研究. 世界农业，2010(12)：14-17.
26. 中国标准出版社第一编辑室. 良好农业规范及相关标准汇编. 北京：中国标准出版社，2008.
27. 中华人民共和国国家质量监督检验检疫总局，中国国家标准化管理委员会. 良好农业规范及相关标准. 北京：中国标准出版社，2008.
28. 周顺利，周丽丽，肖相芬，等. 良好农业规范(GAP)及其在中国作物安全生产中的应用现状与展望. 中国农业科技导报，2009,11(05)：42-48.
29. 朱京伟. 竭诚为大学生服务——日本的“生协”. 世界知识，1988(04):29.
30. Funding food safety. American Fruit Grower，2004，124(2)：32.
31. Rajendram A，Shanumga V N，Dahlan A G，et al. E-learning solution on Good Agricultural Practices (GAP) for students of higher learning in Cambodia (Focus vegetables)”. International Journal of Environmental and Rural Development，2013：4-12.
32. Busch L，Bain C. New! Improved? The transformation of the global agrifood system. Rural Sociology，2004，69(3)：321-346.
33. Mainvillea D Y，Zylbersztajn D，Fanina E M M Q，et al. Determinants of retailers’ decisions to use public and private grades and standards：Evidence from the fresh produce market of São Paulo，Brazil. Food Policy，2005，30

(3): 334-353.

34. Kokkinakis E, Boskou G, Fragkiadakis G A, et al. Microbiological quality of tomatoes and peppers produced under the good agricultural practices protocol AGRO 2-1 & 2-2 in Crete, Greece. Food Control, 2007, 18: 1538-1546.

35. Fulponi L. The globalization of private standards and the agri-food system. In Swinnen JFM. Editor. Global supply chains, standards, and the poor: How the globalization of food systems and standards affects rural development and poverty. Wallingford, UK: CABI. 2007:5-18.

36. GlobalGAP. EurepGAP now GlobalGAP. 2007a. Retrieved September 2007, from http://www.globalgap.org/cms/front_content.php? idcat=9&idart=182.

37. GlobalGAP. Facts and figures. 2008a. Retrieved September 2007, from http://62.53.192.180/cms/upload/Documents/Folder25_08.pdf.

38. GlobalGAP. GlobalGAP perspective. 2008b. Retrieved February 2009, http://www.commark.org/files/081031_SADC_ECOETZER.pdf.

39. Graffham A, MacGregor J. Impact of EurepGAP on small-scale vegetable growers in Zambia. Fresh insights, Retrieved October 5, 2007, from http://www.agrifoodstandards.net/resources/global/fresh_insights_5_impact_of_eurepgapon_small_scale_vegetable_growers_in_zambia.

40. Graffham A, Karehu E, MacGregor J. Impact of EurepGAP on small-scale vegetable growers in Kenya. Fresh insights, Retrieved October 6, 2007, from http://www.agrifoodstandards.net/en/filemanager/active? fid=83.

41. Hatanaka M, Bain C, Busch L. Third-party certification in the global agri-food system. Food Policy, 2005, 30(3): 354-369.

42. Havinga T. Private regulation of food safety by supermarkets. Law & policy, 2006, 28(4): 515-533.

43. Henson S, Reardon T. Private agri-food standards: Implications for food policy and the agri-food system. Food Policy, 2005, 30(3): 241-253. http://www.agrifoodstandards.net/resources/global/fresh_insights_10_impact_of_euregap_on_small_scale_vegetable_growers_in_uganda.

44. Okello J J, Swinton S M. Compliance with international food safety standards in Kenya's green bean industry: A paired case study of small and large

family farms. Selected paper prepared for presentation at the American Agricultural Economics Association Meeting, Providence, Rhode Island, July 24-27, 2005.

45. Mausch K, Mithofer D, Asfaw S, et al. Impact of EurepGAP standard in Kenya: Comparing smallholders to large-scale vegetable producers. Journal of Food Distribution Research, 2009, 40(3):115-129.

46. Kilian B. Costa rica-GAP case study. 2005. Retrieved October 2007, from http://www.unctad.org/trade_env/test1/meetings/inmetro2/CostaRica-GAP%20Case-Study.pdf.

47. Kleih U, Ssango F, Kyazze F, et al. Impact of EurepGAP on small-scale fruit and vegetable growers in Uganda. Fresh insights, Retrieved March 2009, from http://www.agrifoodstandards.net/resources/global/fresh_insights_10_impact_of_eur egap_on_small_scale_vegetable_growers_in_uganda.

48. Konefal J, Mascarenhas M, Hatanaka M. Governance in the global agro-food system: Backlighting the role of transnational supermarket chains. Agriculture and Human Values, 2005, 22(3): 291-302.

49. Ledger S N, Premier R, Othman N B, et al. Harmonising GAP programs for fresh produce in ASEAN region. Acta Horticulturae, 2006, 712: 523-525.

50. Blandino M, Reyneri A, Colombari G, et al. Comparison of integrated field programmes for the reduction of fumonisin contamination in maize kernels. Field Crops Res, 2009, 111(3): 284-289. doi: 10.1016/j.fcr.2009.01.004.

51. Michelsen J. Recent development and political acceptance of organic farming in Europe. SociologiaRuralis, 2001, 41(1): 3-20.

52. Canadian Horticultural Council Conseil. On-farm food safety guidelines for fresh fruit and vegetables in Canada. Canadian Agriculture Corvus Court Ottawa, Ontario, Canada K2E 7Z4.

53. Poisot A S, Speedy S, Kueneman E. Good Agricultural Practices-a working concept. Background paper for the FAO Internal Workshop on Good Agricultural Practices, Rome, Italy, 27-29 October 2004. In FAO GAP Working Papers Series, 2007.

54. Premier R, Ledger S. Good agricultural practices in Australia and Southeast

Asia. Hort Technology, 2006, 16(4): 552-555.
55. Tompkin R B. Interactions between government and industry food safety activities. Food Control, 2001, 12(4): 203-207.
56. Burch D, Lawrence G. Supermarkets and agri-food supply chains: Transformations in the production and consumption of foods. Cheltenham: Edward Elgar Publishing, 2007.
57. Singh B P. Nontraditional crop production in Africa for export. In Janick J, Whispkey A, Whispkey A (Eds.). Trends in new crops and new uses. Alexandria, VA:ASHS Press, 2002:89-92.
58. Temu A E, Marwa N W. Changes in the governance of global value chains of fresh fruits and vegetables: Opportunities and challenges for producers in Saharan Africa. Geneva: South Centre, 2007.
59. USDA. Good Agricultural Practices (GAP) and Good Handling Practices. 2009.
60. Unnevehr L. Food safety issues and fresh food product exports from LDCs. Agricultural Economics, 2000, 23: 231-240.
61. Van der Meer C L J. Exclusion of smallholder producers from coordinated supply chains: Market failure, policy failure or just economies of scale? In Ruben R, Slingerland M, Nijhoff H (Eds.). Agro-food chains and networks for development. Netherlands: Springer 2006:209-217.
62. Tuoitrenews. Why adapt good practices when prices are the same? Wednesday, September 18, 2013. https://tuoitrenews. vn/business/13248/why-adapt-good-practices-when-prices-are-the-same.
63. Amekawa Y. Reflections on the growing influence of good agricultural practices in the Global South. Agricultural Environmental Ethics, 2009, 22:531-557.